儿童化妆品配方与制备手册

ERTONG HUAZHUANGPIN PEIFANG YU ZHIBEI SHOUCE

李东光　主编

化学工业出版社
·北京·

内容简介

本书系统介绍了儿童化妆品的基础理论与应用实践，重点围绕配方设计展开分析，概述了儿童化妆品的定义及产品分类等，详细解析了配方设计原则与原料选择标准（如润肤剂、保湿剂、乳化剂等关键成分）等内容，并探讨儿童护肤品、儿童保湿润肤品、儿童爽身用品等具体品类，涵盖质量安全评估与市场发展趋势，核心内容聚焦于儿童皮肤特性与产品安全性的平衡，强调配方需符合温和、易清洁、无刺激等要求，同时结合最新监管政策与行业标准，为从业者提供实践指导。

本手册适合从事儿童化妆品研发、生产的技术人员和精细化工专业师生参考。

图书在版编目（CIP）数据

儿童化妆品配方与制备手册 / 李东光主编. —北京：化学工业出版社，2025. 11. — ISBN 978-7-122-49067-4

Ⅰ. TQ658-62

中国国家版本馆 CIP 数据核字第 20255H8M82 号

责任编辑：张　艳　　　　装帧设计：王晓宇
责任校对：王　静

出版发行：化学工业出版社
（北京市东城区青年湖南街 13 号　邮政编码 100011）
印　　装：北京建宏印刷有限公司
787mm×1092mm　1/16　印张 17　字数 439 千字
2026 年 1 月北京第 1 版第 1 次印刷

购书咨询：010-64518888　　售后服务：010-64518899
网　　址：http://www.cip.com.cn
凡购买本书，如有缺损质量问题，本社销售中心负责调换。

定　　价：168.00 元　

前言

儿童的生理特点是正处于生长发育期，皮肤的结构和生理特征与成年人不同。儿童皮肤的主要特点是：皮肤较薄，毛发较少，汗腺分泌少，皮下血管丰富，对外界刺激的防御能力较差，对外界刺激的易感性较强，对细菌感染的易感性也较强。

儿童化妆品主要分为护肤品、防晒用品、护发用品、洗漱用品等。由于其目标人群的特殊性，即儿童皮肤具有娇嫩、耐受度低、对外界刺激承受力低等特点，对儿童化妆品的安全性、专业性和具体功效针对性都有更高的要求。与此同时，儿童化妆品针对不同年龄层的不同皮肤需求划分出了不同的产品类别。

为监管儿童化妆品在市场上合规流通，国家药品监督管理局（简称国家药监局）于2023年8月发布了《儿童化妆品技术指导原则》。其正文共7个部分，包括儿童化妆品基本要求、儿童化妆品产品名称及相关资料要求、儿童化妆品配方及原料使用要求、儿童化妆品产品执行的标准要求、儿童化妆品标签要求、儿童化妆品产品检验报告要求、儿童化妆品安全评估报告要求。与儿童化妆品相关的法规和标准还有：《儿童化妆品监督管理规定》、《化妆品安全技术规范》（2015版）、《洗发液、洗发膏》（GB/T 29679—2013）、《沐浴剂》（GB/T 34857—2017）、《儿童用沐浴剂》（T/ZZB 2519—2021）等，在微生物、理化性质等方面对儿童产品制定了比成人产品更高的要求。

基于儿童皮肤娇嫩和皮肤屏障能力弱等特殊结构特点，儿童产品的开发应当从以下方面考虑：强化皮肤自身功能；减少对皮肤的刺激渗透；增强对皮肤的必要防护，如防晒、护臀、防痱等。儿童化妆品的配方设计应当遵循“安全优先、功效必需、配方极简”原则。

（1）原材料的选择，总体选择原则是选用品质好、纯度高、安全使用历史长的原料。

（2）不允许使用以祛斑、美白、祛痘、脱毛、除臭、去屑、防脱发、染发、烫发等为目的的原料。

（3）应当从原料的安全、稳定、功能、配伍等方面，结合儿童生理特点，评估所用原料的科学性和必要性，特别是香精香料、着色剂、防腐剂以及表面活性剂等原料。

随着社会的进步，家庭经济条件也得到了很大的改善，相对应的在孩子身上的消费也日益增多，包括在孩子皮肤保养上。对于儿童来说，不用像成人一样考虑各个部位的保养和修复，但儿童化妆品的开发仍需根据不同年龄段孩子的皮肤，进一步细分产品品类，以及考虑如何使产品进一步精细化、精品化，以便进一步满足年轻母亲在产品颜值、天然原料、品牌形象等方面的购物需求。

为满足市场需求以及有关单位技术人员的需要，我们在业内率先组织编写了这本《儿童化妆品配方与制备手册》，书中收录了近年有关儿童化妆品的配方，详细介绍了原料、制备方法、产品特性等。可作为从事儿童化妆品科研、生产、销售人员的参考读物。

本书的配方以质量份数表示，在配方中已注明以体积份数表示的情况下，需注意质量份数与体积份数的对应关系，例如质量份数以g为单位时，对应的体积份数是mL，质量份数以kg为单位时，对应的体积份数是L，以此类推。

需要请读者们注意的是，我们没有也不可能对每个配方进行逐一验证，所以读者在参考本书进行试验时，应根据自己的实际情况本着“先小试、后中试、再放大”的原则，小试产品合格后才能往下一步进行，以免造成不必要的损失。

本书由李东光主编，参加编写的还有翟怀凤、李桂芝、吴宪民、吴慧芳、邢胜利、蒋永波、李嘉等。由于作者水平所限，书中不妥之处在所难免，敬请广大读者提出宝贵意见。

主编

2025 年 8 月

目录

第一章 概述 1

1.1 儿童化妆品简介 / 1
1.1.1 儿童化妆品的定义及细分 / 1
1.1.2 儿童化妆品标志“小金盾” / 1
1.2 儿童化妆品产品类型及配方设计 / 2
1.2.1 儿童化妆品产品分类 / 2
1.2.2 儿童化妆品配方设计原则 / 3
1.2.2.1 儿童皮肤的生理特点 / 3
1.2.2.2 常见的儿童皮肤问题 / 4
1.2.2.3 儿童护肤品的基本要求 / 4
1.2.2.4 儿童化妆品配方设计原则 / 4
1.3 儿童化妆品原料选择 / 5
1.3.1 润肤剂的选择 / 6
1.3.1.1 植物系油脂 / 6
1.3.1.2 动物系油脂 / 7
1.3.1.3 矿物油脂 / 7
1.3.1.4 合成(半合成)油脂 / 7
1.3.2 保湿剂的选择 / 8
1.3.3 乳化剂的选择 / 8
1.3.4 表面活性剂的选择 / 8
1.3.5 防晒剂的选择 / 9
1.3.5.1 物理防晒剂 / 9
1.3.5.2 化学防晒剂 / 9
1.3.6 其他功能添加剂 / 11
1.3.7 香精、防腐剂的选择 / 11
1.3.8 植物提取物的功效和应用 / 12
1.4 儿童化妆品的质量安全性 / 13
1.5 儿童化妆品的选用 / 15
1.6 儿童化妆品市场现状及发展趋势 / 16
1.6.1 儿童化妆品市场现状 / 16
1.6.2 儿童化妆品发展趋势 / 18

第二章 儿童护肤品 20

配方 1 茶油泥护肤膏 / 20
配方 2 儿童护肤沙棘油 / 21
配方 3 儿童护肤霜 / 21
配方 4 儿童营养护肤剂 / 22
配方 5 儿童专用防冻护肤精华液 / 23
配方 6 含龙脑精油的儿童护肤乳 / 23
配方 7 含天然提取物的护肤凝胶 / 24
配方 8 含杨枸花的可擦拭止痒护肤品 / 25
配方 9 含有天然物质的婴幼儿滋养护肤品 / 25
配方 10 含有楸树叶提取物的婴幼儿用护肤油 / 26
配方 11 含有植物提取物的护肤霜 / 27
配方 12 护肤精华 / 28
配方 13 缓解婴幼儿皮肤湿疹的护肤组合物 / 29
配方 14 具有抗刺激和修复功效的婴儿护肤油 / 30
配方 15 具有抗菌作用的婴儿祛湿护肤膏 / 31
配方 16 母乳香氛婴幼儿护肤霜 / 32
配方 17 生物植物婴幼儿护肤液 / 32
配方 18 手用精油护肤消毒凝胶 / 33
配方 19 婴宝护肤膏 / 33
配方 20 婴儿护肤凝露（1） / 34
配方 21 婴儿护肤凝露（2） / 34
配方 22 婴儿护肤品（1） / 35
配方 23 婴儿护肤品（2） / 36

配方 24　婴幼儿草方护肤油 / 36
配方 25　婴幼儿护肤霜 / 37
配方 26　婴幼儿护肤油 / 37
配方 27　婴幼儿水果护肤霜 / 38
配方 28　婴幼儿洗澡用护肤品 / 38
配方 29　婴幼儿用金盏花护肤油 / 39
配方 30　婴幼儿用晒前护肤用品 / 40
配方 31　用于婴幼儿皮肤屏障守护的分段健脂护肤品 / 41
配方 32　婴幼儿用人参润肤护肤品 / 41
配方 33　增强皮肤屏障功能的婴幼儿防皴护肤组合物 / 42
配方 34　保护儿童皮脂膜的护肤品 / 44
配方 35　滋润保湿护肤乳液 / 45
配方 36　紫草护肤膏 / 46
配方 37　儿童护脸霜 / 47
配方 38　儿童面霜（1） / 48
配方 39　儿童面霜（2） / 50
配方 40　儿童皮肤屏障修复保湿霜 / 50
配方 41　儿童润肤霜 / 51
配方 42　儿童霜（1） / 52
配方 43　儿童霜（2） / 53
配方 44　儿童天然护脸霜 / 54
配方 45　儿童用姜黄素 BB 霜 / 55
配方 46　防止手指倒刺的儿童护手霜 / 56
配方 47　改善婴幼儿红屁股的膏霜 / 57
配方 48　改善婴幼儿皮肤屏障功效的膏霜 / 57
配方 49　甘草亭酸止痒霜组合物 / 58
配方 50　果蜜霜 / 60
配方 51　含马油成分的儿童润肤霜 / 61
配方 52　含牡丹籽油的儿童面霜 / 61
配方 53　缓解婴幼儿湿疹症状的舒缓润肤霜 / 62
配方 54　基于藜麦肽的儿童护眼霜 / 64
配方 55　具有快速降温功效的冰沙霜 / 65
配方 56　具有舒敏止痒护肤霜 / 66
配方 57　祛痱复方柚子皮霜 / 67
配方 58　食品级护手霜 / 68
配方 59　适用于北方寒冷环境下的婴儿霜 / 69
配方 60　适用于儿童的具有舒缓修护功效的蓝藻霜 / 70
配方 61　天然护肤霜 / 72
配方 62　天然植物儿童 CC 霜 / 72
配方 63　温和舒缓婴幼儿面霜 / 73
配方 64　婴儿护肤山茶油面霜 / 74
配方 65　婴幼儿多效护理乳霜 / 75
配方 66　婴幼儿红屁股防护霜 / 76
配方 67　婴幼儿活性护臀霜 / 77
配方 68　婴幼儿使用的防皱霜 / 78
配方 69　婴幼儿用抗炎膏霜 / 78
配方 70　儿童用红枸杞明目纳米眼霜 / 79
配方 71　止痒尿素霜 / 80
配方 72　治疗婴幼儿湿疹的霜剂 / 81
配方 73　含纯天然山茶油的婴儿护肤油 / 82
配方 74　含坚果油的婴儿护肤油 / 82
配方 75　基于皮脂膜仿生的婴儿湿疹用山茶油护肤组合物 / 83
配方 76　温和舒缓婴幼儿面霜 / 84
配方 77　小绵羊油滋润霜 / 85
配方 78　抗菌防糜烂婴儿臀部护肤油 / 85
配方 79　山茶油婴儿护肤组合物 / 86
配方 80　天然防冻婴儿臀部护肤油 / 87

第三章　儿童保湿润肤品　88

配方 1　宝宝润肤露 / 88
配方 2　儿童润肤乳 / 88
配方 3　儿童天然舒润润肤露 / 90
配方 4　儿童用羊尾油润肤霜 / 91
配方 5　妇婴专用的润肤湿巾 / 91
配方 6　含陈年野茶油的止痒润肤露 / 92
配方 7　含抗污染成分的婴幼儿润肤霜 / 94
配方 8　含山茶花抗污染成分的儿童润肤霜 / 94
配方 9　含有乳酸菌发酵提取物的儿童润肤剂 / 95
配方 10　柔润保湿乳 / 96
配方 11　石斛婴儿抗敏润肤膏 / 98
配方 12　适用于儿童特应性皮炎的润肤霜 / 99
配方 13　消炎化瘀婴幼儿山茶润肤油 / 100
配方 14　婴儿润肤霜 / 101
配方 15　婴儿润肤专用湿纸巾 / 101
配方 16　婴幼儿活性润肤乳 / 102
配方 17　婴幼儿润肤按摩油 / 103
配方 18　婴幼儿润肤乳 / 104
配方 19　婴幼儿消炎抗敏山茶润肤油 / 105
配方 20　婴幼儿用多效润肤膏 / 106
配方 21　婴幼儿用多效维 E 润肤抑菌膏 / 107
配方 22　用于防治婴幼儿红臀、湿疹的润肤组合物 / 108
配方 23　宝宝保湿润肤霜 / 108
配方 24　婴幼儿止痒润肤凝胶组合物 / 109
配方 25　婴幼儿保湿润肤乳 / 110
配方 26　甜睡婴儿润肤露 / 111
配方 27　婴儿润肤油 / 112
配方 28　婴儿润肤组合物 / 112
配方 29　婴儿山茶油润肤乳 / 113
配方 30　婴儿用的含蜂胶的润肤产品 / 114
配方 31　保湿抗污染的婴幼儿清洁组合物 / 115
配方 32　保湿美容液 / 115
配方 33　保湿无刺激泡沫型免洗手抑菌液 / 116
配方 34　保湿修护型儿童润唇啫喱 / 116
配方 35　儿童用保湿霜 / 117
配方 36　多效婴幼儿保湿润肤霜 / 118
配方 37　儿童保湿乳（1） / 119
配方 38　儿童保湿乳（2） / 120
配方 39　儿童保湿护手霜 / 121
配方 40　儿童保湿润体露 / 122
配方 41　儿童舒缓保湿润唇膏 / 122
配方 42　含抗污染组分的婴幼儿高效保湿润肤乳液 / 123
配方 43　含芦荟多糖提取物的保湿润唇膏 / 124
配方 44　含维生素 F 的婴幼儿保湿乳液 / 125
配方 45　含有山茶籽油的天然无添加保湿霜 / 126
配方 46　具有打底功能的儿童妆前保湿乳 / 127
配方 47　婴儿滋润保湿霜 / 128
配方 48　利用微孔过滤浓缩提取技术制备的婴幼儿保湿霜 / 129

第四章　儿童爽身用品　131

配方 1　草本天然成分的爽身粉 / 131
配方 2　纯天然爽身粉 / 131

配方 3　防止虫咬性皮炎的儿童爽身粉 / 132
配方 4　改良爽身粉 / 132
配方 5　改性玉米淀粉爽身粉 / 133
配方 6　海藻婴儿爽身液 / 133
配方 7　和田玉爽身粉 / 134
配方 8　松花珍珠紫草复配的爽身粉 / 135
配方 9　缓释驱蚊精油微胶囊儿童爽身粉 / 135
配方 10　抗菌消炎儿童护肤爽身粉 / 136
配方 11　魔芋葡甘聚糖婴幼儿爽身粉 / 137
配方 12　驱蚊止痱的婴幼儿爽身粉 / 138
配方 13　松花粉爽身粉 / 138
配方 14　天然绿色的爽身粉 / 139
配方 15　儿童专用精油爽身粉 / 140
配方 16　抑菌爽身粉 / 141
配方 17　婴幼儿冬季吸湿保暖爽身粉 / 141
配方 18　婴幼儿鸡蛋黄油爽身粉 / 142
配方 19　婴幼儿解毒祛湿爽身粉 / 143
配方 20　婴幼儿夏日防蚊爽身粉 / 144
配方 21　止痱驱蚊婴幼儿护肤爽身粉 / 145
配方 22　中药爽身痱子粉 / 146
配方 23　紫草绿茶清凉爽身粉 / 147
配方 24　杜仲婴儿沐浴粉 / 147
配方 25　儿童痱子粉 / 148
配方 26　儿童爽肤水 / 149
配方 27　儿童外用解暑热青蒿泡浴组合物 / 149
配方 28　复方植物祛痱止痒液 / 150
配方 29　复方紫草驱蚊止痒膏 / 150
配方 30　古法紫草膏 / 152
配方 31　含碰碰香提取物的婴幼儿用消肿止痒组合物 / 152
配方 32　含植物成分的婴儿热痱粉 / 153
配方 33　具有消肿祛痱止痒功能的健肤水 / 154
配方 34　婴儿用无刺激爽身粉 / 155
配方 35　婴儿用无刺激云母爽身粉 / 156
配方 36　沁原草痒痒水 / 158
配方 37　祛痱、驱蚊用婴幼儿护肤爽身粉 / 158
配方 38　天然草本婴幼儿专用止痒祛痱水 / 159
配方 39　天然婴儿爽身粉 / 160
配方 40　婴儿痱子粉 / 161
配方 41　婴儿驱蚊膏 / 161
配方 42　婴儿去湿疹止痒软膏 / 162
配方 43　婴儿爽身粉 / 162
配方 44　婴儿桃叶爽身露 / 163
配方 45　婴儿有机痱子粉 / 164
配方 46　婴儿止痒膏 / 165
配方 47　婴童松花爽身痱子粉 / 165
配方 48　婴幼儿清凉祛痱组合物 / 166
配方 49　婴幼儿祛痱止痒香膏 / 167
配方 50　婴幼儿用液体痱子露 / 168

第五章　儿童沐浴用品　170

配方 1　艾草儿童沐浴露 / 170
配方 2　氨基酸洗护二合一婴幼儿洗发沐浴液 / 170
配方 3　氨基酸婴儿洗发沐浴泡泡 / 171
配方 4　宝宝洗发沐浴露 / 172
配方 5　保湿杀菌婴幼儿用活性炭沐浴露 / 173
配方 6　保湿婴儿沐浴露 / 174
配方 7　茶籽油沐浴露 / 175
配方 8　除螨沐浴露 / 175

配方 9　鳄梨果应用于婴幼儿洗发沐浴乳 / 177
配方 10　儿童芳香修护沐浴露 / 178
配方 11　儿童沐浴露（1） / 179
配方 12　儿童沐浴露（2） / 180
配方 13　儿童沐浴露（3） / 181
配方 14　儿童沐浴露（4） / 181
配方 15　儿童沐浴液（1） / 182
配方 16　儿童沐浴液（2） / 182
配方 17　儿童沐浴用抑菌液体皂 / 183
配方 18　婴幼儿洗发露 / 184
配方 19　儿童泡泡洗发沐浴露 / 185
配方 20　儿童无泪洗发沐浴泡沫组合物 / 185
配方 21　儿童洗发沐浴露 / 186
配方 22　儿童修复保湿洗发沐浴二合一组合物 / 187
配方 23　儿童修复保湿洗发沐浴二合一组合物 / 187
配方 24　儿童用沐浴露 / 188
配方 25　儿童用洗发沐浴二合一洗护露 / 189
配方 26　儿童植物沐浴液 / 190
配方 27　二合一洗发沐浴组合物 / 191
配方 28　防蚊的儿童沐浴露 / 192
配方 29　妇女、儿童用沐浴盐膏 / 193
配方 30　含有机酸温和防腐剂的儿童洗发沐浴露 / 194
配方 31　浒苔婴幼儿沐浴液 / 195
配方 32　具有改善皮肤功效的婴幼儿沐浴露 / 195
配方 33　迷迭香氨基酸沐浴露 / 196
配方 34　母乳香氛沐浴露 / 197
配方 35　儿童用保湿沐浴露（1） / 198
配方 36　儿童用保湿沐浴露（2） / 199
配方 37　山茶油洗发沐浴露 / 200
配方 38　升级型儿童沐浴露 / 200
配方 39　适用于儿童使用的无硅洗发沐浴组合物 / 201
配方 40　适用于婴幼儿的洗发沐浴露 / 202
配方 41　天然有机植物婴幼儿沐浴露 / 203
配方 42　温和的儿童护肤沐浴露 / 203
配方 43　温和舒缓型儿童洗发沐浴露 / 204
配方 44　无添加儿童沐浴液 / 205
配方 45　洗发沐浴剂 / 206
配方 46　洗发沐浴露（1） / 206
配方 47　洗发沐浴露（2） / 207
配方 48　洗发沐浴露（3） / 207
配方 49　洗护二合一婴幼儿沐浴露 / 208
配方 50　养身沐浴露 / 209

第六章　儿童花露水　211

配方 1　儿童用花露水（1） / 211
配方 2　儿童用花露水（2） / 211
配方 3　儿童用花露水（3） / 212
配方 4　荷花香草本精华花露水 / 212
配方 5　护肤花露水 / 213
配方 6　君子兰花香草本花露水 / 213
配方 7　含植物活性成分的儿童花露水 / 214
配方 8　玫瑰香草本祛痱花露水 / 215
配方 9　牡丹花香草本花露水 / 215
配方 10　清凉驱蚊止痒花露水 / 216
配方 11　石榴花香草本清凉止痒花露水 / 217
配方 12　天然儿童花露水 / 217
配方 13　儿童护理用花露水 / 218
配方 14　郁金香草本清爽花露水 / 219
配方 15　月季花香草本止痒花露水 / 219
配方 16　栀子花香草本花露水 / 220

第七章　儿童防晒用品　221

配方 1　包含水分散型防晒剂 / 221
配方 2　儿童防晒玫瑰护肤品 / 221
配方 3　儿童防晒乳 / 222
配方 4　儿童防晒霜（1） / 223
配方 5　儿童防晒霜（2） / 224
配方 6　儿童防晒霜（3） / 224
配方 7　儿童防晒组合物 / 225
配方 8　儿童用天然防晒油 / 226
配方 9　二元囊袋包装不可燃防晒喷雾气雾剂组合物 / 226
配方 10　儿童防晒泥 / 227
配方 11　仿生婴幼儿防晒组合物 / 228
配方 12　含有山茶籽油的婴童专用防晒乳 / 229
配方 13　含有透明氧化锌的儿童防晒乳 / 230
配方 14　皮克林儿童防晒乳 / 231
配方 15　舒缓修护型儿童防晒霜 / 232
配方 16　天然防腐儿童植物防晒乳 / 233
配方 17　婴儿物理防晒乳 / 234

第八章　儿童驱蚊用品　236

配方 1　采用天然植物制剂的驱蚊产品 / 236
配方 2　纯植物提取的驱蚊液（1） / 236
配方 3　纯植物提取的驱蚊液（2） / 238
配方 4　儿童驱蚊液 / 238
配方 5　儿童用安全无毒驱蚊剂 / 239
配方 6　儿童用驱蚊水 / 239
配方 7　儿童专用驱蚊水 / 240
配方 8　复方驱蚊剂 / 241
配方 9　复方紫草驱蚊止痒膏 / 241
配方 10　含九叶青花椒精油的驱蚊花露水 / 242
配方 11　含紫菜提取物的天然婴幼儿驱蚊液 / 242
配方 12　金叶莸驱蚊液 / 243
配方 13　可驱蚊消肿的健肤水 / 244
配方 14　龙脑驱蚊液 / 245
配方 15　驱蚊花露水 / 246
配方 16　儿童用驱蚊剂 / 246
配方 17　儿童用驱蚊精油 / 247
配方 18　儿童用驱蚊液（1） / 248
配方 19　儿童用驱蚊液（2） / 248
配方 20　儿童用驱蚊霜 / 249
配方 21　杀菌消毒驱蚊液 / 250
配方 22　驱蚊止痒抑菌的植物精油喷雾 / 251
配方 23　山茶油精华驱蚊喷雾 / 251
配方 24　适于儿童的驱蚊组合物 / 252
配方 25　微乳化驱蚊剂 / 253
配方 26　无醇型驱蚊止痒喷雾 / 254
配方 27　无刺激性驱蚊保湿香氛喷雾剂 / 255
配方 28　消炎抗菌的纯植物驱蚊液 / 255
配方 29　岩兰草洋甘菊儿童用驱蚊精油香水 / 256
配方 30　婴儿驱蚊液 / 257
配方 31　婴儿用植物驱蚊喷雾 / 257
配方 32　婴幼儿适用的驱蚊止痒组合物 / 258
配方 33　婴幼儿用草本驱蚊粉 / 258
配方 34　婴幼儿用驱蚊露 / 259
配方 35　用于婴幼儿喷涂的天然驱蚊水 / 259

参考文献　261

第一章 概述

1.1 儿童化妆品简介

1.1.1 儿童化妆品的定义及细分

2023 年 8 月 31 日，中国食品药品检定研究院（下称“中检院”）发布了关于《儿童化妆品技术指导原则》（下称《指导原则》）的通告，对儿童化妆品的产品配方要求、产品执行标准等内容进行了明确规定。

中检院对儿童化妆品的定义作出了进一步明确。即儿童化妆品是指适用于年龄在 12 周岁以下（含 12 周岁）儿童，具有清洁、保湿、爽身、防晒等功效的化妆品，主要依据产品标签宣称以及使用人群进行判定。化妆品注册人/备案人需以“婴幼儿”（0～3 周岁，含 3 周岁）以及“儿童”（3～12 周岁，含 12 周岁）进行细分。

标识“适用于全人群”“全家使用”等词语或者利用商标、图案、谐音、字母、汉语拼音、数字、符号、包装形式等暗示产品使用人群包含儿童的产品按照儿童化妆品管理。

1.1.2 儿童化妆品标志“小金盾”

国家药品监督管理局 2021 年第 143 号公告表示，为加强儿童化妆品监督管理，提升儿童化妆品辨识度，保障消费者知情权，根据《化妆品生产经营监督管理办法》《儿童化妆品监督管理规定》，国家药品监督管理局组织制定了儿童化妆品标志“小金盾”，要求自 2022 年 5 月 1 日起，申请注册或者进行备案的儿童化妆品，须标识儿童化妆品标志。

公告要求，儿童化妆品标志应当按照国家药品监督管理局规定的图案，等比例标注在销售包装容易被观察到的展示面（以下称主要展示版面）的左上方，清楚易识别。当主要展示版面的表面积大于 $100cm^2$ 时，儿童化妆品标志最宽处的宽度不得小于 2cm。当主要展示版面的表面积小于等于 $100cm^2$ 时，儿童化妆品标志最宽处的宽度不得小于 1cm。

儿童化妆品标志——“小金盾”，意在表达包括药品监督管理部门在内的社会各方共同努力，不断提升儿童化妆品的质量安全水平，为儿童提供良好的成长环境，守护与关爱儿童健康成长。该标志整体采用金色、盾牌造型，金色体现了儿童健康活泼、乐观阳光、积极向上的状态，盾牌代表了对儿童的守护与关爱，对违法违规产品的抵制，同时又增加了标志的辨识度——盾牌中心是儿童张开双手的形象设计，强调守护儿童健康成长的坚定决心。

需要注意的是，化妆品包装上标注“小金盾”标志，仅说明该产品属于儿童化妆品，与成人化妆品、玩具等产品进行区别，并不代表该产品已经获得监管部门审批或者质量安全得到认证。

1.2 儿童化妆品产品类型及配方设计

1.2.1 儿童化妆品产品分类

按照《化妆品分类规则和分类目录》规定，儿童化妆品将按“婴幼儿”（0～3 周岁，含 3 周岁）以及“儿童”（3～12 周岁，含 12 周岁）分类，对产品配方原料选择、标签标识、产品执行的标准、安全评估等有不同要求。

“婴幼儿”（0～3 周岁，含 3 周岁）功效宣称仅限于清洁、保湿、护发、防晒、舒缓、爽身。

“儿童”（3～12 周岁，含 12 周岁）功效宣称仅限于清洁、卸妆、保湿、美容修饰、芳香、护发、防晒、修护、舒缓、爽身。

儿童化妆品产品在上市时所必须具备的最起码条件是：①产品必须具有功能性、有效性，兼顾美学效应；②产品必须符合最严格的安全标准；③产品应含有能获取的最纯净的原料，消除任何引起感染的风险；④少用或不用染料和香料，减少皮肤不适；⑤保护剂的使用量要在有效地防止污染和感染的前提下保持最小；⑥产品的包装必须特殊设计，适合幼儿安全要求；⑦必须诚实地告诉用户产品的真实性能，不可言过其实。

除去肥皂和沐浴产品之外，儿童化妆品特别是婴幼儿产品集中体现为身体护理产品。这与儿童的护理习惯密切相关，他们需要在沐浴后涂抹适量的身体产品保持滋润，避免干燥。同时，也需要各类不同功效的身体护理。随着儿童的成长，面部护理比例开始加重。

（1）润肤霜与乳液。润肤霜与乳液是婴幼儿护理品中最重要的品种之一。它们通常具有两个基本的功能：清洁与润护。一般以清洁功能为主的产品黏度要设计得低一些，多为乳液状；而以润护功能为主的产品黏度则要高许多，常为霜膏状外观。

（2）爽身粉。炎热的夏季，婴幼儿的颈部、腋下、大腿内侧、肘弯等皮肤皱褶处常因出汗导致多种皮肤疾病。爽身粉作为一种干燥润滑剂，具有去汗、散热、干燥、防痱、止痒、润滑等作用，搽后会使儿童感到凉爽、舒适。

（3）保湿霜。儿童皮肤皮脂含量低，保湿和滋润类产品是最基本、最常见的护肤品类。与成人需要“吸收”化妆品营养成分不同，儿童保湿类产品并不需要大量透皮吸收营养成分，而需要在皮肤表面形成一层保护型的油膜，以减少摩擦、防止皮肤水分散失、赋予皮肤柔滑感。有些产品以甘油、鲜奶、植物油和羊毛脂为主要保湿成分，除宣称滋养柔化肌肤之外，还可预防湿疹和奶癣。有些产品含有维生素 E 同分异构体混合物、植物提取物和矿物质，且宣称具有长效保湿效果。

然而儿童皮肤保湿的方式随着季节交替也应随之改变，春、秋、冬季时气候较干燥，除使用乳剂补充皮肤水分外，还需要再涂搽油脂较多的霜剂，以补充皮肤的皮脂含量，从而减少经皮水分流失。而在夏季，气候较湿润，使用油脂较少的乳剂即可。

（4）防晒产品。儿童皮肤较薄导致其较成年人更易被晒伤，且儿童时期接收的紫外线照射剂量相当于终身累积量的 1/3，儿童时期接收的紫外线照射剂量与成年后皮肤病的发病率成正比，儿童时期被紫外线晒伤会导致日后患皮肤癌的概率比成年人增加 5～6 倍。

近年来对儿童皮肤的防晒越来越引起重视，儿童防晒品销量大增。众多品牌均推出儿童防晒产品，有些产品坚持采用物理配方，以氧化锌、二氧化钛为主要防晒剂，配合维生素 E 与滋养成分。有些自然防晒乳（成人、儿童均可使用）则同样在物理防晒的基础上，推出含 100%矿物质防晒专利成分配方，可有效阻隔 UVA（长波黑斑效应紫外线）和 UVB（中波红斑效应紫外线），并强调高防水性和优良的滋润性。

产品安全性与高度防护性仍是儿童防晒产品开发的难题，UV（紫外线）吸收剂的大量使用导致潜在刺激性的增加，因此，儿童防晒剂的 SPF（防晒指数）值不能超过 15 倍，PA（UVA 防护等级）值也应在＋＋左右。

（5）特殊功效类。儿童局部或全身的湿疹、奶癣以及尿布皮疹、蚊虫叮咬后局部的瘙痒、皮肤破损等都是极易发生的皮肤问题，因此祛痱、止痒等儿童防护类的产品也快速发展。有报道称，消费者对于儿童产品的需求方面，除安全性之外，紧随其后的 3 类功效分别是：杀菌消炎、滋润皮肤及防蚊虫叮咬。

（6）其他。儿童在登台表演或节假日庆祝活动中需要化妆，随着孩子参加演出活动日益增多，以及儿童拍写真集已成时尚，儿童彩妆和香水在孩子的生活中慢慢得到普及。

由于其目标人群的特殊性，即儿童皮肤娇嫩，耐受度低，对外界刺激承受力低等特点，儿童化妆品的安全性、专业性和具体功效针对性都需要制造商有着更高标准的自我要求。与此同时，根据儿童年龄的不同，儿童化妆品针对不同年龄层的不同皮肤需求划分出不同的产品品类和不同的核心功效。由于儿童皮肤角质层比成人薄约 30%，具有高度脆弱性和低耐受性的特征，汗腺相对较为密集，水分流失现象较成年人更为严重，有易干燥、易敏感的问题。因此，具备高保湿效果和防晒功能的产品对于 0～3 岁婴幼儿更具针对性。在这样的产品需求下，具有抗过敏效果的保湿产品、婴儿专用防晒和具有明确针对性的专用护肤产品受到越来越多的关注。虽然儿童皮肤结构逐年成熟，敏感性相对较低，耐受度相对较高，但仍具有角质层薄等特质，与此同时，如何培养孩子正确的护肤习惯，也是年轻妈妈们关注的重点之一。因此，与成年人护肤流程与护肤品类相对接近的儿童化妆品得到年轻妈妈们更多关注。比如低泡、低刺激性、氨基酸基的洗面奶、具备一定油脂性的低敏保湿产品以及关注儿童特殊皮脂腺和角质层特点的防晒霜等。

1.2.2 儿童化妆品配方设计原则

1.2.2.1 儿童皮肤的生理特点

儿童的皮肤尤其是新生婴儿与成人的皮肤组织和生理功能存在较大区别，普通的健康新生儿皮肤十分柔软，触摸时光滑舒适，呈现玫瑰色，具有弹性，皮肤的皱纹能迅速地展开。其主要特点表现为：皮肤较薄，毛发较少，细胞间附着较弱，汗腺分泌少，对外来刺激的易感性较强，对细菌感染的易感性也较强，儿童皮肤的生理表现在如下几方面。

（1）皮脂。覆盖于人皮肤上的皮脂可分为两类：皮脂腺分泌的脂质（皮脂）和表皮产生的脂质（表皮脂质）。儿童表皮及真皮尚未完善，表皮角质细胞和颗粒层细胞都比成人的小，角质层厚度比成人薄 30%，表皮厚度薄 20%。如果用砖墙学说来比喻，就是“砖块”更小，“墙体”更薄。真皮中的胶原纤维也很稀少，成熟的弹性纤维要到 2 岁以后才能形成，真表皮之间连接不够紧密，皮肤更易受到外界刺激。

婴幼儿表皮层中的黑色素细胞功能到 6 个月才逐渐完善，黑色素小体的数量和活性逐渐正常。皮脂分泌较少，汗腺在胎儿期第 6 个月时出现，随后逐渐消失，直至青春期前在雄激素刺激下增大。

（2）水分含量。皮肤具有保持水分的功能。皮肤最外层即角质层有防止外来物理和化学的因素对人体的损害的功能。婴幼儿在刚出生时，天然保湿因子含量高于成人，至 6 个月时有所减少，且低于成人，直到1～2岁以后才与成人水平相当。儿童皮肤的神经酰胺含量在刚出生时高于成人，但之后逐步减少，在12个月时达到成人水平。儿童皮肤的面积与体重之比要比成人的高很多，因此对过敏物质或毒性物质的反应也强烈得多。儿童的皮肤屏障功能不完善，更容易受气候、机械力、外界刺激、微生物以及紫外线等的伤害。据此，在开发儿童产品时，应把产品的安全性和温和性放在首要位置。

（3）出汗。汗腺在胚胎期约28周完全形成。儿童汗腺密度大，约为500个/cm^2，而成人为120个/cm^2。

（4）皮肤pH值。儿童皮肤表面酸碱度和成人也有很大差异。一般情况下，健康成人的皮肤pH值为弱酸性（4.5～6.5）；而新生儿皮肤表面的pH值接近中性，出生后第2天，皮肤pH值开始下降，在出生后1个月内持续降低，到1～3个月保持相对稳定。新生儿角质层含水量低，出生后2～4周含水量明显增加并超过成人，然后趋于稳定。儿童皮肤含水量约为69%，成人水分最低为64%，经表皮水分流失（TEWL）在出生后前2周升高，2周后至3个月降低，1～2岁升至最高。

1.2.2.2 常见的儿童皮肤问题

儿童皮肤的特点决定了常见的儿童皮肤问题有以下3种。

（1）尿布皮炎。尿布皮炎，一般称其为尿布疹，主要是由于尿布表面的物理刺激作用和粪便及尿的化学作用引起的一次性刺激性皮炎。

（2）痱子。痱子的产生除了受到外界的温度和湿度的影响外，往往还因儿童的汗腺发育并不完善、出汗能力控制不佳、难以保持身体的热量平衡而产生。

（3）皮脂皮炎。皮脂皮炎常常出现在头部、眼部或者颈部，因这些部位皮脂分泌十分旺盛。通常，皮脂皮炎会在儿童出生的1～2年内出现，而最常出现的是出生的头几个月。

1.2.2.3 儿童护肤品的基本要求

正是由于儿童皮肤的特殊性，在制备儿童护肤用品时，对于产品的性能以及其他各方面都有更多的要求。通常来说，对于儿童护肤品的制备，至少应满足以下要求：①产品应具有特定的有效功能；②产品需要严格符合安全标准；③产品应由最纯正的原料制成；④尽可能选择温和低刺激防腐剂；⑤应选用一些不易破碎、避免儿童吸入的安全包装。

1.2.2.4 儿童化妆品配方设计原则

国家药品监督管理局发布的《儿童化妆品技术指导原则》和《儿童化妆品申报与评审指南》指出，儿童化妆品配方应遵循“安全优先、功效必需、配方极简”的原则。

其中配方极简原则为相对性原则，并非限制原料种类、数量。化妆品注册人、备案人应当在产品配方设计时充分考虑上述原则，并在产品安全评估报告的“配方设计原则”中充分体现产品配方的科学合理性。

儿童化妆品应当选用有安全使用历史的化妆品原料，不得使用尚在安全监测中的化妆品新原料，不得使用对儿童安全性尚不明确的原料；不允许使用基因技术、纳米技术等新技术制备的原料，如无替代原料、必须使用时，应当在产品安全评估资料中说明原因，并对儿童化妆品使用的安全性进行充分评价。

儿童化妆品及其所用的原料应当符合《化妆品安全技术规范》的相关要求，不得使用《化妆品安全技术规范》等国家强制标准中明确规定禁用于儿童化妆品的原料；不宜使用可能有致癌性风险的原料如甲醛释放体；此外，对使用人群含“婴幼儿”的儿童化妆品，不得使用碘丙炔醇丁基氨甲酸酯（沐浴产品和香波除外）、水杨酸及其盐类（香波除外）、沉积在二氧化钛上的氯化银等原料。

儿童化妆品不允许使用以祛斑美白、祛痘、脱毛、除臭、去屑、防脱发、染发、烫发等为主要目的的原料，如因其他目的使用可能具有上述功效的原料时，应当对使用的必要性及使用的安全性进行评价。

儿童化妆品的配方研发应当减少配方所用原料的种类，并结合儿童生理特点，从原料的安全、稳定、功能、配伍等方面评估所用原料的科学性和必要性，特别是香精、着色剂、防腐剂以及表面活性剂等原料。

儿童化妆品配方应当尽可能不用或者少用香精或者香料，详情见 1.3.7 节。

儿童化妆品配方应当尽可能不用或者少用着色剂。使用 3 种以上着色剂时（不含 3 种），应当说明所用原料种类、用量的科学性和必要性，开展相关研究确保产品使用安全，必要时，提交人体试用试验数据作为证据支持。

儿童化妆品应当尽可能少用防腐剂。淋洗类产品的防腐剂用量应当低于《化妆品安全技术规范》的限量要求；驻留类产品的防腐剂用量接近《化妆品安全技术规范》的限量时（如90%以上），或者使用 3 种以上（不含 3 种）防腐剂时，应当提供相关科学依据以说明所用原料种类、用量的科学性和必要性，必要时，提交配方优化过程的研究数据作为证据支持。

儿童化妆品应当尽可能少用表面活性剂，特别是阳离子表面活性剂和透皮促进剂等。对于使用诸如阳离子表面活性剂、透皮吸收剂等原料的产品，应当对其使用的科学性和必要性进行分析，提供相关的安全性方面的资料。

对使用人群含“儿童”（3～12 周岁）的化妆品，使用限用组分时，应当在标签上标印相应的使用条件和注意事项，例如使用氯化锶，应当标印“儿童不宜常用”；使用滑石、水合硅酸镁，应当标印“应使粉末远离儿童的鼻和口”；使用氢氧化钙、氢氧化锂、碱金属的硫化物类、巯基乙酸及其盐类、巯基乙酸酯类、碱土金属的硫化物类、氢氧化锶、氢氧化钾（或氢氧化钠）等原料，应当在标签上标印“防止儿童抓拿”。

对于防晒类儿童化妆品除满足上述要求外，还应当符合防晒类化妆品的要求，必须经过 SPF 值测定并且结果应当大于等于 2。

防晒类儿童化妆品的配方设计应当兼顾安全性以及防晒效果，必要时进行获益风险分析。原则上化学防晒剂种类不得多于 3 种（不含 3 种）且使用量应当低于成人用量，二氧化钛、氧化锌同时作为防晒剂或其他日的使用时，其总使用量不得超过 25%，且 SPF 值不宜高于 30。使用 3 种以上化学防晒剂的，防晒剂配方使用量与成人相似并且 SPF 值高于 30 的，应当充分证实原料使用量的科学性和必要性，必要时，提交配方优化过程的研究数据作为证据支持。

防晒类儿童化妆品含有与内容物直接接触的推进剂的，应当在配方备注栏中标明推进剂的种类、添加量等。推进剂应当符合化妆品原料管理相关法律法规和技术标准要求，其具体使用（如杂质和质量控制等）应当符合《化妆品安全技术规范》相关要求。按照《化妆品安全技术规范》等相关要求，对所用原料有最大允许使用浓度等限制要求的，应当确保该原料在除推进剂外的配方中的使用量符合该限值要求。

1.3 儿童化妆品原料选择

产品的配方构成离不开对化妆品原材料的选择，根据儿童皮肤的特点，儿童化妆品的原料选择应当从以下方面考虑：强化皮肤自身功能；减少皮肤的刺激渗透；增强皮肤的必要防护如防晒、护臀、防痱等。总体选择原则是选用品质好、纯度高、安全使用历史长的原料。

对于任何儿童产品来说，最基本的要求是绝对安全，在选择原料时必须非常谨慎，不仅要注意其有效性，还要求它是无毒的，且没有任何偶然毒害发生。必须选用最纯净的原料，弄清任何可能存在的杂质，这一点随着目前杀虫剂、抗氧化剂及防腐剂的大量使用变得日益重要。甚至原料中有非常少量的污染物也会对儿童娇嫩的肌肤造成潜在的危害。在选择原料时如有疑问，可以通过检索中国药典、英国药典（BP）、欧洲药典（EP）或美国药典（USP）等来判断原料是否安全。特别是要对所使用原料的质量进行严格的控制，以便每批原料的质量都能保持高度的一致性。原料浓度的选择也应小心控制，以避免有可能发生的危险，即使是很小的皮肤过敏反应。使用的原料是否会导致黑头粉刺形成的倾向也需考虑（这里所谓粉刺的形成倾向是指该原料在皮肤上形成粉刺或斑点的潜在趋势），这样的原料是禁止使用的。

对于清洁产品原料的选择应特别注意，因为它们的性质对皮肤过敏性倾向的影响更大。即使所谓的温和清洁剂也能清除皮肤表面分泌的类脂物。因此，化妆品的配方技术在于选择清洁性原料并协调混合以使致敏性低于各单独组分，这点非常重要。使用的原料应含有尽量低的细菌数，且不含任何可致病的微生物。这在使用诸如滑石粉、淀粉、天然胶和植物提取物等易被微生物（有时是致病的）严重污染的原料时应特别注意。另外，一个特别重要的原料是水，它是构成产品的主要成分，也是在最终产品中引起微生物类问题的最常见的原因。

1.3.1 润肤剂的选择

皮肤润肤剂通过提供有助于表皮脂质代谢的外源性脂质，锁住水分，使角质层保湿，是提升皮肤屏障功能非常重要的成分之一。儿童皮肤脂质分泌少，水分易流失，可以选用一些封闭性更强的固体脂质，如纯度较高的凡士林是一种廉价、无接触性过敏原的润肤剂，天然油脂牛油果树果酯和霍霍巴酯安全使用历史比较长，这些都是儿童常规皮肤保湿的理想选择。液体油脂可以使用安全稳定的天然来源油脂和合成油脂。例如，霍霍巴油、白池花籽油具有良好的氧化稳定性；甜杏仁油、向日葵籽油、椰子油及青刺果油等有利于屏障的修护。

1.3.1.1 植物系油脂

植物系油脂原料在儿童化妆品中使用得较多，因其大部分为天然成分，性质良好，有着广泛的应用。

橄榄油是最古老的食用油脂之一，它是采用地中海的一种古老的优质油料树种油橄榄的成熟鲜油果制备而成的油脂。橄榄油适用于所有年龄段和生理状态下的人群，对婴幼儿的生长和发育极为适宜，对孕妇和乳母的营养保健等更有独到功效。

杏仁油具有良好的亲肤性，能迅速被皮肤吸收，具有保湿、养颜、抗皱的功效。杏仁油主要是由多种高级脂肪酸组成的一种混合甘油酯，不饱和脂肪酸含量高达 90%以上。其本身可食用，添加进化妆品中不会对皮肤造成刺激和伤害。

由于蓖麻油及其一些衍生物具有几乎均一的长碳链和独特的化学结构，使得其性能温和不刺激皮肤。

茶籽油天然温和，无油腻感，有较强的渗透性，与皮肤的亲和性好，既能防腐杀菌，又能平衡油脂的分泌。精制的茶籽油热稳定性好，不易氧化变质，安全无毒副作用。

霍霍巴油是从霍霍巴这种植物中提取出来的。霍霍巴油自身不易氧化，它与其他天然不饱和油脂具有明显不同。霍霍巴油本身性质温和，对眼睛、皮肤没有刺激性，由于其与人体皮肤的油脂结构相似，所以完全能与人体皮脂相混合。

鳄梨油具有以下特性：①对皮肤的渗透性好；②具有表面活性；③含有植物甾醇等；④气味柔和，有防腐性能，不易酸败；⑤无毒，对皮肤作用温和，有很好的柔软和杀菌作用；⑥防晒性能好。

纯椰油 50%以上的成分是月桂酸，在自然界只有在母乳及少数食物中存在月桂酸，它可以提高人体免疫力，对人体有百益而无一害，是健康的油脂之一。椰油中的中链脂肪酸能杀死引发疾病的细菌、病毒、真菌和寄生虫。

棕榈油本身可作为吸留剂，棕榈油中提炼的脂肪酸及其衍生物脂肪酸酯、脂肪胺等亦可作为乳化剂、润湿剂、软化剂、润滑剂和调节剂等，被广泛应用在化妆品配方中。

米糠油中含有丰富的谷维素、维生素 E、角鲨烯和植物油醇等成分，其中谷维素和维生素 E 含量分别为 100～150mg/100g 和 91～168mg/100g，角鲨烯含量也在 300mg/100g 以上。

上述植物油脂都是十分适合作为儿童化妆品中植物系油脂组分的原料。

1.3.1.2 动物系油脂

动物系油脂中也有适合制备儿童化妆品的原料。种类虽不及植物系油脂丰富，但仍有部分性能佳的原料。

水貂油是从水貂的脂肪中提取的油状物，其不饱和脂肪酸质量分数高达 75%。它对人体皮肤的渗透性好、无刺激、表面张力小、无油腻感、与其他物质的相容性好。近年来的研究表明，水貂油还具有显著的紫外线吸收功能、很好的抗氧化性，属于营养性油脂。

蛇油的主要化学成分为脂肪酸，脂肪酸又分为饱和脂肪酸和不饱和脂肪酸两大类。尽管不同来源的蛇油主要脂肪酸含量不尽相同，但均以不饱和脂肪酸为主，因而对皮肤黏膜具有较强的亲和力和渗透性，易被皮肤吸收。另外，药理研究表明，蛇油具有降低烫伤部位血管渗透性，抗炎止痛，降血脂，降血糖及抑菌等作用，所以被广泛用于治疗各种皮肤病及作为美容护肤的高级化妆品。

蛋黄油来源于鸡蛋黄，是鸡蛋黄中脂溶性物质的总称。蛋黄油富含维生素 A、维生素 D 和卵磷脂，有润肤功效，可作为化妆品的材料。近年来的研究发现，蛋黄油有抗氧化、降血脂与促进创面愈合等作用。蛋黄油中的卵磷脂是血细胞和细胞膜所必需的原料，能促进血细胞的新生和发育，对衰老细胞有补血作用。蛋黄油因其表面活性作用以及油脂特性，作为表面活性剂或油相，其性能安全无毒，适合制备婴幼儿用品。

1.3.1.3 矿物油脂

矿物油脂原料虽不及前两种应用广泛，但是也有一些适合使用于儿童护肤品中。矿物油脂主要来源于石油，是构成膏霜的主要油脂，其组成为高碳烃类。其在化妆品中的作用是在皮肤表面形成疏水性油膜，抑制皮肤表面水分蒸发，起润肤、保湿作用。矿物油脂油感较重，透气性差，有黏感，与皮肤亲和力差，但其色淡味轻，具有化学惰性，与其他原料相容性、配伍性好，不易被微生物污染，抗氧化能力强。

在儿童化妆品中主要应用到的是液体石蜡。液体石蜡又称为白油，由石蜡烃与环烷烃的饱和成分所组成（其比例因原油产地不同而异），有的含有极微量的芳香烃。液体石蜡是无味、无色、无臭的黏性液体，对酸、热、光都很稳定，中性条件下不会发生化学反应。

1.3.1.4 合成（半合成）油脂

合成以及半合成油脂类原料在制备儿童化妆品的使用上要少于天然油脂类。作为羊毛脂衍生物的液体羊毛脂适合用于制备儿童护肤油等产品。羊毛脂经除去固体成分后，其主要组成即为低分子的脂肪酸和羊毛脂醇的酯类，对皮肤的亲和性、渗透性、扩散和柔软作用较好、胶黏性较小、对头发有优异的调湿效果。

此外，乙酰化羊毛脂也适用于制备儿童护肤油。乙酰化羊毛脂具有羊毛脂的所有优点，具有较好的抗水性能和油溶性，能形成抗水薄膜，减少水分蒸发，对皮肤无刺激、无毒，是很好的柔软剂，还具有增溶分散能力，性质温和安全。

角鲨烷是人体皮脂的重要组成部分，对皮肤有较好的亲和性。此外，一些合成油脂如辛酸/癸酸甘油三酯、异壬酸异壬酯等也是使用频次比较多的油脂，润肤的同时可以提供较好的铺展性和涂抹感。

1.3.2 保湿剂的选择

儿童皮肤角质层含水量较高，但是表皮水分流失较快，需要使用一些保湿剂。甘油、丁二醇、木糖醇、海藻糖、透明质酸钠及银耳多糖等都是常用的保湿剂。天然保湿因子（NMFs）在角质细胞中以高浓度存在，占角质层干重的20%～30%。天然存在的表皮NMFs含有氨基酸、吡咯烷酮羧酸、肽等。NMFs中的氨基酸成分主要来自角质层中丝聚蛋白的降解，通过结合和保持角质层中的水分来维持皮肤的湿度。儿童皮肤天然保湿因子含量较少，可以选择氨基酸、乳酸钠、吡咯烷酮羧酸钠等天然保湿因子成分来增强保湿功能。

1.3.3 乳化剂的选择

乳化剂有十分重要的地位，对配方的稳定性、刺激性和肤感等都有直接的影响，因此在原料筛选的过程中，乳化剂的合理选择非常必要。水包油体系的乳化剂可以选用食品行业使用的单甘酯、柠檬酸酯类；能形成液晶结构的烷基糖苷类（MG68、MV202等）、蔗糖酯类、氢化卵磷脂、橄榄来源的衍生物（olive1000）等；温和保湿的聚甘油酯类乳化剂（聚甘油-3甲基葡糖二硬脂酸酯）等。油包水体系可选用植物来源的聚甘油-3聚蓖麻油酸酯等。

儿童面霜多使用非离子乳化剂作为主乳化剂，比如鲸蜡硬脂醇橄榄油酸酯、山梨醇酐橄榄油酸酯、鲸蜡硬脂基葡糖苷、山梨醇酐硬脂酸酯、氢化卵磷脂、甘油硬脂酸酯SE。非离子乳化剂在肤感、温和性、兼容性方面表现都比较优异，因此，在儿童面霜中使用较为广泛。

1.3.4 表面活性剂的选择

表面活性剂是指那些溶于水中，即使浓度很小，亦能显著降低溶液表面张力，或改变体系界面状态的物质。儿童化妆品中添加表面活性剂主要是用来制备相应的洗涤用品，诸如洗发水、沐浴露等。油酰胺磺基琥珀酸单酯二钠盐作为一种阴离子表面活性剂非常适合用于儿童洗剂的制备。其具有温和无刺激、无毒性的特点，且能增加洗涤制品的黏度，使人体皮肤感觉特别柔滑舒适。*N*-月桂酰基谷氨酸双十二(烷)醇酯也是一种适合应用到儿童化妆品中的表面活性剂，是一种安全性能高、易生物降解、对皮肤作用温和的新型非离子型表面活性剂。同时，*N*-月桂酰基谷氨酸双十八(烷)醇酯与其性质相似，也适合应用于儿童化妆品的制备。椰油羟乙基磺酸钠，因其温和无刺激，适用于制备儿童香皂等。

表面活性剂是洗护产品的核心原料，具有起泡、清洁等作用。儿童本身表皮较薄，皮脂腺和汗腺分泌较少，应保持合适的清洁力和较低的表面活性剂用量，避免过度清洁，更无须追求泡沫丰富。不适当的表面活性剂可能会溶出表皮细胞间脂质，破坏屏障功能，可能经表皮渗透产生刺激从而引起各种炎症，还可能吸附蛋白质，使蛋白质变性。儿童在清洗皮肤的时候，产品成分顺着水流可能会流入眼睛刺激流泪。因此，要严格筛选原料的组分和纯度，避免引入不良杂质；可通过选用低刺激的表面活性剂，或者表面活性剂间合理的复配来降低渗透和刺激性。通过反复进行体外或者体内实验验证其安全性和温和性。有人研究了几种常见温和型表面活性剂的泡沫性能和温和性，得出温和性顺序：月桂酰两性乙酸钠＞月桂基葡糖苷＞月桂酰肌氨酸钠＞椰油酰胺丙基甜菜碱＞椰油酰甘氨酸钠＞甲基椰油酰基牛磺酸钠。结合泡沫性能的比较，认为烷基糖苷、烷基两性乙酸盐和两性甜菜碱较适用于温和婴童沐浴产品。

1.3.5 防晒剂的选择

儿童由于表皮层较薄和黑色素生成减少，更容易受到紫外线辐射造成皮肤损伤。流行病学数据表明，儿童期紫外线照射增强会增加日后罹患恶性黑色素瘤（MM）和非黑色素细胞性皮肤癌（NMSC：基底细胞癌和鳞状细胞癌）的风险。儿童皮肤结构与成人存在区别，更容易受到紫外线的侵袭，应该有针对性地进行防晒保护。

防晒剂是防晒化妆品配方的核心所在，对防晒产品的性能具有决定性的影响。开发儿童防晒化妆品选用防晒剂比成人更加严格。首先，需选取经过长期市场检验的安全、温和的防晒剂。对于防晒剂的安全、温和特性，可根据《化妆品安全技术规范》（2015 年版）。其次，因防晒剂的批准均以成人为标准进行各项测试，而儿童皮肤与成人有很大差别，不能一概而论，所以在选择儿童防晒化妆品的防晒剂时，应尽量选用市售产品使用频率较高的防晒剂，保证产品安全、温和。《化妆品安全技术规范》（2015 年版）批准使用的防晒剂为 27 种，但其中常用的防晒剂仅有十几种。其次，尽量选择无争议的防晒剂。在常用的十几种防晒剂中，虽成人防晒产品使用频率较高，但仍有部分原料存在争议，如二苯甲酮类防晒剂，其安全性一直存在较大争议，有学者专门针对二苯甲酮类防晒剂的安全性进行了皮肤光毒实验和皮肤光变态反应实验。研究发现二苯甲酮类防晒剂对高敏感人群存在一定的危险性。除此之外，有舆论认为二苯酮-3 有类雌激素的作用且易被皮肤吸收。对此类防晒剂，在儿童防晒化妆品的开发中，需尽量避免使用。

国家药监局发布的《儿童化妆品技术指导原则》要求：防晒类儿童化妆品的配方设计应当兼顾安全性以及防晒效果，必要时进行获益风险分析。化学防晒剂可以选择低敏、低渗透、分子量在 500 以上的。物理防晒剂可以选择处理粒径在微米级，非纳米的具有吸收、散射或反射 UVB 或 UVA 能力的氧化锌和二氧化钛粉末。

1.3.5.1 物理防晒剂

物理防晒剂又称无机防晒剂，目前使用的物理防晒剂主要是 TiO_2 和 ZnO。物理防晒剂对紫外线的屏蔽是通过吸收和散射作用共同实现的。物理防晒剂具有以下优点：防晒波段宽（涵盖 UVA 和 UVB）；更高的稳定性；更高的安全性。基于这些优点，一些国际或国内主流化妆品公司在针对儿童、敏感皮肤设计的防晒产品中，有很多仅使用物理防晒剂的“纯物理防晒”配方。在设计儿童防晒剂配方时，可考虑以物理防晒剂为主要的防晒剂。物理防晒剂的紫外线屏蔽效力、作用波段与其粒径大小相关。粒径较大时，粒径分布宽，分散性差，主要通过散射作用来屏蔽紫外线。但散射紫外线的同时，也会散射可见光，所以由它们制成的防晒化妆品涂在皮肤上，会产生不自然的发白现象，影响美观。随着粒径变小，同时对可见光的散射减弱，透明性增强。用于防晒的 TiO_2 和 ZnO 一般都是纳米级原料（100nm 以内）。

目前市售的物理防晒剂多为表面经过处理、粉体外面具有包裹层的材料。一方面使表面惰化，不具有光化学活性；另一方面使得粉体在基体介质中分散均匀，在皮肤上也容易均匀铺展，稳固 SPF 和 PA 值。TiO_2 和 ZnO 这两种氧化物在化妆品中都有长期安全使用记录，可以认为用作防晒的 TiO_2 和 ZnO 是安全的。

1.3.5.2 化学防晒剂

考虑到物理防晒剂大多为粉末形态且价格较高，在配方中大量使用可能会影响肤感、配方稳定性和产品外观，配方成本也较高，为开发不同产品类型和不同 SPF 和 PA 设计要求，可考虑搭配使用化学防晒剂。

化学防晒剂又称有机防晒剂。按吸收波段不同可分为 UVA 吸收剂（如邻氨基苯甲酸酯类和二苯甲酰甲烷类等）、UVB 吸收剂（如肉桂酸酯、水杨酸酯类）和广谱吸收剂（如二苯酮类、双-乙基己氧苯酚甲氧苯基三嗪等）。

（1）不推荐使用

BP3（二苯酮-3）是一种广谱的 UV 吸收剂，其分子量较小（275），亲脂性高，可以透过皮肤吸收进入人体血液循环，中国法规要求含有此原料的化妆品，其标签上必须标示“含二苯酮-3”。

BP4（二苯酮-4）对皮肤和眼睛都有一定的刺激性，本身不会被皮肤渗透吸收，但会提升皮肤对防晒霜中其他化学物质的吸收。由于其安全性不够明确，建议避免在儿童防晒产品中使用。

EHDP（二甲基 PABA 乙基己酯）是 PABA 衍生物，易产生人体光过敏反应，现已限量使用，不推荐在儿童产品中应用。

（2）建议尽量少用

OMC（甲氧基肉桂酸乙基己酯）是目前最广泛使用的 UVB 吸收剂。由于其分子量（204）比较小，有渗透进皮肤的风险，另外该成分的光稳定性不高。但因其价格相对低廉，配伍性好，是许多固体紫外线吸收剂的良溶剂。综合考虑，建议在儿童防晒配方中，参考《化妆品安全技术规范》中规定的上限 10%，根据配方需要，不添加或酌情少量添加。

BMDM（丁基甲氧基二苯甲酰基甲烷）是非常高效的 UVA 阻隔剂。该物质在光的作用下会发生光解，引发皮肤过敏。建议在儿童防晒配方中，尽量不添加或少量添加。

OCR（奥克利林）是一种在全球任何国家（或地区）都批准使用的油溶性 UVB 波段吸收剂，使用广泛。但其有两个缺点：分子量（361.5）较小，易渗透；暴露在阳光下会释放出氧自由基 [10]，对皮肤健康构成潜在伤害。因此也建议尽量少用。

（3）推荐适量使用

PS15（聚硅氧烷-15），这种 UV 滤除剂的分子结构中有聚合物主链，所以分子量较大（6000 以上）。这种分子量较大的 UV 阻隔剂，对皮肤已没有穿透能力，十分安全。此外，它还具有很好的成膜性能，可提高整体配方的耐水性，推荐使用在儿童产品中。

DHHB（二乙氨羟苯甲酰基苯甲酸己酯）是一种油溶性广谱紫外线吸收剂。在 UVA 波段吸收较为优异。其光稳定性佳、溶解性也较好，负面报道少，可推荐使用。

MBBT（亚甲基双-苯并三唑基四甲基丁基酚）是一种有机粒子防晒剂，产品形式为 50%有机超细粒子水分散体系，在 UVA 和 UVB 波段均有一定的吸收。由于其微粒分散体性质，除了本身的有机分子结构吸收紫外线外，还能对紫外光进行散射和折射，可达到三重的防晒效果。其分子量较大，难以被透皮吸收，因此安全性较高，适合儿童和敏感性皮肤产品使用。

EHT（乙基己基三嗪酮）是非常高效的 UVB 吸收剂，分子量（823）较大，安全记录较好，少量使用即可为儿童防晒配方提供优异的 SPF 值。

BEMT（双-乙基己氧苯酚甲氧苯基三嗪），分子量为 629，是覆盖 UVB 和 UVA 的高效广谱防晒剂，光稳定性很强，与 TiO_2 等有很好的协同作用，也比较适合儿童产品。

以上列举的均为常用的、负面报道较少的有机防晒剂，可根据配方的剂型、成本要求、SPF 和 PA 范围等，与物理防晒剂搭配使用。

最后，根据剂型特点及功效要求选择合适的防晒剂。通过前 2 种筛选方式，可供儿童防晒化妆品选择的防晒剂已不足 10 种，在此基础上，根据开发产品的剂型特点选择合适的水溶、油溶、固体、液体防晒剂，根据防护波段及防晒剂特点选择相应的 UVA、UVB 防晒剂。

1.3.6 其他功能添加剂

儿童皮肤细胞间脂质较少，屏障功能还没有发育完全，会造成皮肤表皮通透性、免疫应答和局部炎症反应的加重。因此，可以补充一些增强皮肤屏障功能的成分。据报道，含有生理平衡的表皮脂质（胆固醇、神经酰胺、棕榈酸酯和亚油酸酯的摩尔比为 3∶1∶1∶1）的润肤剂是修护皮肤屏障的最佳选择。此外，还可以用一些明确可控的具有抗氧化、舒缓、止痒等作用的活性物来预防和缓解因刺激带来的皮肤不适，如生育酚（维生素 E）、燕麦提取物、马齿苋提取物及春黄菊花提取物等。

尽管在“尿不湿”时代，“红屁股”的发生率有所降低，但其仍然是新生儿的常见现象。婴幼儿皮肤表面暴露于粪便和尿液的碱性混合物中，会改变局部皮肤的 pH 值并破坏皮肤屏障功能。此外，与尿液混合后，粪便微生物会产生具有活化蛋白酶和脂肪酶的氨，从而进一步降解角质层。因此，护臀膏不仅要有疏水的作用，还得有收敛抑菌的作用。剂型上可以选择油包水体系，外相的油脂起到隔绝水分、滋润皮肤的作用。同时可以添加药用氧化锌或者炉甘石收敛、抑制微生物的增生。

1.3.7 香精、防腐剂的选择

当儿童接触护肤产品中的芳香化学物质时，这些化学物质可能会穿透皮肤，被吸收到血液中，然后分布到各个器官。鉴于这些香料化学品在儿童早期可能带来健康风险，《儿童化妆品技术指导原则》中要求：儿童化妆品配方应当尽可能不用或者少用香精或者香料，不建议使用成分复杂的可能含有 24 种致敏性组分（详见表 1-1）的原料作为芳香剂。如使用含有 26 种致敏性组分的香精或者香料，应当进行充分安全评估，对致敏性组分含量在驻留类产品中大于等于 0.001%，以及在淋洗类产品中大于等于 0.01%时，应当在标签上标印以告知消费者。因此，儿童产品非必要最好不加香精，特别是婴儿产品。儿童产品如果要加香精也可以选择儿童专用的零敏香精，并进行多次评估，确保其真正不致敏。

表 1-1　香精香料中可能含有的 24 种致敏性组分

序号	中文名称	INCI 名称/英文名称	CAS 号
1	戊基肉桂醛	amyl cinnamal	122-40-7
2	戊基肉桂醇	amyl cinnamyl alcohol	101-85-9
3	茴香醇	anisyl alcohol	105-13-5
4	苯甲醇	benzyl alcohol	100-51-6
5	苯甲酸苄酯	benzyl benzoate	120-51-4
6	肉桂酸苄酯	benzyl cinnamate	103-41-3
7	水杨酸苄酯	benzyl salicylate	118-58-1
8	肉桂醛	cinnamal	104-55-2
9	肉桂醇	cinnamyl alcohol	104-54-1
10	柠檬醛	citral	5392-40-5
11	香茅醇	citronellol	106-22-9
12	香豆素	coumarin	91-64-5
13	丁香酚	eugenol	97-53-0
14	金合欢醇	farnesol	4602-84-0
15	香叶醇	geraniol	106-24-1
16	己基肉桂醛	hexylcinnamaldehyde	101-86-0
17	羟基香茅醛	hydroxycitronellal	107-75-5

续表

序号	中文名称	INCI 名称/英文名称	CAS 号
18	异丁香酚	isoeugenol	97-54-1
19	α-异甲基紫罗兰酮	alpha-isomethyl ionone	127-51-5
20	苧烯	d-limonene	5989-27-5
21	芳樟醇	linalool	78-70-6
22	2-辛炔酸甲酯	methyl2-octynoate	111-12-6
23	橡苔提取物	oakmoss(*Evernia prunastri*)extract	90028-68-5
24	树苔提取物	treemoss(*Evernia furfuracea*)extract	90028-67-4

对于防腐剂这类皮肤致敏率较高的原料来说，选择合适的防腐体系非常重要，如果包装本身能够满足不添加防腐剂的需求也可以不添加防腐剂。儿童面霜为富营养物质，易滋生微生物，而微生物产生的毒素或产生的代谢产物均可成为机体的应变原或刺激原，对儿童皮肤产生致敏作用或刺激作用，儿童一旦使用变质的化妆品可能严重影响皮肤健康。如何构建儿童面霜的防腐体系，既能保证防腐效能又能避免因防腐剂而造成皮肤接触性过敏，是儿童面霜开发的一道难题。防腐剂正在朝着温和、天然、有机的方向发展，传统的甲醛/甲醛释放体（如：DMDM 乙内酰脲、咪唑烷基脲、双咪唑烷基脲等)、有机卤素化合物（如：布罗波尔、异噻唑啉酮、碘丙炔醇丁基氨甲酸酯）等，已经不再那么受欢迎。更加天然温和的防腐剂越来越受到欢迎，醇类防腐剂（如：苯氧乙醇、苯甲醇、辛甘醇、己二醇、戊二醇等)、有机酸防腐剂（如：苯甲酸钠、山梨酸钾、脱氢乙酸等)，阳离子防腐剂（如：苯扎氯铵、苄索氯铵、西吡氯铵、葡糖酸氯己定、聚氨丙基双胍等)，其他防腐剂或防腐助剂（如：乙基己基甘油、甘油辛酸酯、甘油十一碳烯酸酯、辛酰羟肟酸、银离子等)。这些防腐剂通过合理复配往往可以得到较为温和的防腐体系。

此外，随着研究的不断深入，发现很多的植物提取液以及精油都有着较好的抗菌抑菌功效，诸如，金盏花提取物、洋甘菊提取物、芦荟提取物、薰衣草精油、茶树精油、肉桂精油等都有着一定的抗菌抑菌功效，由于其成分天然，理论上更为适合作为防腐剂添加到产品配方中。

1.3.8 植物提取物的功效和应用

植物提取物是以植物为原料，经过物理、化学、生物提取分离过程，定向获取和浓集植物中的有效成分，如生物碱类、黄酮类、多糖类、苷类、有机酸类和挥发油类等，提取部位包括根、茎、叶、花、果等。目前植物原料的提取制备除了有浸渍法、煎煮法、水蒸气蒸馏法、回流/连续回流法等传统工艺外，还采用一些现代制备工艺，如超声提取技术、微波辅助提取技术、超临界流体萃取技术、闪式提取技术和生物酶解技术等。一般根据提取物的性质、结构等采用物理、化学和生物方法相结合进行提取。

（1）紫草提取物

紫草主要生物活性成分是萘醌类色素，有抗炎、抗肿瘤、抑菌等作用。紫草提取物主要应用于护肤类和爽身类儿童化妆品，有紫草油、婴儿植物紫草油、紫草膏、紫草修护膏、紫草舒缓膏（儿童型)、双紫倍护膏、儿童清凉紫草棒等产品，品类多样化，使用广泛。譬如紫草油用于新生宝宝、幼儿红屁股护理，可以祛红、消炎、护臀；紫草膏用于儿童蚊虫叮咬，可以驱蚊、止痒、消包。

（2）金盏花提取物

金盏花独特的有效成分为挥发油、黄酮类、总皂苷类、叶黄素等，有抗炎、抗菌、防晒等作用。金盏花总黄酮提取液具有一定抗氧化性和保湿性，且对 UVA 和 UVB 有强吸收性，具有防晒功能。叶黄素具有抗氧化性，能吸收紫外线预防辐射。金盏花具有良好保湿、抗氧化、天然防晒和舒缓抗敏等功效，因此其提取物被广泛应用于儿童化妆品中。

（3）白池花提取物

儿童化妆品中的白池花提取物主要为白池花籽油，其含有大量饱和长链脂肪酸，不含其他植物油中普遍含有的聚不饱和脂肪酸，不易酸败，具有抗氧化性。白池花籽油是氧化稳定性最好的植物油，其微量成分主要为α-生育酚、β-生育酚、γ-生育酚及植物甾醇，在波长298nm处吸收明显，有抗紫外性能。白池花籽油不但可做基础油性原料，而且可以直接将其作为产品。白池花内酯提取自白池花籽油，在护发素使用对毛发拉伸强度的促进试验中，含量为0.5%白池花内酯，促进率为120.9%，可促进头发生长，增强头发质量，用于儿童清洁类化妆品，如洗发沐浴露、护肤素、护发喷雾等。白池花籽油的油脂保湿效果优于半固态油脂，常用于唇膏、护唇啫喱、保湿霜、润肤乳、身体乳、沐浴油等保湿产品，能滋润皮肤、防止水分流失。

（4）积雪草提取物

积雪草又称崩大碗、马蹄草、地钱草等，是常见的中药材，它不仅具有极高的药用价值，在日化领域也具有重要的应用价值。积雪草的提取部位包括根、花、叶、茎等。现代研究表明，积雪草提取物中三萜类化学成分有积雪草酸、积雪草苷和羟基积雪草苷等，能够促进伤口愈合。其中挥发油含量较高，有较强的抗氧化性。积雪草提取物对儿童皮肤用处非常多，抗氧化作用能够保护儿童皮肤减少外界的刺激；具有抗炎、促进创伤愈合作用，可预防缓解儿童皮肤创伤和溃疡；对敏感性皮肤有舒缓保湿作用，减少儿童皮肤红、痒、干或者过敏。

（5）山茶提取物

山茶是人们熟悉的灌木或小乔木，原产我国，资源丰富。民间新生儿、婴儿红屁股和湿疹会直接用山茶籽油。山茶籽油，含有多不饱和脂肪酸、低饱和脂肪酸、角鲨烯、茶多酚、山茶皂素、维生素E和黄酮类化合物等有效成分。山茶提取物润肤油的抗氧化能力好，对清除DPPH自由基效果好，能够与自由基反应形成稳定的物质。山茶提取物具有天然锁水保湿和良好抗氧化性，可作为基础油脂制备儿童润肤产品。并对大肠杆菌、金黄色葡萄球菌、酵母菌都有抑制作用，且抑制程度随浓度增强而增强，有明显的抑菌效果。山茶籽油富含油酸、维生素E、茶多酚等营养成分，可以在皮肤表层迅速形成一层保护膜，起到锁水保湿、抑菌抗菌作用。将山茶油制成婴儿山茶护臀霜或油，可有效预防和解决新生儿、婴幼儿的尿布疹和红屁股等问题。山茶籽油在波长270～350nm和350～400nm范围内都有很好的紫外吸收，可以吸收UVB和UVA，是优质的天然防晒剂。山茶提取物在儿童特别是0～3岁的婴幼儿化妆品中发挥重大作用，广泛用于清洁类、保湿类、爽身类和防晒类等儿童化妆品。

1.4 儿童化妆品的质量安全性

儿童化妆品一直是化妆品安全监管重点，原国家食品药品监督管理局于2012年颁布了《儿童化妆品申报与审评指南》（国食药监保化〔2012〕291号），对儿童化妆品的申报与审评工作给予具体指导。《化妆品监督管理条例》于2020年6月16日正式发布后，相关配套的技术法规文件陆续发布，对化妆品注册备案管理工作、注册备案资料规定、分类规则和分类目录、标签管理、功效宣称评价、安全评估等方面提出了具体要求。同时，按照《儿童化妆品监督管理规定》第九条要求，国家药品监督管理局组织中检院制定专门的儿童化妆品技术指导原则，对注册申请人或备案人提交的注册备案资料进行严格审评、审查，以保障儿童化妆品使用安全。

基于化妆品为原料物理混合的特性，原料的使用安全保证了最终产品的质量安全。儿童化妆品应制定有效的物料供应商遴选制度，明确遴选、审核、评价的标准，通过有效的资质审核或现场审核加强采购前的质量控制，严格执行物料合规性审查制度，确保儿童化妆品使用的准、限用原料符合技术规范要求，建立合格物料供应商名录，规范物料进货查验、验收、储存和放行的管理，采取有效措施防止物料使用出现混淆、污染、交叉污染，把好儿童化妆品生产第一道工序的质量安全关。

企业应按照注册或备案载明的技术要求开展儿童化妆品生产，建立并执行生产工艺规程和岗位操作规程，提倡企业建立“一品一标”的内控标准，持续强化儿童化妆品生产过程控制。儿童化妆品生产前应对生产环境、设备状态、容器清洁消毒情况进行充分的检查确认，保证上一批次产品生产后或更换生产品种前得到有效的清场；生产过程涉及的领料、称量、配制、填充或灌装、包装、检验、放行等各道工序应准确予以记录，真实、完整、准确地反映生产过程，各工序记录应使用生产批号串联并保持可追溯性，确保生产过程记录内容与工艺规程要求相匹配；落实物料平衡计算的管理，对超出平衡限度范围的生产数据应查明原因，确认无质量风险后，方可进入下一道工序；对生产过程中产生的不合格品应及时查找分析原因，评估处理方式，采取有效的纠正预防措施，主动消除不合格因素的风险隐患，持续不断地提高生产过程质量管控。

儿童化妆品的微生物和理化指标应当符合《化妆品安全技术规范》《化妆品注册和备案检验工作规范》等相关法律法规和技术标准要求，应当能够表征该产品的安全性和质量可控性；微生物指标中菌落总数不得大于 500CFU/mL 或 500CFU/g，理化指标中有害物质的指标限值必须符合《化妆品安全技术规范》的要求；理化指标中限用组分、准用组分的控制指标在满足《化妆品安全技术规范》要求的基础上，应当控制在配方填报量合理误差范围内（一般不超过±20%），如超过合理范围，应当提供充分的依据说明产品工艺的稳定性和质量的可控性。

微生物和理化指标还应当考虑不同年龄范围儿童皮肤的生理特点以及使用方式，设定科学、合理的指标范围，鼓励针对儿童化妆品制定严于强制性国家标准、技术规范的产品执行的标准。原则上，儿童化妆品应当设置 pH 值范围（无法测定 pH 值的剂型除外），pH 值范围应当在 4.5～7.0（含 4.5 以及 7.0）；若考虑特定使用部位的生理特点（如婴幼儿尿布区）以及产品属性（如清洁类），以及考虑原料稳定性，pH 值范围大于 7.0 且小于等于 9.0 的，应当提供科学合理解释，并进行充分安全评估。

儿童化妆品可通过人体功效评价试验、消费者使用测试、实验室试验和收集文献资料或研究数据等方法来进行功效评价。根据儿童化妆品的具体功效宣称，参照《化妆品功效宣称评价规范》附 1 中的“化妆品功效宣称评价项目要求”来选择具体的功效宣称评价方法。其中消费者测试研究或者人体功效试验通常采用成人进行。儿童防晒产品的功效评价与成人防晒产品相同，都是参照《化妆品安全技术规范》中针对防晒产品相关的测试方法进行，包括 SPF 值、PA 值和防水性能的测试，通过对成人受试者开展功效评价测试来了解儿童防晒产品的功效。

儿童化妆品需要通过安全评估和必要的毒理学试验进行产品安全性评价。《儿童化妆品申报与审评指南》中指出，儿童化妆品的检验项目按照《化妆品行政许可检验规范》进行。产品对儿童应无皮肤及眼刺激性，无光毒性，无变态反应性。因此对儿童化妆品开展的毒理学试验结果有一定的要求：急性眼刺激性/腐蚀性试验结果应当为无刺激性，皮肤刺激性/腐蚀性试验结果应当为无刺激性，皮肤变态反应性试验结论应当为无致敏性，皮肤光毒性试验结果应当为无光毒性。

儿童化妆品的安全评估与成人化妆品相同，都要符合《化妆品安全评估技术导则》的原则和要求，以暴露为导向，但儿童化妆品的安全评估还要在危害识别、暴露量计算等方面结合儿童生理特点，针对儿童产品的使用方法、使用部位、使用量、残留等暴露特征进行安全评估。在进行暴露评估时，优先引用国内外化妆品研究机构评估文件或者公开发表文献中的儿童化妆品暴露数据。同时要明确儿童产品配方设计的"安全优先、功效必需、配方极简"的原则，并对配方使用原料的科学性和必要性进行说明，特别是香料、着色剂、防腐剂及表面活性剂等原料。儿童产品在安全评估过程中比成人产品更严格，要求其必须温和无刺激。

1.5 儿童化妆品的选用

据有关方面统计，我国每年至少有5000万儿童使用化妆品，估算儿童化妆品市场份额已近50亿元，且呈现逐年递增的趋势。市场上，唇彩、唇膏、腮红、指甲油、眼影、闪粉、修容膏、粉饼、粉扑等儿童化妆品琳琅满目，一些电商还以儿童化妆品组合套装形式销售，销量颇为可观。与此同时，儿童化妆品市场也暴露出一些问题，如无生产许可证生产儿童化妆品、伪造生产厂名及厂址、非法添加激素和抗感染类药物、宣称"食品级"化妆品、售卖的"彩妆玩具"易被当成儿童化妆品等，不利于儿童的安全健康。

为帮助广大家长正确认识、选购和使用儿童化妆品，保障儿童用妆安全，中国消费者协会联合中国保健协会化妆品发展工作委员会作出如下消费提示。

① 选购儿童化妆品应注意功效类别，3岁以下婴幼儿不宜使用"彩妆"。与成人相比，12岁（含）以下的儿童，特别是3岁以下的婴幼儿，皮肤屏障功能尚未成熟，对外界刺激的易感性较强、防御能力较差，对细菌感染的易感性也较强。这些皮肤特点，决定了对儿童化妆品配方有着更特殊的考量，不仅儿童化妆品与成人化妆品有较大不同，3岁以下婴幼儿与3～12岁儿童所使用的化妆品也不完全一样。

国家药监局发布的《化妆品分类规则和分类目录》规定，3～12岁儿童使用的化妆品的功效宣称有清洁、卸妆、保湿、美容修饰、芳香、护发、防晒、修护、舒缓、爽身；而0～3岁婴幼儿使用的化妆品功效宣称则仅限于清洁、保湿、护发、防晒、舒缓、爽身。由此可见，0～3岁婴幼儿使用的化妆品功效宣称中不包括美容修饰、卸妆等"彩妆"类别。为此，家长们不要为3岁以下婴幼儿购买"彩妆"。如果彩妆化妆品标签宣称3岁以下婴幼儿可用，则属于违法行为。

② 购买儿童化妆品应选择有资质的正规商家，仔细阅读标签标注并核验产品信息，认准"小金盾"标志。消费者购买儿童化妆品时，首先，应认真查看经营者的营业执照等资质情况，选择证照齐全的正规商家进行交易，并保留发票、收据等购物凭证。其次，要尽量选择知名度高、消费者评价较好的品牌和产品，仔细阅读产品包装上的标签标注信息，特别是产品成分、功效、使用人群、生产日期和保质期、注意事项等。最后，要查看产品的注册或备案信息，儿童化妆品一般为"妆"字号，并可通过国家药监局网站或者化妆品监管APP进行核对，查验产品信息真伪。

③ 家长应主动监护孩子使用儿童化妆品情况，出现不适要立即停止使用。应确保孩子在家长的监护下，按照标签或者说明书标注的使用方式使用儿童化妆品。建议在每次使用前，都查看一下儿童化妆品的品质情况，如检查是否在保质期范围内、产品性状是否发生改变，如产品出现变色、油水分离、长霉斑等现象或是发出异味的，应停止使用。当孩子初次使用某款儿童化妆品时，建议先做个"皮试"，选择少量、稀释或者局部试用等方式查看是

否会产生不良反应，如无异常，再正常使用。

若使用儿童化妆品过程中出现过敏反应或者不适症状的，应立即停止使用。反应和症状较轻的，可用去离子水清洗掉皮肤上已涂抹的化妆品，并观察孩子的恢复情况；反应和症状较为严重或者清洗掉皮肤上的化妆品后未有好转的，可携带该化妆品产品及外包装到医院的皮肤科就诊，向医生叙述化妆品不良反应发生的过程及详细情况。

④ 不存在“食品级”化妆品，误当食物摄入化妆品存在安全风险。近期，一些商家在生产化妆品时使用了某些可用于生产“食品”的原料，就借机称这样的化妆品为“食品级”化妆品，暗示家长把这样的化妆品给儿童使用更安全。事实上，化妆品和食品是两种不同类别的产品，依据不同的法规规定，适用不同的产品标准、原料要求、生产条件等，根本不存在所谓的“食品级”化妆品。评价化妆品是否安全，需要评估其原料的安全性，同时还需要评估产品配方、生产工艺、使用方式、贮存条件等。为此，《儿童化妆品监督管理规定》第十三条第二款明确规定，“儿童化妆品标签不得标注‘食品级’‘可食用’等词语或者食品有关图案”。

在日常使用中，如偶尔少量的口红、唇膏等质量合格的儿童化妆品被舔食入口，则不必过于担心，因为这种摄入量较小，一般仍在安全容许的范围内。但如果孩子把儿童化妆品误当作食品大量摄入，则可能导致健康风险，如果出现不适症状，要及时就医。

⑤ 要将儿童化妆品与玩具严格区分，切勿将彩妆玩具当儿童化妆品使用。儿童化妆品与玩具是两种不同类别的产品，依据不同的法律法规实施管理，其管理措施和要求也不相同。当前，一些由眼影、腮红、口红、指甲油等组成的“儿童梳妆台”或“宝宝梳妆台”等产品在市场上十分热销。实际上，这类产品很多是由玩具生产企业生产的仅供玩偶等涂饰用的“彩妆玩具”，只按照玩具的生产标准和质检标准进行生产、检验，并未依法在药监部门完成产品的注册或备案，不作为儿童化妆品管理。按照一般玩具产品标准生产出来的“口红玩具”“腮红玩具”等产品中可能含有不适宜作为化妆品原料使用的物质，如安全风险相对较高的着色剂等，如果当化妆品使用可能会刺激儿童皮肤。此外，这类“彩妆玩具”还可能存在重金属超标的问题，如铅超标，过量铅被吸收后可损害身体多个系统，并影响儿童智力发育。为此，家长在为孩子选购时，一定要将儿童化妆品与彩妆玩具区分开来。

1.6 儿童化妆品市场现状及发展趋势

1.6.1 儿童化妆品市场现状

2015 年以来，全面二孩政策得到了切实的实施，但新生人口数并未得到预期中的井喷效果，反而逐年下降。出生人数可能会在政府的有效政策刺激下维持相对稳定，并预计在 2026 年达到 865 万人。因此，儿童化妆品如何在逐年下滑的目标群体中扩大自身影响力和销量成为一个行业性问题。在人均 GDP 的迅猛增长和人均可支配收入从 2016 年的 33616 元增加到 2021 年的 47412 元的增势下，下滑的出生人口数并不意味着年轻人由于工作和生活的高压力而对孩子不再重视，与之相反，年轻人对生育的慎重意味着对孩子的重视不断提升。这对儿童护肤品行业来说，既是机遇也是挑战。更大的市场，更高的要求、更强的品牌意识、更大的支付能力和支付意愿将进一步加剧品牌间的竞争。与此同时，随着生育率的下降和 GDP 的不断攀升，新生儿父母对婴童用品的关注度和关注时间都有了明显提升，消费升级趋势也愈发明显。

（1）儿童化妆品市场规模

在居民人均可支配收入逐年上升的大环境中，年轻群体普遍消费力更强。如今6个家长只有一孩或二孩的当代城市家庭模式，在孩子身上消费意愿非常强的状况下，中国儿童化妆品市场潜力巨大。从2016年的170.8亿元人民币增长到2021年的322.7亿元人民币，年复合增长率达到13.6%，根据预测，儿童化妆品2026年销售额将达到492.7亿元人民币，年复合增长率7.7%。其中，含有天然原料的功效性护肤品，高端护肤品等细分赛道潜力相对较强，在本土品牌的儿童护肤品也在日益提高的民族自豪感和认同感下，也有明显的销量提升，不再局限于下沉市场。

儿童洗护用品作为儿童化妆品的重要细分品类，往往受到儿童化妆品厂商的重点关注，与此同时，在持续的消费升级中，年轻妈妈对儿童洗护用品的付费意愿相对较强，也进一步推动了儿童洗护用品平均客单价的不断攀升。尤其是2020年后，线上销售渠道的不断拓展，进一步加速了儿童洗护用品的涌入。

我国的儿童化妆品市场主要以专业的儿童化妆品厂商和传统化妆品厂商为主，其特点是销量增速较快，在行业集中度相对不高的前提下集中度逐渐攀升，同时亦有本土品牌的崛起与海外知名品牌的博弈交织其中。市场格局相对分散，竞争激烈，因此行业内排名相对较为动荡，暂时尚未出现独占鳌头的垄断型企业。但整体来看，新兴本土品牌的市场占有率急速攀升，不断稀释传统儿童化妆品厂商的市场份额。

对比本土品牌和海外品牌在儿童化妆品市场上的竞争格局。相比日本、韩国或美国市场的本土品牌和海外品牌在儿童化妆品市场约各占50%的竞争格局，中国儿童化妆品市场的本土品牌数目和营业额相对占比远低于美日韩，占比约为19.5%。中国儿童化妆品品牌在市场竞争中的相对羸弱具有多重原因，包括研发技术上相对不占优势、起步较晚等，也有一些历史遗留原因，比如当今大部分的年轻妈妈普遍由海外品牌完成母婴消费教育，消费者对本土品牌的信任度较低等。但由于近年国内厂商研发实力的不断增强、对市场和消费者研究的进一步深入，以及消费者对本土品牌的认可度不断提升，本土儿童化妆品品牌不断向高端市场发起冲击，并取得了相当亮眼的成绩，本土儿童化妆品品牌发展潜力巨大，将进一步冲击动荡的儿童化妆品竞争市场。

（2）儿童化妆品市场机遇

虽然抢占高端市场已是许多儿童护肤品厂商共同的目标和难题，但中国市场仍具有一些特殊性，比如下沉市场的不可忽视。即使是三、四线城市，年轻妈妈们对于母婴商品的消费也不再局限于奶粉和尿不湿，社交网络的普及让小红书等社群自然地引导这些三、四线城市的年轻妈妈如何精细养娃。对于非刚性的母婴消费，比如儿童化妆品也有了越来越多的关注。与此同时，三、四线城市拥有更高的出生率和出生人口，三孩生育政策的实施效果相比一、二线城市更为明显，育龄妇女生育愿望更高，人口增量预期更大。最后，三、四线城市房价、教育成本等与婚育相关的刚性消费占比相对较小，对儿童护肤品消费意愿会更高。

随着95后达到婚育年龄，他们将与80后、90后一同成为母婴消费人群的主力军。有数据显示当前儿童市场40%以上的消费来自90、95后的消费群体，并且每年还有50%的增速，近五成用户平均每月母婴产品支出超过2000元；超过40%的用户对中高端定位、高颜值的产品有更高的支付意愿。新时代宝爸宝妈不仅考虑孩子的切实需要，也更注重自身诉求，大部分宝爸宝妈在孩子出生前就已经开始着手学习相关育儿知识；相较传统育儿理念，他们重视科学育儿，观念更加开放和多元，会从多个渠道了解育儿信息，且自主学习能力较强，精细化育儿的需求被充分释放。他们在选购产品时，不单单看产品卖点，还会关注产品的成分以及里面的配方技术等，市场消费升级趋势明显，在洗护产品上有护发用品、洗衣清洁用品、洗漱用品、护肤品、防晒用品、驱蚊用品等。

1.6.2 儿童化妆品发展趋势

儿童化妆品市场的发展是成人化妆品市场发展的一个缩影。纵观整个儿童化妆品市场，我们不难发现市场正朝着细分化的趋势发展。早期儿童化妆品按功能可分为洗浴用品、洗涤用品、护肤用品。随着技术和需求的不断发展，在此基础上，当前市场中逐渐出现许多可按照使用年龄、产品功效等划分出的小类。例如：常见的化妆品除了儿童霜、露、乳产品外，还有儿童专用润唇油、唇膏、防晒等新生产品；又按照年龄分为新生儿期、婴儿期、幼儿期、学龄期等；还以性别分为男、女宝宝专用。随着新一代消费人群在各类前沿消费理念的影响下，他们的消费观呈现出与上一代人完全不同的一面，对品牌认知不再单方面接收，而是多维度、审慎判断产品是否适合自己，会通过搜索、种草、评测等手段丰富自己的认知，用知识寻求安全感，购买特点也会出现明显的变化，不排斥使用新品牌、新产品。面对当前新形势下，结合成人化妆品市场发展史，儿童化妆品市场仍将趋向于下面三个方面发展。

① 安全性：婴幼儿皮肤较成人角质层薄，角质细胞小，皮肤的水合能力还不完善，角质层中含有较多的水分和较少的天然保湿因子等。与挑选其他产品相比，人们在选择婴幼儿产品时更为用心。当下的宝妈宝爸本身就有被化妆品教育的经验，因此很注重科学的、专业的产品使用体验，重视在成分方面的安全性：挑选温和表面活性剂（两性离子和非离子型表面活性剂）减少对皮肤的直接刺激；含天然保湿因子、神经酰胺等皮肤屏障功能物质更受青睐，温和的防腐体系——有机酸类防腐剂和醇类防腐剂致敏性更小，既避免防腐剂对表皮细胞的刺激，也兼顾产品防腐。当然现在也出现了无防腐体系概念，如采用 EDTA 二钠（EDTA-2Na）、乙基己基甘油和辛甘醇协同增效的防腐搭配；因香精成分复杂，选用不含致敏原的香精或者不添加合成香精，降低产品的整体刺激性。

天然和有机产品应用于儿童化妆品中是最大的一个趋势。越来越多的父母们想购买由天然配料制成的产品，认为这种产品对儿童使用会更加安全和健康。这些新产品特征在大众和高档市场领域都能被发现，并且是从其他化妆品中所看到的天然和芳香疗法的产品趋势中衍生而来。突出天然配料这一做法已经帮助许多新产品的推介来阐明它们的卓越性，并且能使它们的高价位合理化。许多新产品的推介都包含了诸如燕麦、蔬菜和其他植物性油类、芦荟、山羊奶或乳木果油。

人们正寻求更多来自天然的东西，而且期待在更多的类别中发现他们喜爱的天然品牌。例如，香波和沐浴露以椰油和葵花油、大豆蛋白和蔗糖来配制，能清洁婴幼儿的皮肤和头发而不会有刺激，还能留下天然的清洁、柔和的香味。这些配方不含对羟基苯甲酸酯、十二烷基硫酸钠和聚氧乙烯烷基硫酸钠等。例如不含香精、不会刺激眼睛、低过敏性的沐浴乳，专门以天然胶态燕麦、天然乳木果油和丰富的润肤剂配制。这种混合型乳脂般的沐浴乳能通过温和地清洁来舒缓干燥的皮肤，甚至是湿疹。它能让婴幼儿皮肤保持 24h 滋润，因此表观和感觉更健康。

② 体验感：儿童化妆品的多样化已成为行业未来发展的一大趋势。这里面包含了去污、舒缓、保湿、无刺激、止痒、无泪、温和、修护、香型气味、清洁、滋润、易清洗等细分功效，如近年出现以天然植物成分为核心卖点的，以添加益生元、益生菌来调节肌肤生态平衡的，给予消费者充分的想象空间。当然，儿童化妆品的直接应用对象是儿童，他们有的还无法通过具体的语言来描述产品使用的好坏，只能依靠家长对孩子的表情动作来判断，因此产品的设计过程中需同时考察孩子和家长两个维度。比如一款沐浴用品，孩子一般无法表述是否用后皮肤紧绷，这就需要家长做一个合理的判断，如触摸孩子肌肤，如自己使用等方式，

避免长期错误使用带来的负面影响。

③ 性价比：愿意花钱不等于乱花钱，每个消费者都有不同的消费观，或基于经济、或基于生活条件、或基于必要性等的考量选择适合自己的产品。性价比是产品发展史上亘古不变的主题，也是品牌方独特定位的产物，这是小而美产品得以发展壮大的优势所在。在倡导节约的大环境指引下，产品开发应摒弃大而全的思路，做到依据消费者痛点精准定位，打造生态设计平台，实现配方高质高效、产品功能细分、使用场景拓展，引导消费升级，促进社会可持续发展。

从近几年的中国儿童用品市场来看，这是一个市场前景较好、尚未深度开发的市场。市场上儿童产品竞争品牌寥若晨星，这类产品在商场一般都摆放在角落，仅作配角；整个儿童用品市场显得不冷不热、平平淡淡。首先市场空间大，竞争对手少，前景好。其次，竞争格局已初见端倪。强势品牌统领市场弱势品牌无力争锋。在国内儿童用品市场仅为少数几个品牌所统治，尚未出现百家争鸣的现象。

中国的儿童化妆品市场从总体来说，还不够成熟和完善，但具有很大的发展潜力。就目前儿童化妆品市场的现有产品来看，远远满足不了这一群体的需要。所以从未来的发展前景来说。儿童化妆品市场将是个大有作为的领域，发挥的空间会很大。

第二章 儿童护肤品

配方 1 茶油泥护肤膏

原料配比

原料	配比(质量份)			
	1#	2#	3#	4#
山茶籽油	35	50	40	45
富硒泥土	50	35	45	40
甘油	5	8	6	7
鲸蜡硬脂醇	6	3	5	4
月桂醇磷酸酯钾	3	6	4	5
超氧歧化酶	6	3	5	4
人参根提取物	15	25	18～22	22
膜荚黄芪根提取物	25	15	18	18
甘油硬脂酸酯	5	8	7	7
EDTA 二钠	8	5	6	6
香精	1	3	2.5	2.5
羟苯甲酯	2	0.5	1	1
羟苯丙酯	0.5	2	1.5	1.5
DMDM 乙内酰脲	2	0.5	1	1

制备方法

(1) 分别取所述山茶籽油、甘油、鲸蜡硬脂醇、甘油硬脂酸酯、香精、羟苯甲酯、羟苯丙酯和 DMDM 乙内酰脲，加热条件下进行搅拌混合，得到第一混合物料；加热温度为 70～90℃。搅拌速度为 80～120r/min。

(2) 分别取所述富硒泥土、月桂醇磷酸酯钾、超氧歧化酶、人参根提取物、膜荚黄芪根提取物和 EDTA 二钠，加热条件下进行搅拌混合，得到第二混合物料；加热温度为 60～80℃。

(3) 将步骤 (2) 所述第二混合物料加入至步骤 (1) 所述第一混合物料中，搅拌条件下进行均质乳化，即得所述的茶油泥护肤膏。搅拌速度为 2800～2900r/min。进行所述均质乳化的温度为 60～80℃。

产品特性 本品的 pH 值与人体皮肤的 pH 值接近，对皮肤无刺激，能够适用于 0～6 岁儿童，使用后明显感到舒适、柔软，无油腻感，除了常有的保湿、润肤、养颜功效外，还具有去火、防冻、防裂的特殊功效。

配方 2　儿童护肤沙棘油

原料配比

原料	配比(质量份)		
	1#	2#	3#
沙棘油	220	355	302
青刺果油	28	50	42
山茶籽油	20	38	29
金银花	3	5	4
藏茵陈	1	4	2
芦荟	2	5	3
丹参	2	4	3
薏苡仁	3	5	4
薄荷	1	4	2
蒲公英	1	4	3
野菊花	2	5	3
草乌叶	1	3	2
甘草	2	4	3
降香	1	3	2
檀香	1	3	2
柿子叶	5	10	7
银杏叶	8	14	12
沙棘叶	13	20	17
香樟叶	4	12	9
香精	0.6	1	0.8
去离子水	80	140	110

制备方法

(1) 将金银花、藏茵陈、芦荟、丹参、薏苡仁、薄荷、蒲公英、野菊花、草乌叶、甘草、降香、檀香混合粉碎，加入去离子水，加热煮沸，回流提取蒸馏液两次，第一次 60～80min，第二次 30～50min，合并两次蒸馏液，通过萃取得到挥发油；

(2) 将柿子叶、银杏叶、沙棘叶、香樟叶混合粉碎，浸泡在沙棘油中，在 38～45℃下浸泡 15～20h，再加入青刺果油、山茶籽油，在 32～38℃下继续浸泡 12～20h，过滤，得到混合油；

(3) 将步骤 (2) 的混合油加入步骤 (1) 的挥发油中，再加入香精即可。

产品特性　本品以儿童的皮肤特性为主要依据，通过各种原料的有效配合，可以对肌肤起到有效的滋补、防护等作用，从而避免上皮组织细胞角质化或皮肤粗糙，而且对肌肤没有任何刺激作用，可以涂抹在身体的任何部位，对于成长中的儿童的肌肤养护非常有效。

配方 3　儿童护肤霜

原料配比

原料	配比(质量份)			
	1#	2#	3#	4#
甘油	12	11	13	10
山茶籽	10	9	11	8

续表

原料	配比(质量份)			
	1#	2#	3#	4#
橄榄枝	5	4	6	2
芦荟提取物	5	5	5	4
黄原胶	4	3.5	4.5	3
去离子水	30	29	31	28
薰衣草	7.5	7	8	5
牛奶	7.5	7	8	5
尼泊金酯	2	1.5	2.5	1
海藻	4	3	2	2
绿茶粉	0.5	0.5	0.5	0.4
甘草黄酮	2	1.5	2.5	1～3
薄荷	0.5	0.5	0.5	0.4
三乙醇胺	0.5	0.5	0.5	0.4
辛酰羟肟酸	0.5	0.5	0.5	0.4
桉叶油	0.5	0.5	0.5	0.4
寡肽	0.5	0.3	0.7	0.2
地衣	0.5	0.4	0.6	0.2
猴头菌	4	3.5	4.5	2

制备方法　先将按比例称取上述的各原料研磨，加入搅拌釜中，以 2400r/min 进行混合搅拌，搅拌时间为 30min，制成膏状物。

原料介绍　所述的地衣为红雪茶、长松萝或鹿石蕊。

产品特性　本品猴头菌中的小分子活性物质主要包括猴头菌素、猴头菌酮、二萜类、甾醇类、脂肪酸及其酯类等物质，具有增强人体免疫力、抗癌、抗氧化等功效。所述的寡肽包括二胜肽、三胜肽或四胜肽，它们都是水溶性非常好的小分子肽，是人体皮肤合成胶原蛋白的必需原料。在对受损皮肤研究和皮肤代谢研究中发现，寡肽无需经过皮肤进一步分解便可被直接吸收并利用，对于修复受损皮肤和加速皮肤更新有着非常重要的意义。本品还具有抗氧化、儿童护肤、修复受损皮肤和加速皮肤更新的作用。该儿童护肤霜无毒副作用，能迅速渗透皮肤，能比较顺利地实现儿童护肤的目的。

配方 4　儿童营养护肤剂

原料配比

原料	配比(质量份)			
	1#	2#	3#	4#
去离子水	74	78	76	77
甘油	3	5	4	4
蛋黄油	4	6	5	5
二十二碳六烯酸	4	5	4	5
二十碳五烯酸	2	3	3	3
花生四烯酸	1	2	1	2
水解蚕丝	0.5	0.8	0.7	0.7
积雪草提取物	0.5	1	0.8	0.9
卡波姆	0.3	0.4	0.3	0.4
二十二碳六烯酸	0.2	0.3	0.2	0.3
柠檬酸	0.1	0.2	0.1	0.2
高原植物提取物	0.8	1	0.9	0.9

制备方法　将各组分原料混合均匀即可。

原料介绍

所述甘油的纯度为98.5%～99.5%，同时甘油中的杂质二甘醇残留量为0～0.05%。

所述积雪草提取物通过水、乙醇和丙二醇体系溶剂，按照常规方法进行萃取而成。

所述高原植物提取物是由红花、雪莲和茯苓三种植物以1∶1∶1的比例混合，然后通过水、乙醇和丙二醇体系溶剂，按照常规方法进行萃取而成。

产品特性　本品在配方中加入了一定量的天然提取物，有效地降低了损伤皮肤的事件发生，从而有效地保护了儿童皮肤，同时采用的多种天然提取物，有效地锁住儿童皮肤中的水分，避免了皮肤干燥现象的发生。

配方 5　儿童专用防冻护肤精华液

原料配比

原料	配比(质量份)	
	1#	2#
去离子水	加至100	加至100
海藻	15	25
乳糖酸	15	25
甘油	2	4
纳米胶原蛋白	10	20
改性玉米淀粉	5	10
白萝卜萃取液	0.5	1
山楂萃取液	1	1
羊毛脂	3	5
B族维生素	0.5	0.5
西瓜皮	1	1
橘子皮	1	1
黄连粉	1	3

制备方法　将各组分原料混合均匀即可。

产品特性　本品精选纯天然植物为原料，能够为儿童皮肤提供全面防护，隔离外界冷气接触，提供全效营养护理。

配方 6　含龙脑精油的儿童护肤乳

原料配比

原料	配比(质量份)	
	1#	2#
龙脑精油	2	4
蛋黄提取物	8	10
维生素E	2	5
水解胶原蛋白	8	9
海藻提取物	4	5
甘油	10	12
银耳提取物	12	14
C_{16}醇	8	10

续表

原料	配比(质量份)	
	1#	2#
异硬脂醇	2	3
尼泊金丙酯	6	7
去离子水	38	21

制备方法　将各组分原料混合均匀即可。

原料介绍

所述龙脑精油的提取包括以下步骤：

（1）采集湖北产龙脑樟树叶，自然阴干；

（2）将干燥的龙脑樟树叶手工揉碎；

（3）揉碎后的叶片过筛；

（4）将过筛叶片装入烧瓶中，加入煮沸的去离子水且采用油浴蒸馏，蒸馏同时辅以超声波振荡；

（5）对收集到的蒸馏液进行油水分离，其中油即龙脑精油。

所述银耳提取物的提取方法：取实体纯白至乳白色，直径5～10cm，柔软洁白，半透明的银耳，洗净，在环境温度为70℃的环境下烘干后，破碎成粉末状，将银耳粉末与果胶酶同时加入去离子水，迅速置于环境温度为45℃水浴锅中酶解，酶解后迅速升温至98℃将酶灭活，于98℃水浴中保温浸提30min，浸提完成后置于冷水中冷却至室温，然后于4500r/min离心分离10min，最后取上清液，形成原料中的银耳提取物。

所述蛋黄提取物的提取方法：取煮熟后的鸡蛋黄，捣碎，入热锅内先文火后武火加热，翻炒至蛋黄变为沥青状黏稠物，有褐色油状液体析出时，将油及时倾出，形成原料中蛋黄提取物。

产品特性　本品含有蛋黄提取物，龙脑精油以及水解胶原蛋白，与皮肤亲和力强，可以有效地被皮肤吸收，通过集中保湿镇静干燥皮肤，使皮肤湿润光滑。海藻提取物的存在，可以保护皮肤免受微尘和公害的刺激，增加保湿力，防止皮肤干燥。

配方7　含天然提取物的护肤凝胶

原料配比

原料	配比(质量份)	原料	配比(质量份)
卡波姆凝胶	20～30	倒爪草提取物	0.1～0.2
甘油	4～5	甘草提取物	0.1～0.2
透明质酸	2～3	黄桷叶提取物	0.1～0.2
去离子水	10～20	金银花提取物	0.1～0.2
东风草提取物	0.1～0.2	蛇床子提取物	0.1～0.2
艾叶提取物	0.1～0.2	蝉蜕提取物	0.1～0.2
薄荷提取物	0.1～0.2		

制备方法　将各组分原料混合均匀即可。

产品特性　本品通过对常规的护肤凝胶产品配方进行改进和优化，引入了东风草提取物、艾叶提取物和薄荷提取物等止痒抗过敏型中药成分，有效提高了护肤凝胶的止痒抗过敏功能，且优化后的配方对人体皮肤温和无刺激，适合婴幼儿使用。

配方 8　含杨枸花的可擦拭止痒护肤品

原料配比

原料	配比(质量份)		
	1#	2#	3#
天然杨枸花	30	25	35
海藻粉	5	3	8
海藻酸钠	1	1	3
去离子水	110	100	120

制备方法

（1）选取干燥的天然杨枸花，放入粉碎机磨碎，过 20 目筛，得杨枸花粗粉；

（2）向由步骤（1）中得到的杨枸花粗粉中添加海藻粉和海藻酸钠，将三者混合均匀后，再加入去离子水充分拌匀；

（3）按照每 12g 小样，压制成型后采用高压蒸汽灭菌处理；

（4）将灭菌后的小样成品，在紫外线照射下自然冷却到室温，采用真空包装，每 6 小袋为一盒，注意避光保存。

产品应用　本品主要用于老年性皮肤瘙痒症、湿疹等，也适用于孕妇、哺乳期妇女和儿童。

止痒护肤泥使用方法如下：

（1）用温水将皮肤尤其是发生瘙痒处的皮肤洗净，有利于促进皮肤更好地吸收止痒护肤品的止痒成分；

（2）将本品擦拭于清洁后的瘙痒皮肤，在擦拭过程中使用手指按摩；

（3）擦拭均匀后，保持 10～15min，用去离子水洗净。

产品特性　本品可直接擦拭瘙痒皮肤，止痒效果明显，充分保证杨枸花有效成分能够直接接触表皮并发挥作用。杨枸花制成粗粉，有利于保留擦拭过程中的粗糙感，起到摩擦止痒的作用。产品通过擦拭除了达到摩擦止痒效果外，黄酮等有效活性成分又可渗透进表皮组织，释放活性物质以达到止痒，抗菌，消炎的作用。

配方 9　含有天然物质的婴幼儿滋养护肤品

原料配比

原料	配比(质量份)			
	1#	2#	3#	4#
芦荟提取物	5.5	6.2	7.1	7.7
火绒草提取物	2.6	3.1	4.2	4.5
密罗木根提取物	12.4	13.3	15.7	16.5
牛油果提取物	3.9	4.6	6.5	7.2
霍霍巴提取物	8.9	9.3	10	10.5
苦参提取物	4.8	5.5	6.8	7.7
侧柏提取物	5.9	6.4	7.9	8.6
金盏花提取物	7.7	8.2	8.8	9.4
地榆提取物	6.3	7	8.2	8.7
辅料	38	39.4	42.8	45
去离子水	217	228	252	264

制备方法

（1）将辅料加入去离子水中并且搅拌至完全溶解，得到第一混合物；

（2）对第一混合物进行降温，温度降至40～45℃时向其中加入芦荟提取物、火绒草提取物、密罗木提取物、牛油果提取物、霍霍巴提取物、苦参提取物、侧柏提取物、金盏花提取物、地榆提取物并且搅拌至完全溶解，降温至38～40℃，检测合格即得到成品。还包括均质处理，均质的时间为15～30min，均质的压强为12～16MPa。

原料介绍

所述的辅料包括QPSG-60、GLYCERINE（丙三醇）、Dipotassium Glycyrrhizinate（甘草酸二钾）、海藻糖、EDTA-2Na（乙二胺四乙酸二钠）、SYMSAVE H（对羟基苯乙酮）、PEG 150DS（二硬脂酸酯，作为增稠剂）、GP-1（二丁基月桂酰谷氨酰胺，作为高效凝胶化剂）、SML-20（山梨醇酐单月桂酸酯）、TWEEN 28-LQ（乳化剂，具有保湿作用）、PURE-ACT WS CONC（椰油甲基牛磺酸钠）、F50（丙甲菌素）、BHD（杀菌剂）和植物角蛋白。

所述的芦荟提取物、火绒草提取物、密罗木提取物、牛油果提取物、霍霍巴提取物、苦参提取物、侧柏提取物、金盏花提取物和地榆提取物均为原料采用冷榨取的方式得到。

产品特性

（1）火绒草对肌肤有舒缓滋养保护的作用，密罗木可以高效锁水保湿，时间长达72h，令肌肤紧致、嫩滑、弹性并且有光泽，牛油果具有抗氧化作用，霍霍巴和芦荟均具有抗炎和滋润肌肤的作用，苦参和侧柏均具有抗菌和抗炎的作用，金盏花可以增加皮肤的光泽和弹性，地榆可以消肿，缓解湿疹和蚊虫叮咬。

（2）本品采用天然植物配方，安全无刺激，蕴含亲和营养成分，帮助呵护宝宝细嫩的肌肤，使得肌肤润滑，还可以缓解头发干枯。

配方10　含有楸树叶提取物的婴幼儿用护肤油

原料配比

原料	配比(质量份)			
	1#	2#	3#	4#
楸树叶提取物	1	1	1	1
朱瑾叶提取物	0.4	0.7	0.4	0.7
植物性油料	50	60	60	50

制备方法　将各组分原料混合均匀即可。

原料介绍

所述植物性油料为芝麻油、花生油、葵花籽油、大豆油、菜籽油、橄榄油、棕榈油、棉籽油、玉米油、茶油、核桃油或薄荷油中的一种或者多种；

所述楸树叶提取物的制备方法是将新鲜楸树叶在日光下晒干研磨成粉，将楸树叶粉末中添加10～12倍质量的水在超声波处理下搅拌提取1～3h后过滤，将滤液静置于冰箱中12～18h后室温自然解冻，减压浓缩除去90%的水分得到楸树叶提取物；

所述朱瑾叶提取物的制备方法是将新鲜朱瑾叶中添加食盐溶液浸渍10～20h后用10～11倍质量的去离子水洗净烘干、破碎过筛，添加7～10倍质量的50%～75%乙醇溶液，低温搅拌提取1～2h后过滤收集滤液，将滤液减压浓缩除去乙醇后得到朱瑾叶提取物。

产品应用 本品可以有效防止婴幼儿皮肤痱子的产生，缓解皮肤不适性，对于婴幼儿湿疹、蚊虫叮咬等皮肤疾病也具有极好的辅助治疗作用。

使用方法：使用前摇匀取适量给婴幼儿需要涂抹的地方使用，避开眼睛和口鼻，其他部位均可使用。

产品特性 本品具有良好的香氛体验，不但具有植物油所特有的植物香气，同时具有楸树叶及朱瑾叶的清香，婴幼儿接受度好，无不良排斥反应。

配方 11 含有植物提取物的护肤霜

原料配比

原料		配比(质量份)
水相	去离子水	72.5
	卡波姆	0.2
	乙二胺四乙酸二钠	0.05
	聚甘油-10	8
	月桂醇磷酸酯钾	0.5
	透明质酸钠	0.05
油相	鲸蜡硬脂基葡糖苷	2.5
	异硬脂酸异丙酯	4.0
	鲸蜡硬脂醇	2.5
	羟苯甲酯	0.1
	氢化棕榈油甘油酯	2.0
	油橄榄果油	2.0
	维生素 E	0.2
	羊毛脂	0.5
	聚二甲基硅氧烷	1.0
天然植物提取物	积雪草提取物	0.4
	黄芩根提取物	0.4
	绿茶提取物	0.4
	菊花提取物	0.4
	甘草根提取物	0.4
	迷迭香叶提取物	0.4
三乙醇胺		0.2
尿囊素		0.2
甲基异噻唑啉酮		0.1

制备方法

（1）水相原料配制：将去离子水注入相应的水相反应釜中，开启搅拌器，采用50r/min的转速，慢慢将卡波姆加入水锅中，搅拌2h至完全透明，加热至80～85℃并保持。然后继续搅拌并加入乙二胺四乙酸二钠、聚甘油-10、月桂醇磷酸酯钾、透明质酸钠，保持温度在80～85℃，使水相原料完全溶解后停止搅拌和加热。

（2）油相原料配制：将鲸蜡硬脂基葡糖苷、异硬脂酸异丙酯、鲸蜡硬脂醇、羟苯甲酯、氢化棕榈油甘油酯、油橄榄果油、维生素E、羊毛脂、聚二甲基硅氧烷先后投入相应的油相反应釜中，然后开始加热，达到一定的流动状态时开启搅拌，边加热边搅拌，缓慢加热至80～85℃，使油相中原料完全溶解时停止搅拌和加热。

（3）混合乳化：打开真空乳化锅的真空系统，使真空乳化锅处于真空度－0.07MPa的真空状态，将水相混合加热搅拌锅中的原料和油相反应釜中的原料通过真空吸入乳化锅内，保持真空乳化锅内的温度在80～85℃然后开启真空乳化锅搅拌器进行均质搅拌，以转速2500r/min搅拌3min。均质搅拌完成后，采用50r/min的转速继续搅拌，并开启真空系统，使真空乳化锅内真空度为－0.06MPa，保持真空乳化锅内80℃以上乳化温度保持30min。

（4）添加天然植物提取物：打开真空乳化锅冷却水阀门，让真空乳化锅内的乳液缓缓降温，同时加入三乙醇胺调节pH值。当料温降至45℃时，打开真空乳化锅的真空阀门，将尿囊素、积雪草提取物、黄芩根提取物、绿茶提取物、菊花提取物、甘草根提取物、迷迭香叶提取物、甲基异噻唑啉酮加入真空乳化锅。然后继续搅拌15min。

（5）出料：继续搅拌冷却，同时打开真空乳化锅的真空系统，使真空乳化锅处于真空度－0.07MPa的真空状态。将料内的气泡抽除。当料温降至35℃时，停止搅拌和放去真空乳化锅的真空度，出料得到护肤霜。

产品特性　本品具有抗炎及免疫调节效果；能最全面地抑制十几种炎症因子，快速阻止由于各种原因（包括内部原因）引起的皮肤炎症，抑制炎症各个阶段的恶性连锁生理反应，有类抗生素效果，同时也有抗氧化，舒缓及保湿的协同功效，尤其对于过敏性皮肤和婴儿皮肤护理有明显临床效果；还能降低婴儿因气候、环境、刺激性物质等因素引起的炎症、过敏等症状，保护了婴儿的娇嫩肌肤。本品还具有对皮肤的刺激程度低和对眼睛的刺激程度低的优点。

配方 12　护肤精华

原料配比

原料		配比(质量份)			
		1#	2#	3#	4#
油相	甘油硬脂酸酯柠檬酸酯	0.1	0.1	0.2	1
	辛基聚甲基硅氧烷	1	1	3	0.1
	植物甾醇油酸酯	2	2	1	5
水相	去离子水	66.55	63.35	59.75	52.58
	EDTA二钠	0.05	0.05	0.05	0.1
	甘油	10	10	8	2
	氢化卵磷脂	0.5	0.5	0.5	0.01
	EMT-15(丙烯酸羟乙酯/丙烯酰二甲基牛磺酸钠共聚物)	0.8	0.8	0.5	1
	INUTEC-SL1(甘油、菊粉月桂基氨基甲酸酯)	0.5	0.5	0.3	0.01
	GT-730(PEG-240/HDI共聚物双-癸基十四醇聚醚-20醚、丁二醇)	0.8	0.5	0.8	0.3
	聚谷氨酸	0.5	0.2	1	2
功效组合物	欧洲越橘多酚	6	5	4	1
	神经酰胺脂质体	2	2	5	8
	复合植物抗敏剂	2	4	6	10
	龙胆提取物	2	5	3	0.1
	抗敏活性肽	2	2	3	5
	甘油磷酸肌醇胆碱盐	0.5	0.3	0.2	1
	聚季铵盐-51	2	2	3	0.1
添加剂	A91(辛酰羟肟酸、丙二醇、甘油辛酸酯)	0.4	0.4	0.4	0.4
	馨鲜酮(对羟基苯乙酮)	0.25	0.24	0.25	0.25
	香精	0.05	0.05	0.05	0.05

制备方法　将油相的原料在 60～70℃混合均匀得到油相混合物，再将油相混合物与水相的原料混合乳化得到混合乳液，然后将混合乳液降温呈 42～44℃，与功效组合物、添加剂混合均匀，得到护肤精华。

产品应用　本品主要适合于过敏性皮肤长期使用；婴幼儿使用可预防婴儿湿疹、尿布疹等。

产品特性　本品能够有效解决皮肤过敏、红血丝、淤青治疗及保养等问题，非常适合于皮肤过敏症使用，且不会产生依赖性，适合于长期使用。本品能够增加皮肤角质层厚度，增强皮肤抵抗能力。

配方 13　缓解婴幼儿皮肤湿疹的护肤组合物

原料配比

原料	配比(质量份)		
	1#	2#	3#
芦荟提取物	38	50	40
盐藻细胞提取物	30	38	33
苦参	27	35	30
芍药苷	16	18	18
海藻糖	16	16	16
甘油	12	12	12
去离子水	适量	适量	适量

制备方法

（1）取苦参粉碎，加入水进行煎煮，过滤，得苦参液；所述苦参和水的料液质量比为 1∶(6～8)；

（2）取芦荟提取物、盐藻细胞提取物和苦参液，加入水，超声搅拌，得活性成分液；水的加入量为物料质量的 2～5 倍。所述超声的功率为 600～800W；超声的时间为 30～40min。

（3）在活性成分液中加入芍药苷、海藻糖和甘油，得所述护肤组合物。

原料介绍

所述盐藻细胞提取物为盐藻细胞由溶藻菌进行发酵培养，经过生物破碎处理后，所得发酵培养液加入提取溶剂后，离心，收集上清液，浓缩，干燥而得。

所述盐藻细胞提取物的制备方法为：采用 BG-11 培养基培养至盐藻处于稳定期，按盐藻培养液和溶藻菌液的体积比为(10～12)∶1；加入溶藻菌液，25～28℃振荡培养 2～3d；收集发酵培养液，加入石油醚混合，振荡提取 4～8h；离心，收集上清液，浓缩，干燥，得盐藻细胞提取物。振荡的频率为 200～250r/min；发酵培养液和石油醚的体积比为(1～2)∶(0.8～1)。

所述溶藻菌液的活菌数为≥（1～2）$\times 10^9$ 个/mL。

产品特性

（1）本品抗炎效果好，可提升组织活力、降低炎症因子的释放量，对皮肤表皮的修复功效好。

（2）本品性质温和，可用于日常皮肤护理，有助于提高皮肤屏障功能，增强机体的防护能力，以提高皮肤对外界物质和病菌的侵袭的抵抗力，进一步降低、阻止皮肤的炎症反应及屏障损伤，避免反复发生湿疹。

配方 14　具有抗刺激和修复功效的婴儿护肤油

原料配比

原料	配比(质量份)			
	1#	2#	3#	4#
稻糠油	65.1	84.8	78.55	72.35
琼崖海棠油	20	10	13	16
椰子油	6	3	4	5
植物胶	4	1	2	3
植物镇静剂	4	1	2	3
植物抗炎剂	0.5	0.1	0.25	0.35
水脂膜修护因子	0.4	0.1	0.2	0.3

制备方法

（1）将稻糠油和植物胶混合，搅拌下加热到 60～70℃，待融化成透明溶液后继续保温，使其充分成为均一体系；保温的时间为 5～10min；

（2）将步骤（1）最终得到的透明溶液降温到 50～55℃，加入椰子油，混合至透明；

（3）将步骤（2）得到的溶液降温 45～50℃，依次加入琼崖海棠油、植物抗炎剂、植物镇静剂、水脂膜修护因子，混合均匀；

（4）将步骤（3）得到的混合物冷却到室温，研磨，过滤，得到具有抗刺激和修复功效的婴儿护肤油。所述的室温为 10～35℃；磨的方式为采用胶体磨进行研磨。过滤方式为通过滤目数为 80～150 目的滤布过滤；

（5）将步骤（4）得到的具有抗刺激和修复功效的婴儿护肤油移入静置缸，按照软胶囊常规压丸工艺压丸，得到更有利于保存的具有抗刺激和修复功效的婴儿护肤油。

原料介绍

所述的植物胶为大豆甘油酯类和牛油果油不皂化物中的一种或两种；为大豆甘油酯类和牛油果油不皂化物按质量比(60～80)：(20～40)配比得到的复配物，两者之和为 100%。

所述的植物镇静剂为野大豆油和荷花玉兰树皮提取物中的一种或两种；更为野大豆油和荷花玉兰树皮提取物按质量比(98～100)：(0～2)配比得到的复配物，不含端点值 0 和 100，两者之和为 100%。

所述的植物抗炎剂为天然红没药醇和姜黄根提取物中的一种或两种；为天然红没药醇和姜黄根提取物按质量比(94～96)：(4～6)配比得到的复配物，两者之和为 100%。

所述的水脂膜修护因子为辛酸/癸酸甘油三酯和裙带菜提取物中的一种或两种；为辛酸/癸酸甘油三酯和裙带菜提取物按质量比(97～99)：(1～3)配比得到的复配物，两者之和为 100%。

产品特性

（1）本品各功能成分能够实现协同增效的作用，有效地修复细胞，抵抗外界环境刺激，消除炎症。

（2）本品提供的婴儿护肤油的功能性成分均来源于植物，不添加化学合成成分，温和、稳定、无刺激。

配方 15 具有抗菌作用的婴儿祛湿护肤膏

原料配比

原料	配比(质量份)		
	1#	2#	3#
紫草油	80.0	85	82
毫芍提取物	6.0	5	7
毫丹皮提取物	0.4	0.2	0.3
薄荷素油	0.5	1	0.7
红没药醇复合抗菌剂	0.05	0.1	0.07
蜂蜡	10	10	9

制备方法

(1) 将紫草油加热至85℃±5℃，加入蜂蜡融化，搅拌30～40min混匀；

(2) 冷却至50℃±5℃时，依次加入毫芍提取物、毫丹皮提取物、薄荷素油、红没药醇复合抗菌剂，依次分别搅拌10～15min、15～20min、20～30min、10～15min混匀即可。

原料介绍

所述的紫草油提取工艺采用低温冷榨法：称取紫草药材打粉，过40目筛得到紫草细粉，加入6～8倍量茶油中，35～40℃低温浸泡提取3～5天，过滤、收集提取液，得到低温冷榨紫草油。

所述的毫芍提取物的提取工艺为：毫芍中药材精选→称量→粉碎→8～10倍量水煎煮提取40～50min→药渣6～8倍量水煎煮提取30～40min→合并两次煎煮液→浓缩→干燥→粉碎、过筛。

所述的红没药醇复合抗菌剂的制备方法为：

(1) 改性壳聚糖的制备：称取1.0g壳聚糖于烧杯中，加入50～70mL浓度为3%～5%的醋酸水溶液，在室温下搅拌1～1.5h，接着加入0.3～0.45g马来酸酐，搅拌10～15min，接着加入浓度为8%～12%碳酸氢钠水溶液，调节溶液的pH为7.8～8.3，室温下继续搅拌8～10h，反应结束后，加入150～200mL无水乙醇，静置10～15min，过滤，经水洗、干燥后即得到改性壳聚糖；

(2) 红没药醇复合抗菌剂：将(1)制备的0.5g改性壳聚糖加入烧杯中，加入30～50mL浓度为3%～5%的醋酸水溶液和10～15mL乙醇，室温下搅拌溶解完全，接着加入50～60mg红没药醇，放入到水浴超声仪中，超声时间为3～5h，红没药醇上的羟基可与改性壳聚糖上的羰基形成氢键进行复配得到红没药醇复合抗菌剂。水浴超声仪的水浴温度为45～50℃，超声频率为20～40kHz。

所述的壳聚糖的脱乙酰度为95%。

产品特性 本品具有良好的抗菌抗炎性能，对皮肤无刺激，且不会渗透到血液中，具有良好的安全性，无毒副作用，具有抗敏止痒、抗炎、抑菌、皮肤屏障修复功能，适合一般人群使用，尤其适合婴幼儿皮肤外用。

配方 16　母乳香氛婴幼儿护肤霜

原料配比

原料	配比(质量份)			
	1#	2#	3#	4#
润肤霜基质组分	35	75	35	75
母乳味香氛提取物	1	15	15	1
去离子水	加至 100	加至 100	加至 100	加至 100

制备方法　将各组分混合均匀即可。

原料介绍　所述母乳香氛提取物的制备方法为将新鲜牛奶与干燥绿茶按照质量比 50∶1 混合加热至 35℃搅拌处理 45min 后过滤去掉绿茶渣后进行减压浓缩，其真空为 0.09MPa，加热温度为 40℃，除去 10%混合液质量的水分；浓缩后将混合液体添加氯化钠固体搅拌均匀，再添加橄榄油混合加热（加热温度为 35℃）搅拌 90min 后静置萃取（萃取温度为 7℃）3h 收集油层，即为母乳香氛提取物。

产品特性

（1）本品不但能够保护婴幼儿娇嫩的肌肤，而且可以起到良好的安抚作用，提高婴幼儿安全感，使婴幼儿更好地入睡并且保持良好的安睡状态。

（2）本品对婴幼儿具有较好的皮肤保护作用，婴幼儿接受度好。本品母乳香氛润肤霜母乳香氛持久性好，婴幼儿涂抹 5h 后仍然能够感受到其香氛味道，可以长时间赋予婴幼儿香氛体验。

配方 17　生物植物婴幼儿护肤液

原料配比

原料	配比(质量份)	原料	配比(质量份)
海洋生物活性肽	0.8～1.2	柿子叶提取物	3.0～5.0
海带生物多糖	2.0～4.0	洋甘菊提取物	1.0～3.0
玫瑰干细胞提取液	3.0～5.0	橄榄叶提取物	1.0～2.0
白莲花提取物	4.0～6.0	去离子水	加至 100

制备方法

（1）按照比例将去离子水加入至乳化罐中，加热至 70℃；

（2）将海洋生物活性肽、海带生物多糖按照比例加入至乳化罐中，搅拌 15min；

（3）照比例将玫瑰干细胞提取液、白莲花提取物、柿子叶提取物、洋甘菊提取物、橄榄叶提取物加入至乳化罐中，搅拌 20min；

（4）冷却后分装即可使用。

产品特性　本品中含有海洋生物与植物的保湿、舒缓成分，有效针对婴幼儿的干燥、瘙痒和脱皮；生物成分抗菌因子，有效预防病菌感染，长久抑菌；植物提取营养物质，修复受损肌肤，加快新陈代谢，促进皮肤伤口愈合；本品使用方便，吸收快速，预防婴幼儿肌肤过敏反应。

配方 18　手用精油护肤消毒凝胶

原料配比

原料	配比(质量份)		
	1#	2#	3#
甘油	1(体积)	5(体积)	2(体积)
去离子水	40(体积)	29(体积)	35(体积)
卡波姆	0.15	0.4	0.25
三氯生	0.6	0.6	0.5
精油	0.5(体积)	1(体积)	0.8(体积)
乙醇	58.5(体积)	65(体积)	64.2(体积)
三乙醇胺	0.05(体积)	0.1(体积)	0.1(体积)

制备方法

(1) 按配比将甘油和去离子水进行混合，并对混合液进行加热至 55～65℃；

(2) 将卡波姆撒入 (1) 中的混合液中，搅拌后静置 3～5h 使其充分溶胀；

(3) 加入三氯生、精油混合物和乙醇，搅拌均匀；

(4) 加入三乙醇胺调节溶液的 pH 值至 6.5～7.5，即得手用精油护肤消毒凝胶。

原料介绍

所述精油混合物是由柚皮精油、茶树精油、艾草精油、玫瑰精油组成。

所述乙醇的浓度不小于 55%。

产品应用　本品主要用于医院、商场、饭店、家庭居所、汽车、幼儿园等人群密集的公共场所人员手部及其他部位皮肤的消毒。

产品特性

(1) 本品中精油混合物具有直接杀灭病菌及微生物的作用。而甘油能有效保湿护肤、美白抗氧化成分。

(2) 本品能够快速杀灭皮肤表面的常见致病菌，具有广谱抗菌性且作用持久，效果可靠，无潜在健康风险。

(3) 本消毒凝胶气味芳香，有提神醒脑功效。

配方 19　婴宝护肤膏

原料配比

原料	配比(质量份)		
	1#	2#	3#
芦荟提取物	0.3	0.35	0.7
黄柏提取物	0.5	0.8	1.5
苦参提取物	0.2	0.39	0.5
维生素 E	0.1	0.25	0.3
野菊花提取液	5	5.5	7
硬脂酸	1	1.2	1.5
三乙醇胺	0.2	0.3	0.6
多孔变形淀粉	15	18	25
薄荷醇乳酸酶	0.3	0.5	0.7

续表

原料	配比(质量份)		
	1#	2#	3#
透明质酸	0.1	0.16	0.2
冰片	0.03	0.06	0.07
去离子水	加至100	加至100	加至100

制备方法 将各组分原料加入乳化均质机中，在70～80℃乳化混合均质得到产品。

产品特性 本品能够对婴幼儿皮肤起到良好的祛痱止痒效果，对蚊虫叮咬也有很好的效果。

配方20 婴儿护肤凝露（1）

原料配比

原料	配比(质量份)		
	1#	2#	3#
甘油	4.5	5	5.5
EDTA-2Na	0.04	0.05	0.06
卡波姆	0.5	0.6	0.7
海藻灵	2.8	3	3.2
水①	88.1	88.1	88.1
芦荟粉	0.5	0.6	0.7
水②	1	1	1
三乙醇胺	0.5	0.6	0.7
马齿苋提取物	0.5	0.6	0.7
苯氧乙醇	0.42	0.45	0.48

制备方法

（1）将甘油、EDTA-2Na、卡波姆、海藻灵加入水①中并搅拌加热至70～80℃，然后保温13～17min，使加入的原料成分充分融合；

（2）将芦荟粉用水②分散溶解至透明，确保无固体颗粒，备用；

（3）将步骤（1）中的融合液过滤后抽入乳化锅中，并抽真空均质1.5～2.5min，当乳化锅中的融合液温度降至55～65℃时，加入三乙醇胺和步骤（2）制得的芦荟液，再均质1.5～2.5min，搅拌均匀降温；

（4）但温度降至42～47℃时加入马齿苋提取物和苯氧乙醇，并搅拌均匀，当温度降至32～37℃时出料；

（5）对（4）制得的产品进行检测，检测合格即为所述的婴儿护肤凝露。

产品特性 本品蕴含多种天然珍贵植物提取液，对婴幼儿湿疹、痱子、奶癣以及蚊虫叮咬等引起的瘙痒可以起到很好的缓解作用，还能对意外割伤、擦伤烫伤等伤口起到修复愈合的作用，且无色、无味、无激素、无刺激，达到食品级安全标准。

配方21 婴儿护肤凝露（2）

原料配比

原料	配比(质量份)		
	1#	2#	3#
丁二醇	3	3.5	2.4
甘油	3	2.4	3.1

续表

原料	配比(质量份)		
	1#	2#	3#
卡波姆	0.2	0.3	0.4
去离子水	45.62	55	48
氨丁三醇	0.13	0.22	0.32
水	30	26.32	30.2
薄荷脑	0.05	0.08	0.5
香茅油	0.3	0.35	0.42
茶树精油	0.4	0.24	0.15
聚氧乙烯氢化蓖麻油	5	3.5	4.5
马齿苋提取物	7	5	5.6
侧柏叶提取物	3	1.5	2.6
燕麦提取物	1	0.5	0.5
甘草酸二钾	0.5	0.45	0.55
苯氧乙醇	0.8	0.64	0.76

制备方法

(1) 将丁二醇、甘油、卡波姆加入去离子水中并搅拌加热至 75～80℃，保温搅拌 20min，使加入的原料成分充分融合；

(2) 将氨丁三醇用适量水分散溶解至透明，备用；

(3) 将薄荷脑、香茅油、茶树精油、聚氧乙烯氢化蓖麻油混合搅拌至均匀澄清，备用；

(4) 将步骤 (1) 中的混合物转入乳化锅中，当乳化锅中的混合物温度降至 65℃以下时，加入步骤 (2) 制得的氨丁三醇溶液，保持搅拌，降温；

(5) 温度降至 48℃以下时加入马齿苋提取物、侧柏叶提取物、燕麦提取物、甘草酸二钾、苯氧乙醇及步骤 (3) 备用物料，并搅拌均匀，当温度降至 42C 时出料。

产品特性　本品对婴幼儿湿疹、痱子、奶癣以及蚊虫叮咬等引起的皮肤瘙痒，红肿可以起到很好的缓解作用，气味愉悦、温和、无抗生素、无激素，在保证使用效果的基础上确保产品安全。

配方 22　婴儿护肤品 (1)

原料配比

原料	配比(质量份)	
	1#	2#
艾叶	5	6
甘草	6	6
黄芩	4	4
白茯苓	4	5
葛根	4	5
金银花	3	6
柴胡	6	6
鳄梨油	7	8
乳木果油	25	35
维生素 E	4	5
丁二醇	0.8	1
甘油	3	4
去离子水	8	9

制备方法

(1) 取艾叶、甘草、黄芩、白茯苓、葛根、金银花、柴胡去除杂质，清洗风干后放入研磨机内研磨成碎料，然后将碎料放入超声波提取机内，并加入去离子水，超声频率为30kHz，过滤分离后得到滤液，再将所述滤液真空浓缩至原体积的1/2，得到浓缩中药液，备用；

(2) 取丁二醇与步骤 (1) 得到的浓缩中药液放入配料罐中，在无菌状态下，搅拌混得到混合液，备用；

(3) 取鳄梨油、乳木果油、维生素E和甘油混合均匀，并加热至60～80℃，持续加热15～20min，得到加热物，备用；

(4) 将步骤 (2) 得到的混合液和步骤 (3) 得到的加热物放入乳化锅内，在真空度为−0.04MPa的条件下，恒温搅拌18min，得到预成品，备用；

(5) 将步骤 (4) 得到的预成品降至室温，然后进行密封包装，即得婴儿护肤品。

产品特性　本品具有很好的保湿作用和一定的抑菌、抗敏效果，可以舒缓皮肤并减少皮肤过敏的情况，也可以预防湿疹和皮炎，且安全、温和、无刺激，特别适合作为儿童及婴幼儿的护肤品。

配方 23　婴儿护肤品 (2)

原料配比

原料	配比(质量份)			
	1#	2#	3#	4#
分子量为90万的透明质酸钠	0.1	0.5	1	1.5
交联透明质酸钠	0.5	1	0.5	1
甘油	15	15	15	15
戊二醇	5	5	5	5
己二醇	0.5	0.5	0.5	0.5
去离子水	加至100	加至100	加至100	加至100

制备方法　将所述透明质酸或其盐、交联透明质酸、甘油、戊二醇、己二醇混合，得到所述婴儿护肤品。

产品特性　本品成分简单、温和无刺激，除了具有保湿作用，还对紫外线具有防护作用，非常适合婴儿使用。使用时，可以在婴幼儿皮肤表面形成一层薄而透气、温和锁水的网状结构保护膜，有益于皮肤呼吸，尤其是受损的肌肤，可隔绝外界污染成分，并将活性成分作用于皮肤表层，加速皮肤损伤的修复。

配方 24　婴幼儿草方护肤油

原料配比

原料	配比(质量份)	原料	配比(质量份)
滇紫草	25	云南纯菜籽油	25
当归	25	普洱茶籽油	适量

制备方法

(1) 滇紫草、当归备好后，先除去中药里杂质和尘土，滇紫草切段，当归切片，称好质量备用；

(2) 将云南纯菜籽油装在一个可以加热的大容器里，并把菜籽油加热至沸腾，可去除部分异味及除菌，然后冷却油温至40～50℃之间；

(3) 将冷却后的油放入滇紫草、当归浸泡30天以上，浸泡过程中不断搅动中药，以利有效成分析出；

(4) 浸泡好的药油经多次过滤，看着澄清无杂质即可；

(5) 将泡制好的药油每100公斤（kg）加入2公斤（kg）普洱茶籽油混合；

(6) 将制好的护肤油经高压灭菌，分装小瓶即可。

产品特性 本品中滇紫草、当归和植物精油的有效成分，能够在皮肤表面形成保护膜，隔离有害因素对皮肤的伤害；滇紫草和当归中的有效成分能抑制大肠杆菌，痢疾杆菌，伤寒杆菌，真菌，溶血性链球菌等多种有害病菌的繁殖；促进局部血液循环，快速修复受损细胞；解毒透疹，滋润肌肤，使皮肤光滑剔透。

配方25 婴幼儿护肤霜

原料配比

原料	配比(质量份)	原料	配比(质量份)
白凡士林	20	地肤子提取物	5
白矿物油	6	氧化锌	5
白蜡	2	香精	0.2
柠檬油	3	水	加至100
单硬脂酸甘油酯	6		

制备方法 将白凡士林、白矿物油、白蜡、柠檬油和单硬脂酸甘油酯作为第一组混合加热；将地肤子提取物、氧化锌和水作为第二组混合加热，再加入第一组混合物中；降温后加入香精并搅匀。

产品特性 本品无毒、无刺激性，能消痱祛湿疹，又能清洁皮肤，经常使用还能增强皮肤的抗病能力。

配方26 婴幼儿护肤油

原料配比

原料	配比(质量份)	
	1#	2#
紫苏叶油	10	1
薄荷油	3	0.5
甘草	0.5	0.1
黄芩	0.5	0.1
植物性油料	500	100

制备方法 将紫苏叶油、薄荷油、甘草、黄芩、植物性油料、混合浸泡72h以上后制得的混合物，过滤分装得到产品。

原料介绍

所述植物性油料是从植物种子或果肉中提取所得的脂肪脂，其包含但不限于以下一种或任意两种油料的混合：芝麻油、花生油、葵花籽油、大豆油、菜籽油、橄榄油、棕榈油、棉籽油、玉米油、茶油、核桃油、芥花籽油或薄荷油；

所述的紫苏叶油的制作方法：将紫苏叶低温粉碎，浸泡湿润后，用火加热蒸馏或通入水蒸气蒸馏，也可在多功能式中药提取罐中对紫苏叶浸泡液边煎煮边蒸馏，紫苏叶中的挥发性成分随水蒸气蒸馏而带出，经冷凝后收集馏出液，最后收集一定体积的蒸馏液即可；

所述的薄荷油的制作方法：将薄荷叶低温粉碎，浸泡湿润后，用火加热蒸馏或通入水蒸气蒸馏，也可在多功能式中药提取罐中对薄荷叶浸泡液边煎煮边蒸馏，薄荷叶中的挥发性成分随水蒸气蒸馏而带出，经冷凝后收集馏出液，最后收集一定体积的蒸馏液即可。

产品应用　本品主要是一种可以防治婴儿“尿布疹”的婴幼儿护肤油。

产品特性　本品原料均为无任何副作用的植物油料和中草药，对婴儿皮肤无任何刺激作用，无任何不良气味，能有效防治婴幼儿“尿布疹”。

配方 27　婴幼儿水果护肤霜

原料配比

原料	配比(质量份)	原料	配比(质量份)
葡萄	9	失水山梨醇单硬脂酸酯	2
白矿油	8	山梨醇	5
硬脂酸	8	香精	适量
蜂蜡	1	防腐剂	适量
羊毛脂	1	去离子水	加至100
PEG-40	2		

制备方法

(1) 将葡萄经特殊方法萃取后得提取物，和白矿油、蜂蜡、羊毛脂等原料混合加热至90℃，搅拌熔化均匀；

(2) 硬脂酸、PEG-40、失水山梨醇单硬脂酸酯、山梨醇和去离子水置于容器中加热至90℃，搅拌溶解；

(3) 将步骤 (1) 所得物加入步骤 (2) 中搅拌，得到乳化液后经均质后，冷却至45℃时，再加入香精搅拌均匀，即可得成品，储存罐装。

产品特性　本品对皮肤无刺激性，使用后明显感到舒适、柔软，无油腻感，对皮肤具有明显的滋润保湿、嫩滑养肤的效果。

配方 28　婴幼儿洗澡用护肤品

原料配比

原料	配比(质量份)			
	1#	2#	3#	4#
中草药	40～60	40～60	40～60	40～60
甘油	6～12	6～12	6～12	6～12
聚谷氨酸钠	0.2～5	0.2～5	0.2～5	0.2～5
苯氧乙醇	0.2～3	0.2～3	0.2～3	0.2～3
乙基己基甘油	4～8	4～8	4～8	4～8
去离子水	适量	适量	适量	适量

续表

原料		配比(质量份)			
		1#	2#	3#	4#
中草药	橄榄叶	1	—	—	—
	马齿苋	2	—	—	—
	甘草	0.5	—	—	—
	金银花	—	1	—	—
	野菊花	—	0.5	—	—
	艾叶	—	4	—	—
	松针	—	—	0.3	—
	蒲公英	—	—	1	—
	桔梗	—	—	1	—
	紫苏	—	—	—	1
	山姜	—	—	—	1
	益母草	—	—	—	1

制备方法

（1）将中草药中加入2～5倍的去离子水，煮沸并在超声波辅助作用下文火煮沸1～2h，然后将第一次水煎液取出；再次加入1～2倍的去离子水，蒸煮1～2h，降至常温冷却静置1～2h后过滤，合并两次滤液；

（2）向滤液中加入甘油、聚谷氨酸钠、苯氧乙醇和乙基己基甘油，陈化12h后进行过滤；

（3）检验后进行灌装。

产品特性　传统中草药精华与婴幼儿肌肤健康护理的结合，根据气候的变化从不同的中草药中提取精华成分用于婴幼儿泡澡过程中。草本植物可调理肌肤健康，增加婴幼儿体质。可以用于婴幼儿泡澡，擦拭，洗脸洗发，长期使用，有利于肌肤健康。

配方 29　婴幼儿用金盏花护肤油

原料配比

原料		配比(质量份)			
		1#	2#	3#	4#
辛酸/癸酸甘油三酯		87.5	86.49	85.8	84
抗氧化剂		2	0.01	0.2	1
润肤剂	山茶籽油	1	12	10	7
皮肤调理剂		2.5	0.5	1	2
植物油溶性提取物		7	1	3	6
抗氧化剂	季戊四醇四(双-叔丁基羟基氢化肉桂酸)酯	1	1	1	1
	生育酚乙酸酯	1	5	16	5
皮肤调理剂	硬脂醇甘草亭酸酯	1	1	1	1
	红没药醇	1	1	1	1
	白花春黄菊花油	1	1	1	0.5
植物油溶性提取物	金盏花提取物	1	5	4	5
	姜根提取物	1	1	0.8	1
	矢车菊提取物	1	1	0.8	1

制备方法

（1）先将配方中40%～50%质量分数的辛酸/癸酸甘油三酯加热至85～95℃，加入季戊四醇四(双-叔丁基羟基氢化肉桂酸)酯充分混匀，得第一产物；

（2）在第一产物中加入配方中10%～20%质量分数的辛酸/癸酸甘油三酯，降温至75～85℃，加入硬脂醇甘草亭酸酯充分混匀，继续加入配方中剩余的辛酸/癸酸甘油三酯，搅拌混合均匀，得第二产物；

（3）将第二产物温度降至35～45℃后，依次将润肤剂、皮肤调理剂、植物油溶性提取物、生育酚乙酸酯加入第二产物中，充分搅拌混匀至透明状，得婴幼儿用金盏花护肤油。

产品特性　本品各种有效成分协同促进舒缓受损皮肤并抑制皮肤炎症，防止湿疹的扩散，同时在婴幼儿皮肤表面形成一层油膜型皮肤屏障，加强婴幼儿皮肤物理屏障，隔离外界刺激，长效滋润婴幼儿皮肤，使用安全，且无激素、无毒副作用、无刺激。

配方 30　婴幼儿用晒前护肤用品

原料配比

原料		配比(质量份)			
		1#	2#	3#	4#
A相	鲸蜡硬脂醇橄榄油酸酯	2	8	3	6
	鲸蜡硬脂醇	2	0.5	1.5	0.8
	甘油硬脂酸酯	0.5	3	0.7	2
	角鲨烷	8	1	7	3
	霍霍巴籽油	1	6	2	5
	异十六烷	8	2	7	2.5
	纳米氧化锌	2	10	3	8
	甲氧基肉桂酸乙基己酯	3.5	1.2	2.5	1.5
	聚二甲基硅氧烷	1	7	1.5	3
B相	甘油	10	2	9	4
	1,3-丙二醇	1	9	2	8
	丁二醇	10	1	6	2
	EDTA二钠	0.01	0.09	0.03	0.07
	去离子水	加至100	加至100	加至100	加至100
C相	乳化剂聚丙烯酸酯-13	0.1	0.02	0.1	0.03
	聚异丁烯	0.1	0.01	0.04	0.02
	聚山梨醇酯-20	0.1	0.02	0.06	0.03
D相	维生素E	0.03	0.25	0.1	0.2
	苯氧乙醇	0.3	0.4	0.5	0.1
	1,2-辛二醇	0.6	0.2	0.7	0.3
	植物抗敏剂	0.6	3.2	0.7	2

制备方法

（1）除纳米氧化锌外的所述A相各种原料混合加热至80～90℃，待其完全熔化后加入所述纳米氧化锌并搅拌均匀；所述B相加热至80～85℃并搅拌均匀；

（2）将A相加入B相中，均质12～18min，均质转速3500r/min，设定温度：80～85℃；7～9min时开启冷凝水，直至温度降到63～68℃，加入C相再均质3～8min，抽真空0.5～0.7kPa；

（3）待温度降至40～45℃时，加入所述D相混合搅拌均匀即可，搅拌速度30～50r/min。

产品特性　本品能够预防紫外线伤害，防护效果好，能有效呵护娇嫩肌肤。针对婴儿肌肤特点，特别添加维生素E、霍霍巴籽油保湿成分，温和滋润，让婴幼儿的肌肤始终保持健康状态。

配方 31 用于婴幼儿皮肤屏障守护的分段健脂护肤品

原料配比

原料		配比(质量份)	
		1#	2#
护肤组合物	神经酰胺	4	4
	植物鞘氨醇	2	5
	胆固醇	2	6
	D-泛醇	2	—
	透明质酸钠	2	3
	太阳花籽油	5	4
	月见草籽油	4	4
	维生素 E	3	3
	甘油	3	8
婴幼儿护肤品		100	100
护肤组合物		30	30

制备方法　将各组分原料混合均匀即可。

原料介绍　所述婴幼儿护肤品选自护肤水、润肤露、润肤霜、护臀软膏、按摩油、隔离护理露、热痱粉、爽身露、爽身粉、润唇膏、湿纸巾、洗发露、沐浴露、洗发沐浴露、洗手液中的任意一种。

产品应用　本品主要是一种用于婴幼儿皮肤屏障守护的分段健脂护肤组合物。1# 配方适用于 1～28 天的新生儿，2# 配方适宜于 1～36 个月的婴幼儿。

产品特性　本品通过各组分间的合理配伍，对不同年龄段的婴幼儿具有良好的皮肤屏障修复作用，使用安全可靠，见效快。

配方 32 婴幼儿用人参润肤护肤品

原料配比

原料	配比(质量份)		
	1#	2#	3#
人参提取液	3	4	5
山茶油	10	15	20
金盏花提取液	3	4	5
金黄洋甘菊提取液	2	3	5
蜂蜜	2	3	3
肉豆蔻酸异丙酯	2	6	6
透明质酸	2	4	4
玫瑰花油	2	4	4
薄荷提取液	1	3	3
山梨酸钾	0.3	1	1
卵磷脂	1	3	3
维生素 E	0.1	0.1	0.3
色素	0.02	0.02	0.05
碳酸氢钠	0.1	0.1	2

制备方法

(1) 将人参提取液、山茶油、金盏花提取液、金黄洋甘菊提取液、蜂蜜、肉豆蔻酸异丙酯、透明质酸置入反应釜内，保持温度40～50℃，密封，开启高速搅拌设备，转速1000～2000r/min；搅拌时间为20～40min；

(2) 加入卵磷脂，温度提到60～70℃，加大转速2800～3000r/min，均质乳化1～2h，然后温度自然冷却至常温，静置24h；

(3) 加入玫瑰花油、薄荷提取液、山梨酸钾、维生素E、色素，低速搅拌500～700r/min；搅拌时间为20～30min；

(4) 测定pH值，并加入碳酸氢钠将pH调至5.5～6.5。

产品特性　本品通过采用中草药为主要原料，更加健康方便，更加适合婴幼儿使用，可减少对敏感皮肤的伤害。

配方 33　增强皮肤屏障功能的婴幼儿防皴护肤组合物

原料配比

原料		配比(质量份)	
		1#	2#
抗冻保湿复合组分	羧甲基脱乙酰壳聚糖	10	5
	胶原蛋白	5	5
	小分子多肽	3	3
	甘油	3	4
	黄蓍胶	0.5	0.5
	透明质酸	0.1	0.2
	吡咯烷酮羧酸钠	0.1	0.1
	丙二醇	1	2
	水	60	50
活性多糖预混液	白及多糖	5	8
	石斛多糖	3	4
	茯苓多糖	1	2
	海藻糖	0.1	0.2
	黄原胶	0.05	0.08
	1,3-丁二醇	1	1.5
	去离子水	60	60
复方植物提取物基质液	山茶花提取物	10	10
	库拉索芦荟叶提取物	5	6
	苦参根提取物	3	5
	紫草提取物	1	1
	β-葡聚糖	0.1	0.2
	没食子酸	1	15
	1,2-己二醇	1	2
	尿囊素	0.1	0.3
	去离子水	60	60
经酰胺纳米脂质预分散剂	天然神经酰胺	0.2	0.5
	硬脂酸甘油酯	5	5
	辛基十二醇	3	4
	聚山梨醇酯-80	2	3

续表

原料		配比(质量份)	
		1#	2#
经酰胺纳米脂质预分散剂	维生素 E	1	2
	聚乙烯吡咯烷酮	0.5	1
	甘油	5	6
	丙二醇	3	4
	去离子水	50	50
油相基液	山茶籽油	5	5
	霍霍巴籽油	3	5
	橄榄果油	2	3
	牛油果油脂	1	2
	乳木果油	1	2
	生育酚醋酸酯	1	3
	聚二甲基硅氧烷	2	2
	肉豆蔻酸异丙酯	1	2
	羊毛脂	0.5	1
	C_{18} 脂肪酸甘油三酯	2	3
	角鲨烷	1	2
	鲸蜡硬脂醇	1	3
	椰油基葡糖苷	1	1
水相基液	去离子水	60	60
	甘油	3	5
	黄原胶	0.1	03
	海藻酸钠	0.1	0.2
	丙二醇	1	3
	透明质酸钠	0.01	0.05
乳化基质	油相基液	21.5	39
	神经酰胺纳米脂质预分散剂	1.5	3
	水相基液	64	68.5
	复方植物提取物基质液	5	8.5
乳化基质		0.9	1
抗冻保湿复合组分		90	150
活性多糖预混液		50	100
增稠剂	卡波姆	10	15
防腐剂	尼泊金酯	1	

制备方法

(1) 由含有油相基液的油相和含水相基液的水相制备乳化基质;

① 制备油相:将所述油相基液各组分加入带搅拌的反应釜中,加热至 70~80℃,并维持温度以 50~100r/min 搅拌速率搅拌 10~20min,得到油相基液;将制备的神经酰胺纳米脂质预分散剂 1~3 份加入油相基液中,继续搅拌 5~10min 至混合均匀,得到油相混合组分,保温备用。

② 制备水相:将甘油、黄原胶、海藻酸钠、丙二醇及透明质酸钠加入去离子水中,在 30~100r/min 搅拌速率搅拌下加热至 70~80℃,搅拌 5~15min,得到水相基液;将制备的复方植物提取物基质液 5~10 份加入上述水相基液中,继续搅拌 10~15min 至混合均匀,得到水相混合组分,保温备用。

③ 乳化基质制备:将上述水相和油相依次加入乳化反应釜,在 70~75℃条件下边加入边搅拌至均匀,并在 1000~2000r/min 下均质 5~10min,直到形成细腻均匀的乳化基质,

保温备用。

(2) 在乳化反应釜中向上述乳化基质中依次缓慢加入所制备的抗冻保湿复合组分、活性多糖预混液，以及适量的增稠剂、任选的防腐剂，然后70℃条件下以30～60r/min搅拌20～30min；开启均质，以2000～4000r/min均质乳化10～20min，然后降温至40～50℃，保温1～2h后降至室温陈化，从而制备得到婴幼儿防皴护肤霜。

原料介绍

所述抗冻保湿复合组分中主要的保湿组分为天然来源，其主要制备过程如下：

(1) 将羧甲基壳聚糖、胶原蛋白、小分子多肽和部分去离子水混合，水浴加热至50～60℃搅拌混匀；

(2) 将吡咯烷酮羧酸钠、透明质酸、丙二醇及剩余的水混合，加热至40～50℃，搅拌均匀，趁热加入步骤(1)得到的溶液中，搅拌均匀，得到主要保湿组分为天然产物的抗冻保湿复合组分。

所述活性多糖预混液主要制备过程如下：用1,3-丁二醇将黄原胶预先分散，然后加入水中溶解，加热至65～70℃，保温30～60min；称取适量的白及多糖、石斛多糖、茯苓多糖以及海藻糖复合多糖，加入制得的黄原胶分散液中，在50～70℃条件下混合5～10min。

所述复方植物提取物基质液主要制备过程如下：

(1) 将β-葡聚糖、没食子酸、1,2-己二醇及尿囊素加入水中溶解，在70～75℃下搅拌溶解，得到基础液；

(2) 按质量份配制各植物提取物各组分，在保温条件下加入上述基础液中，搅拌混合10～15min，得到复方植物提取物基质液。

所述神经酰胺纳米脂质预分散剂主要制备过程如下：

(1) 按质量份将硬脂酸甘油酯、辛基十二醇、聚山梨醇酯-80，以及维生素E，于90℃水浴下搅拌混合3～5min，再加入神经酰胺，混合均匀，得到神经酰胺预混液；将聚乙烯吡咯烷酮、甘油、丙二醇加入去离子水中，于60～70℃水浴条件下搅拌溶解，得到水相溶液；

(2) 保持水相温度不变，将所制备的神经酰胺预混液滴加至水相中并不断搅拌至均匀，然后在高压均质机中均质2～3次，再经5000～6000r/min高速剪切乳化10～15min，制得神经酰胺纳米脂质预分散剂。

产品特性

(1) 本品在高效抗冻、保湿、滋润的基础上，含有多重抗空气污染组分，能够有效改善婴幼儿皮肤屏障功效并且修复皴裂皮肤，组分温和，无刺激。

(2) 所用原料基于婴幼儿皮肤特点，采用纯天然护肤油脂，对皮肤安全无刺激，滋润保湿且不油腻；有效增加皮肤弹性和水分含量，且组方原材料获取容易、制备方法简便，绿色安全。

配方 34 保护儿童皮脂膜的护肤品

原料配比

原料		配比(质量份)			
		1#	2#	3#	4#
牛奶提取物		50	85	60	75
牛奶提取物	乳球蛋白	—	1	5	10
	水解牛奶蛋白	50	9	30	50

续表

原料		配比(质量份)			
		1#	2#	3#	4#
牛奶提取物	乳铁蛋白	—	—	11	18
	乳清蛋白	—	—	4	9
植物油		55	30	42	55
神经酰胺		5	10	8	5
芦荟提取物		16	10	13	16
燕麦提取物		6	10	8	6
燕麦提取物	碎燕麦	1	1	1	1
	甘油	2	2	2	2
	水	20	20	20	20
植物油	橄榄油	—	10	15	10
	杏仁油	—	10	5	10
	霍霍巴油	—	1	20	15
	麦胚或米糠中提取的角鲨烷	—	6	3	6
	牛油果油	—	—	15	10
	乳木果油	—	—	8	15
	葡萄籽油	55	—	16	10
	琼崖海棠果油	—	—	4	8
	琉璃苣油	—	—	5	3
	亚麻籽油	—	—	5	9

制备方法　将各组分原料混合均匀即可。

原料介绍

所述水解牛奶蛋白的提取过程为：采用蛋白酶酶解牛奶的方法制得酶解产物，对酶解产物在40～60℃下加热后进行过滤即得。

过滤后的水解牛奶蛋白的分子量小于500。

所述芦荟提取物采用如下方式制备：将芦荟叶去皮后研磨成浆，去除其中的纤维素，并由0.45μm的过滤膜过滤即得芦荟提取物。

所述燕麦提取物采用如下方式制备：将粉碎的燕麦与甘油和去离子水混合，燕麦、甘油、水的质量比为1∶2∶20，将混合物加热至70～80℃，搅拌1～2h后进行萃取，即得燕麦提取物；所述枸杞提取物中含有30%的枸杞多糖。

产品特性　本品中植物油是天然来源的油脂，温和无刺激，含有甘油三酯和不饱和脂肪酸，能够有效滋润儿童皮肤，预防干燥、瘙痒、炎症等问题的发生，上述植物油混合物与水解牛奶蛋白等牛奶提取物复配后能够模拟出人体皮脂膜的成分，这种与人体皮脂膜几近相同的组合物可以起到良好的保护婴幼儿皮脂膜、保护皮肤的作用。

配方 35　滋润保湿护肤乳液

原料配比

原料	配比(质量份)		
	1#	2#	3#
橄榄油	17	9	41
去离子水	74	86	42
聚甘油-10油酸酯	8	4.5	15

续表

原料		配比(质量份)		
		1#	2#	3#
助乳化剂	甘油硬脂酸酯	1	0.5	—
	斯盘80	—	—	2

制备方法

(1) 将聚甘油-10油酸酯和助乳化剂分散在水中，加热至30～80℃；在搅拌的情况下进行加热，搅拌速率为35～45r/min。

(2) 将橄榄油加热至30～80℃；加热方式为水浴加热。

(3) 将步骤(2)经过加热的橄榄油加入步骤(1)得到的液体中，并使用均质机乳化，得到滋润保湿护肤乳液。

原料介绍

所述的助乳化剂是甘油硬脂酸酯或斯盘80。

所述的聚甘油-10油酸酯的合成方法依次包括下述步骤：

(1) 在组合催化剂A的催化下使甘油发生聚合反应，得到聚甘油-10；聚合反应在温度为200～300℃、气压为0.1～0.2MPa的反应条件下进行，反应时间为4～6h。

(2) 在组合催化剂B的催化下使聚甘油-10与油酸发生酯化反应，得到聚甘油-10油酸酯；酯化反应在温度为200～300℃、气压为0.1～0.2MPa的反应条件下进行，反应时间为1～5h。

所述组合催化剂A由下述质量配比的NaOH、KOH、MgO和Al_2O_3组成：NaOH 5%～55%，KOH 5%～55%，MgO 5%～15%，Al_2O_3 5%～25%；

所述组合催化剂B由下述质量配比的NaOH、KOH、MgO和Al_2O_3组成：NaOH 5%～35%，KOH 25%～85%，MgO 5%～15%，$Al_2O_3$5%～25%。

产品特性　本品采用聚甘油-10油酸酯作为主乳化剂，聚甘油-10油酸酯是一种中碳链的聚甘油脂肪酸酯，具有良好的乳化、润湿、分散、稳定等表面性质，且无臭无味，安全性高，因此本品的滋润保湿护肤乳液具有滋润、保湿的功效，且安全、温和、无刺激，特别适合作为儿童及婴幼儿的护肤品。

配方36　紫草护肤膏

原料配比

原料		配比(质量份)			
		1#	2#	3#	4#
中药组合物	紫草	70	50	30	60
	齿叶乳香	15	35	45	25
	甘草	5	14	15	10
	迷迭香叶	10	1	10	5
	蜂蜜	适量	适量	适量	适量
	白池花籽油	适量	适量	适量	适量
中药组合物		5	20	15	15
玉米胚芽油		45	6	5	20
蜂蜡		5.9	20	5	12
可可籽脂		20	6	5	11
天然生育酚		0.1	10	2.5	5

续表

原料	配比(质量份)			
	1#	2#	3#	4#
牛油果树果脂油	5	7	20	10
薰衣草精油	3	10	1	5
芒果籽脂	10	1	1	5
羊毛脂	1	5	0.5	2
青刺果油	5	15	45	15

制备方法

(1) 将上述玉米胚芽油、蜂蜡、可可籽脂、牛油果树果脂油、芒果籽脂、羊毛脂加入搅拌锅中升温至70～80℃，搅拌溶解，得溶解液；

(2) 将溶解液降温至50℃，加入生育酚、中药组合物、薰衣草精油、青刺果油，搅拌均匀，冷却至20～30℃，得到成品。

原料介绍　所述中药组合物的制备方法包括以下步骤：

(1) 挑拣：去除紫草根、齿叶乳香、甘草根和迷迭香叶中霉变、虫蛀、病疤部分，去除夹杂物；

(2) 粉碎：紫草根、齿叶乳香、甘草根和迷迭香叶混合，粗碎至粒度小于20mm，再进一步粉碎至粉末状态，进行筛分并保留20目以下的粉末以供后续加工，制得混合粉末；

(3) 蜜炙：将混合粉末浸泡在蜂蜜中3～5h (1kg的混合粉末用2kg的蜂蜜)，再晾干制得蜜炙粉末；

(4) 浸提：将蜜炙粉末浸泡在白池花籽油中 (1kg的蜜炙粉末用10～20kg的白池花籽油)，浸泡过程中不断搅拌，浸泡8～12h，得浸提混合物；

(5) 超声波提取：将浸提混合物加热至55～65℃，开启频率为20kHz的超声波处理5～10min，再搅拌1～2h，得提取混合物；

(6) 过滤：将提取混合物用过滤精度200目的滤材进行过滤，降温至室温，获得中药组合物。

所述的玉米胚芽油、青刺果油由压榨法制备而成。

产品特性　本品采用的所有原料都来源天然，绿色环保，配方为全油体系，不添加防腐剂和抗生素，温和不刺激，符合婴幼儿护肤品发展的潮流趋势。本品将液态油脂和固态油脂巧妙搭配，使产品的融化点接近人体体温，涂抹在皮肤上能迅速融化铺展开，具有良好的使用感。

配方 37　儿童护脸霜

原料配比

原料		配比(质量份)			
		1#	2#	3#	4#
保湿成分	透明质酸钠(平均分子量10万,无乙酰取代)	0.02	—	—	—
	透明质酸钠(平均分子量1万,无乙酰取代)	—	0.02	—	—
	透明质酸钠(平均分子量1.5万,乙酰取代度为2.2)	—	—	0.02	—
	透明质酸钠(平均分子量1.2万,乙酰取代度为3)	—	—	—	0.02
	壳聚糖(平均分子量10万,脱乙酰度96%)	0.02	0.02	0.02	0.02

续表

原料		配比(质量份)			
		1#	2#	3#	4#
润肤成分	澳大利亚坚果籽油	3	3	3	3
	牛油果树果脂	3	3	3	3
	乙基己基甘油	9	9	9	9
乳化剂	鲸蜡硬脂醇橄榄油酸酯	1	1	1	1
	PEG-100 硬脂酸酯	2	2	2	2
	鲸蜡硬脂基葡糖苷	1	1	1	1
保湿成分	甘油	4	4	4	4
	维生素 E	1	1	1	1
抗氧化剂	对羟基苯乙酮	0.5	0.5	0.5	0.5
增稠剂	丙烯酰二甲基牛磺酸铵/VP 共聚物	0.5	0.5	0.5	0.5
水		加至 100	加至 100	加至 100	加至 100

制备方法

(1) 将润肤成分和乳化剂混合，加热至 80～90℃，混合均匀，获得油相；

(2) 将透明质酸钠和所述壳聚糖分别配制成水溶液，并同步滴加到剩余的水中，滴加完加入剩余的保湿成分、抗氧化剂，升温至与油相相同的温度，混合均匀，获得水相；

(3) 将所述油相加入所述水相中，进行均质，降温至 50℃以下，加入增稠剂，搅拌均匀，脱泡，即得。均质的转速可以是 3000～30000r/min，时间为 3～10min。

产品特性 本品在护脸霜成分中加入透明质酸钠和壳聚糖，利用透明质酸钠带有负电荷、壳聚糖带有正电荷的特点，透明质酸钠和壳聚糖能自组装成膜。这种成膜在护脸霜中能明显提高护脸霜的长效保湿性，保湿可长达 12h。

配方 38 儿童面霜（1）

原料配比

原料	配比(质量份)			
	1#	2#	3#	4#
甘油	50	50	50	50
1,3-丁二醇	50	50	50	50
棕榈酸乙基己酯	30	30	30	30
辛酸/癸酸甘油三酯	30	30	30	30
甘油硬脂酸酯柠檬酸酯	10	10	10	10
聚甘油-3-硬脂酸酯	10	10	10	10
丙烯酸(酯)类共聚物钠	3	3	3	3
齿缘墨角藻提取物	3	4.5	4.5	—
泡叶藻提取物	3	4.5	—	4.5
刺海门冬提取物	3	—	4.5	4.5
山梨醇	3	3	3	3
山嵛醇	3	3	3	3
牛油果树果脂油	3	3	3	3
生育酚乙酸酯	3	3	3	3
鲸蜡硬脂醇	3	3	3	3
鲸蜡醇棕榈酸酯	3	3	3	3
山梨醇酐单棕榈酸酯	3	3	3	3
山梨醇酐单油酸酯	3	3	3	3

续表

原料		配比(质量份)			
		1#	2#	3#	4#
聚二甲基硅氧烷		3	3	3	3
黄原胶		3	3	3	3
苯氧乙醇		3	3	3	3
乙基己基甘油		3	3	3	3
EDTA 二钠		1	1	1	1
磷脂		9	9	9	9
柠檬香精		0.18	0.18	0.18	0.18
水		820	820	820	820
磷脂	氢化卵磷脂	1	1	1	1
	大豆卵磷脂	1	1	1	1
	羟基化卵磷脂	1	1	1	1

制备方法

(1) 将水加入水相锅中，加入 EDTA 二钠，搅拌至完全溶解后，加入丙烯酸（酯）类共聚物钠搅拌混合均匀，再依次加入甘油、1,3-丁二醇、山嵛醇、鲸蜡硬脂醇、齿缘墨角藻提取物、泡叶藻提取物、刺海门冬提取物、山梨醇、黄原胶、苯氧乙醇、乙基己基甘油搅拌混合均匀，升温至 60～90℃，得到水相料；

(2) 将棕榈酸乙基己酯、辛酸/癸酸甘油三酯、甘油硬脂酸酯柠檬酸酯、聚甘油-3-硬脂酸酯、牛油果树果脂油、生育酚乙酸酯、鲸蜡醇棕榈酸酯、山梨醇酐单棕榈酸酯、山梨醇酐单油酸酯、聚二甲基硅氧烷、磷脂依次加入油相锅中，加热至 60～90℃，搅拌混合均匀，得到油相料；

(3) 将水相料抽入乳化锅中，搅拌均质下抽入油相料，在 60～90℃下均质 3～13min，然后保温 15～25min，最后加入香精混合均匀即得。

原料介绍

所述的齿缘墨角藻提取物可以制备或购买得到，制备方法可以为常规的水提法或醇提法，将齿缘墨角藻清洗粉碎后按照固液比(g/mL)(1∶10)～(1∶30)浸入质量分数为 95%乙醇中，浸泡 8～12h，加热回流 4～6h，冷却，过滤，将滤液浓缩后，冻干成粉末。规格为 10∶1，即 10g 齿缘墨角藻提取出的 1g 齿缘墨角藻提取物。

所述的泡叶藻提取物可以制备或购买得到，制备方法可以为常规的水提法或醇提法，将泡叶藻清洗粉碎后按照固液比(g/mL)(1∶10)～(1∶30)浸入质量分数为 95%乙醇中，浸泡 8～12h，加热回流 4～6h，冷却，过滤，将滤液浓缩后，冻干成粉末。规格为 10∶1，即 10g 泡叶藻提取出的 1g 泡叶藻提取物。

所述的刺海门冬海藻提取物可以制备或购买得到，制备方法可以为常规的水提法或醇提法，将刺海门冬海藻清洗粉碎后按照固液比(g/mL)(1∶10)～(1∶30)浸入质量分数为 95%乙醇中，浸泡 8～12h，加热回流 4～6h，冷却，过滤，将滤液浓缩后，冻干成粉末。规格为 10∶1，即 10g 刺海门冬海藻提取物提取出的 1g 刺海门冬海藻提取物。

产品特性　本品蕴含多种天然成分，给予儿童三重爱护：舒柔、滋润、保护，能够温柔呵护儿童的娇嫩肌肤，保湿滋润同时增强肌肤天然屏障，为肌肤带来柔润的舒适感受。

配方 39 儿童面霜（2）

原料配比

原料	配比(质量份)		
	1#	2#	3#
红景天提取液	5	10	15
芦荟提取液	3	6	9
麦芽提取液	2	4	6
椰子油	2	4	6
乳木果油	2	4	6
柠檬精油	0.5	1	1.5
水杨酸	1	2	3
脱脂羊油	1	2	3
甘油	0.5	1	1.5
去离子水	10	20	30

制备方法

（1）称取配方中的去离子水，加入椰子油、乳木果油、柠檬精油、水杨酸、脱脂羊油、甘油一起放入乳化机中搅拌均匀，温度保持在 45～50℃，得到乳状物；

（2）按配比称取红景天提取液、芦荟提取液、麦芽提取液加入步骤（1）中的乳状物中，然后混合均匀，即可。

产品特性　本品根据儿童皮肤特性，采用天然原料制备而成，不添加任何化学物质，安全无毒，可以放心安全使用。

配方 40 儿童皮肤屏障修复保湿霜

原料配比

原料		配比(质量份)	
		1#	2#
A相	斯盘 60(Span60)	1	1.2
	吐温 60(Tween60)	1.5	1
	甘油硬脂酸酯(MS165)	1	1.3
	$C_{16\sim18}$ 脂肪醇	3	2.5
	硬脂酸	1.5	1.8
	异构十六烷烃(HD)	2	2.5
	角鲨烷	3	3.5
	辛酸癸酸甘油三酯(GTCC)	3	3.5
	橄榄油	1	1.3
	甲基硅油(DC200)	1	1.3
	凡士林	1	1.2
	对羟基苯甲酸甲酯	0.1	0.3
	对羟基苯甲酸丙酯	0.2	0.4
	维生素 E	0.5	0.8

续表

原料		配比(质量份)	
		1#	2#
B	甘油	6	8
	丁二醇	2	3
	尿囊素	0.1	0.2
	透明质酸 HA	0.05	0.04
B1	三甲基甘氨酸(NMF-50)	1	0.8
	三乙醇胺	0.2	0.1
C	β-葡聚糖	0.5	0.4
	甘草酸二钾	0.1	0.2
	燕麦浓缩液	1	1.2
	牡丹根提取物	0.3	0.2
	泛醇	0.3	0.2
	神经酰胺	0.3	0.2
D	丁二醇	2	2.5
	馨鲜酮	0.5	0.3
	白花春黄菊花油	0.05	0.03
E	水	加至100	加至100

制备方法

(1) 将A相中的组分混合、搅拌升温至80℃，搅拌、均质待用；

(2) 将B1相中的组分混合、搅拌升温至90℃，搅拌、均质待用；

(3) 将B相与B1相混合、搅拌升温至90℃，搅拌、均质待用；

(4) 搅拌、抽真空条件下将A相继续搅拌、均质，降温后待用；

(5) 70℃时将C相加入步骤(4)所得的均质物，继续均质，完成后加入D相，继续搅拌均匀；

(6) 45℃时将E相加入步骤(5)所得的均质物中搅拌均匀；

(7) 对板检验合格后过滤出料，静置待检。

产品特性

(1) 本品营养丰富，可以柔嫩皮肤、保湿同时修复皮肤、增加弹性，滋润肌肤及促进皮肤自愈力和新陈代谢；

(2) 本品能够在一定程度上有效弥补现有技术所提供的保湿霜存在的功能单一、锁水保湿功能有限的缺陷，提供了有效地改善皮肤营养代谢、使皮肤柔嫩光滑、避免使用刺激性的酸碱调节剂及毒性较大的有机溶剂，使之温和、滋润，可最大程度确保对婴童皮肤的保湿和修复作用，达到营养吸收的理想效果。

配方 41 儿童润肤霜

原料配比

原料	配比(质量份)				
	1#	2#	3#	4#	5#
紫草油	8	10	12	14	15
澳大利亚坚果籽油	9	8	6	6	5
金银花提取液	5	4	6	5	5
芦荟提取物	7	7	4	5	8

续表

原料	配比(质量份)				
	1#	2#	3#	4#	5#
奶制品	14	10	7	15	14
水	20	25	23	15	28
鲸蜡醇	6	6	4	5	7

制备方法

（1）将紫草油、澳大利亚坚果籽油、金银花提取液、芦荟提取物加热，不断搅拌，加热至80～90℃，制得混合物A；

（2）将奶制品、水混合加热至70～85℃，制得混合物B；

（3）待步骤（1）的组合物A温度降到40～50℃时，将步骤（2）的混合物B倒入步骤（1）的混合物中，得混合物C；

（4）将鲸蜡醇加入步骤（3）所制得的混合物C中，用搅拌器搅拌10～15min，转速300r/min，进行乳化；

（5）将步骤（4）所得乳液冷却至室温后，即得润肤霜。

产品特性　本品合理运用紫草油、金银花、芦荟的营养成分，富含丰富的维生素、植物精华等物质，采用纯天然配方，无过敏及副作用，能达到良好的润肤效果，既可以滋润皮肤，还可以消炎、预防及治疗湿疹，适合各种人群使用。

配方 42　儿童霜（1）

原料配比

原料		配比(质量份)
溶剂	水	68.07
润肤剂	辛酸/癸酸甘油三酯	8.00
	鲸蜡醇乙基己酸酯	3.00
	鲸蜡硬脂醇	2.00
	聚二甲基硅氧烷	1.00
	牛油果树果脂	1.00
	氢化聚异丁烯	1.00
	生育酚乙酸酯	0.30
	牛油果树果提取物	0.30
保湿剂	甘油	7.00
抗氧化剂	丁羟甲苯	0.05
芳香剂	香精	0.13
乳化剂	山梨醇酐橄榄油酸酯	1.20
	鲸蜡硬脂醇橄榄油酸酯	1.80
螯合剂	EDTA 二钠	0.05
助乳化剂	水	0.455
	丙烯酸钠/丙烯酰二甲基牛磺酸钠共聚物	0.525
	异十六烷	0.315
	聚山梨醇酯-80	0.105
皮肤调理剂①	甜菜碱	1.00
	水	0.979
	燕麦β-葡聚糖	0.009
	1,2-己二醇	0.006
	对羟基苯乙酮	0.006

续表

原料		配比(质量份)
皮肤调理剂②	水	0.48315
	水解胎盘(羊)提取物	0.0125
	苯氧乙醇	0.004
	乙基己基甘油	0.00035
皮肤调理剂③	水	0.40
	丁二醇	0.10
	人参根提取物	0.00050
	苯氧乙醇	0.0025
防腐剂	乙基己基甘油	0.04
	苯氧乙醇	0.36
	羟苯甲酯	0.20
	羟苯丙酯	0.10

制备方法

（1）将所述水、保湿剂、防腐剂羟苯甲酯、螯合剂投入水锅，升温至85℃左右，搅拌均匀；

（2）将润肤剂、乳化剂、抗氧化剂和防腐剂羟苯丙酯投入油锅，升温至85℃左右，搅拌均匀；

（3）把油相缓缓加入乳化锅，均质10min，保温搅拌15min；

（4）将所述步骤（3）中的乳化锅进行抽真空消泡，然后慢速搅拌，同时开始冷却；

（5）冷却至65℃左右加入助乳化剂，搅拌均匀并均质3min；

（6）冷却至40℃左右加入皮肤调理剂①、皮肤调理剂②、皮肤调理剂③和防腐剂苯氧乙醇、乙基己基甘油、香精，搅拌均匀；

（7）检验合格，制成成品。

产品特性　本品基本功能为滋润、保湿和皮肤调理，配方不使用超出这基本功能的其他功效添加成分（芳香剂和必要的乳化剂、稳定剂等除外）；且所选用的原料均经过严格检验，并确保检验结果符合相关规格的指标要求；未添加着色剂等可能引发不良反应的原料；本品具有使用安全、温和且纯度高、添加剂含量少的特点。

配方 43　儿童霜（2）

原料配比

原料		配比(质量份)
溶剂	水	32.4
皮肤调理剂	人参提取物	10
	水解胎盘(羊)提取物	20
pH 调节剂	三乙醇胺	1.2
保湿剂	甘油	20
乳化剂	硬脂酸	6
	甘油硬脂酸酯	2
乳化稳定剂	鲸蜡硬脂醇	4
润肤剂	羊毛脂	0.6
	液体石蜡	2.6

续表

原料		配比(质量份)
防腐剂	羟苯甲酯	0.06
	羟苯丙酯	0.14
抗氧化剂	生育酚(维生素 E)	1
芳香剂	香精	0.05

制备方法

（1）将水、三乙醇胺和甘油投入水锅，升温至 85℃，搅拌均匀；

（2）将硬脂酸、甘油硬脂酸酯、鲸蜡硬脂醇、羊毛脂、液体石蜡、羟苯甲酯和羟苯丙酯投入油锅中，升温至 85℃，搅拌均匀；

（3）把水、三乙醇胺和甘油缓缓加入乳化锅，搅拌的同时缓慢加入所述硬脂酸、甘油硬脂酸酯、鲸蜡硬脂醇、羊毛脂、液体石蜡、羟苯甲酯和羟苯丙酯，恒温在 85℃；

（4）搅拌的同时，均质 10min；然后冷却至真空最大，慢慢搅拌；

（5）冷却至 40℃，加入人参根提取物、水解胎盘（羊）提取物、生育酚（维生素 E）和香精，搅拌均匀；

（6）检验合格，出料。

产品特性　本品基本功能为滋润、保湿和皮肤调理，配方不使用超出这基本功能的其他功效添加成分（芳香剂和必要的乳化剂、稳定剂等除外）；且所选用的原料均经过严格检验，并确保检验结果符合相关规格的指标要求；未添加着色剂等可能引发不良反应的原料；本品具有使用安全、温和且纯度高、添加剂含量少、适合儿童使用的特点。

配方 44　儿童天然护脸霜

原料配比

原料		配比(质量份)				
		1#	2#	3#	4#	5#
角鲨烷		5	7	6.5	8	6
天然植物油脂		5.5	11.5	8	7	10
乙基己基甘油		0.06	0.08	0.1	0.11	0.12
保湿剂		2.8	3.9	3.42	4.1	3.2
乳化剂	乙二醇脂肪酸酯	3	4	3.8	3.2	3.9
增稠剂	椰油二乙醇酰胺	0.4	0.42	0.5	0.6	0.56
抗氧化剂	没食子酸丙酯	0.4	0.6	0.5	0.45	0.65
香精	白兰香脂	0.05	0.08	0.1	0.12	0.15
水		82.79	72.42	77.08	76.42	75.42
保湿剂	甘油	2.5	2.5	2.5	2.5	2.5
	维生素 E	0.3	0.3	0.3	0.3	0.3
	透明质酸钠	0.01	0.01	0.01	0.01	0.01
天然植物油脂	澳大利亚坚果籽油	3	3	3	3	3
	牛油果树果脂	2.5	2.5	2.5	2.5	2.5

制备方法

（1）检查设备容器和计量器具，将所使用的设备用去离子水清洗干净，然后用 75%的酒精喷洒或擦拭消毒，晾干备用；

（2）将角鲨烷、天然植物油脂、乳化剂、维生素 E 加热至 80～90℃，混合均匀制得油相保温待用；以 700～900r/min 的搅拌速度混合均匀；

（3）将水、甘油、透明质酸钠、增稠剂、抗氧化剂加热至 75～85℃，混合均匀制得水相保温待用；以 700～900r/min 的搅拌速度混合均匀；

（4）乳化锅内保持 40r/min 的搅拌速度，抽真空保持乳化锅内真空度为 0.03～0.07MPa，先将水相抽入乳化锅内，然后再将油相抽入乳化锅内，均质 6min，均质搅拌速度为 3000r/min，然后降温至 48℃；

（5）乳化锅放去真空，依次加入乙基己基甘油、香精后抽真空脱泡 10min，真空度保持为 0.05MPa，最后搅拌 30mim 至完全均匀即得；

（6）取样检测，合格后出料、灌装、检验、包装入库。

产品特性　本品原料中采用天然植物油脂和保湿剂协同作用，在皮肤表面形成保护屏障层和水保护层，大大提升了对皮肤的保湿效果和保湿时效，同时对儿童的肌肤不产生刺激，更加温和。

配方 45　儿童用姜黄素 BB 霜

原料配比

原料			配比(质量份)			
			1#	2#	3#	4#
A 组分	乳化剂	鲸蜡基聚乙二醇	3.0	3	2	2
		聚丙二醇	—	0.25	—	—
		单甘酯	—	—	1.5	1
	油脂	油脂含棕榈酸异辛酯	1.5	1.5	1.5	1.5
		26 号白油	20.0	—	15	—
		60N 白油	—	20	—	18
		有机硅弹性体	2.0	2	3	0.5
		环甲基硅油	1.5	1	—	—
		甲基硅油	—	—	0.5	5
	稳定剂	巴西棕榈蜡	4.0	3.5	3.5	4
	着色剂	硬脂酸锌	0.8	1	0.8	0.8
	钛白粉		10.0	10	10	7
B 组分	去离子水		37.27	40.42	41.45	40.29
	保湿剂	甘油	10.0	12.5	—	—
		丁二醇	—	—	15	10
	硫酸镁		0.1	0.1	0.1	0.1
	乙二胺四乙酸二钠		0.03	0.03	0.05	0.01
C 组分	胭脂红素溶液		3.5	2.5	2	3.5
	姜黄素溶液		6.0	4	3.5	6
	龙舌兰提取物抗敏剂		0.3	0.2	0.1	0.3
胭脂红素溶液	色素		1	1.25	1.5	1
	溶剂	乙醇溶液	加至 100（体积）	加至 100（体积）	加至 100（体积）	加至 100（体积）
姜黄素溶液	色素		1	1.25	1.5	1
	溶剂	乙醇溶液	加至 100（体积）	加至 100（体积）	加至 100（体积）	加至 100（体积）

制备方法

（1）将上述 A 相组分加入油锅并加热到 80～85℃至溶解完全，均质 1min；将 B 相组分加入水锅中并升温至85～90℃，使其溶解均匀；

（2）将乳化锅预热到55℃，先抽入A组分，开动搅拌，缓慢抽入B组分，抽入B组分的过程中不断调高搅拌速度，确保油包水包裹均匀，抽完后高速搅拌10min后降温；

（3）降温到45℃以下，加入C组分，高速搅拌分散均匀10～15min，在30℃出料。

产品特性

（1）姜黄素具有抑菌作用，可以添加到BB霜中成为天然抑菌成分，有效减少添加防腐剂对儿童皮肤造成的伤害。

（2）本品颜色与儿童肤色接近，上妆效果好，润色效果明显。本品使用时不会有任何刺激性，耐水性好，不会因为汗液出现脱妆等情况。

配方 46 防止手指倒刺的儿童护手霜

原料配比

原料		配比（质量份）			
		1#	2#	3#	4#
乳化剂	橄榄油山梨醇酯	3	1	3	1.2
	甲基葡糖倍半硬脂酸酯	0.8	0.5	3	1.8
	PEG-20 甲基葡糖倍半硬脂酸酯	1.2	1.5	2	0.8
	甘油硬脂酸酯/PEG-100 硬脂酸酯	0.5	3	5	4
助乳化剂	鲸蜡硬脂醇	0.1	0.5	0.3	0.2
	硬脂酸	1	1.5	0.5	1.8
皮肤柔润剂	氢化霍霍巴油	0.5	2	4	1
	碳酸二辛酯	3	5	1	4
	聚二甲基硅氧烷	1	3	0.4	3.2
	橄榄油	2	2	4.4	0.6
	果仁油	3.5	3	2	1.5
植物油	大红橘果皮油	0.1	0.5	1	4.5
	乳木果油	2.9	3.5	5	3.5
保湿剂	甘油聚醚-26	5	10	8	10
	丁二醇	14.95	9.85	10	5
	透明质酸钠	0.05	0.15	0.25	0.15
增稠剂	黄原胶	0.05	0.15	0.08	0.13
去离子水		加至100	加至100	加至100	加至100
防腐剂	山梨酸钾	0.6	0.5	0.7	0.5
植物提取物	小球藻提取物	3	7	2	4
	洋甘菊提取物	2	4	5	3

制备方法　将各组分原料加入乳化均质机中，在70～80℃乳化混合均质得到产品。

产品特性

（1）本品针对儿童因角质层受损、皮肤过敏引起的手指倒刺具有显著的预防和疗效，且对皮肤具有良好的保湿、锁水功效；

（2）本品在增强儿童皮肤自身的外在抗刺激能力和屏障功能的同时，补充皮肤内在的水分和营养，从而增强儿童皮肤免疫力，预防儿童皮肤问题，使肌肤更加健康润泽。产品使用安全无刺激、无过敏、环保。

配方 47　改善婴幼儿红屁股的膏霜

原料配比

原料		配比(质量份)			
		1#	2#	3#	4#
保湿剂	甘油	6.89	14.45	15.45	13.45
阳离子乳化剂	棕榈酰胺丙基三甲基氯化铵	0.1	1.5	1.5	1.5
炉甘石		5	1	1	1
氧化锌		5	10	8	10
己脒定二(羟乙基磺酸)盐		0.01	0.05	0.05	0.05
抗刺激性剂	紫苏叶提取物	0.5	2	2	2
酶活抑制剂醇	月见草油	0.5	1	2	2
胶态硫		1	5	5	5
角鲨烷		80	25	25	25
基础油脂		1	40	40	40

制备方法

（1）将酶活抑制剂、角鲨烷、炉甘石以及氧化锌混合，球磨后过滤，使固体在液体中分散均匀，再加热至 70～85℃，得到第一混合料；

（2）将除胶态硫和基础油脂以外的剩余的原料混合，加热至 60～95℃，搅拌使固体完全溶解，敞口保温以使水分完全挥发，得到第二混合料；

（3）边搅拌边将所述第一混合料加入所述第二混合料中，之后进行均质，得到第三混合料；

（4）将所述第三混合料边搅拌边降温，降温至 45℃以下，加入胶态硫，搅拌均匀，待降温至 40℃以下，加入基础油脂，搅拌均匀；

（5）静置，检验合格后，灌装、包装、喷码；

（6）检验合格后，入库，即得所述膏霜。

产品特性　本品能从多方面协同解决婴幼儿红屁股的问题，提高产品对红屁股的预防和修复作用；同时遇水极易冲洗、擦拭，可避免使用后皮肤被闷的不适。

配方 48　改善婴幼儿皮肤屏障功效的膏霜

原料配比

原料		配比(质量份)		
		1#	2#	3#
A 相	芸苔籽油	10	7	12
	霍霍巴籽油	5	6	8
	$C_{12\sim20}$ 烷基葡糖苷	2.0	4	5
	鲸蜡硬脂醇	4.0	5	3
	乳木果油	2.0	1	4
	PEG-100 硬脂酸酯	1.0	3	3
	燕麦油	1.0	2	5
	蔗糖硬脂酸酯	0.6	0.5	2
	植物甾醇	1.0	0.5	3
	植物组合物	5.0	3	4

续表

原料			配比(质量份)		
			1#	2#	3#
B相	甘油		5.0	10	3
	黄原胶		0.5	0.3	0.1
	防腐剂		0.1	0.1	0.1
	水		加至100	加至100	加至100
C相	燕麦葡聚糖		5.0	3	1
植物组合物	原料粉末	白及	30	30	12
		柳枝	15	15	30
		白芍	20	20	15
		燕麦麸皮	12	12	10
	原料粉末		1	1	1
	橄榄油		30	30	60

制备方法

（1）将所述A相加热到75～85℃，搅拌至分散均匀，保温备用；

（2）将所述B相搅拌加热至75～85℃，溶解分散均匀后，保温20min；

（3）将加热备好的A相加入B相中，保温均质3～5min，然后保温搅拌20min，开始降温；

（4）降温至50℃加入C相，充分搅拌均匀后，继续搅拌降温至38℃以下即得。

原料介绍

所述的植物组合物制备步骤如下：

（1）将白及、柳枝、白芍、燕麦麸皮分别用粉碎机粉碎后，过筛得原料粉末，按照质量配比称取并混合均匀；

（2）将步骤（1）所得原料粉末混合物加入橄榄油中，原料粉末与橄榄油的质量比为1∶20～70，常温浸泡12h；

（3）将步骤（2）所得固液混合物进行超声波萃取，萃取3次，每次萃取时间设定为20min；

（4）将萃取后固液混合物放入密封容器进行恒温水浴搅拌，控制恒温水浴温度60～90℃，搅拌4～6h，停止搅拌，趁热过滤，分离滤液和滤渣，滤液降温至45℃以下，即得到植物组合物。

产品特性　本品基于婴幼儿皮肤特点，采用纯天然护肤油脂，尤其适合婴幼儿稚嫩肌肤，对皮肤安全无刺激，具有改善皮肤屏障、辅助修复受损皮肤，同时还可以改善皮肤状态，如增加皮肤弹性和水分含量的功效，且组方原材料获取容易、制备方法简便，绿色安全。

配方 49　甘草亭酸止痒霜组合物

原料配比

原料	配比(质量份)			
	1#	2#	3#	4#
甘草亭酸	1	2	1.5	1.5
白池花籽油	2	1	1.5	1.5
生育酚乙酸酯	0.8	0.2	0.5	0.5
薄荷醇乳酸酯	0.1	0.5	0.3	0.3

续表

原料		配比(质量份)			
		1#	2#	3#	4#
丙烯酰二甲基牛磺酸铵/VP共聚物		1	0.5	0.7	0.75
润肤剂		2	12	7	7
保湿剂		15	10	12.9	12
乳化剂		2	5	3.5	3.5
皮肤调理剂		3	1	2	2
助剂		0.5	1.2	0.8	0.8
黄原胶		0.08	0.02	0.05	0.05
EDTA二钠		0.01	0.05	0.03	0.03
水		80	60	69.22	70
润肤剂	鲸蜡醇乙基己酸酯	8	12	10	10
	聚二甲基硅氧烷	1	3	2	2
	牛油果树果脂	0.5	1.5	1	1
	苯基聚三甲基硅氧烷	0.5	1.5	1	1
保湿剂	甘油	40	60	50	50
	丁二醇	40	60	50	50
	丙二醇	20	30	25	25
	双丙甘醇	2	4	3	3
	透明质酸钠	0.5	1.5	1	1
乳化剂	鲸蜡硬脂酸	1	3	2	2
	鲸蜡硬脂基葡糖苷	1	3	2	2
	甘油硬脂酸酯	1	3	2	2
	PEG-100硬脂酸酯	0.5	1.5	1	1
皮肤调理剂	水	20	40	33	30
	甘油	20	40	33	30
	丁二醇	10	20	12	15
	卡波姆	5	15	10	10
	聚山梨醇酯-20	5	15	10	10
	棕榈酰三肽-1	0.5	1	1	1
	棕榈酰四肽-7	0.5	1	1	1
助剂	丁二醇	2	6	4	4
	1,2-己二醇	2	4	3	3
	辛酰羟肟酸	0.01	2	1	1

制备方法

(1) 分别取白池花籽油、生育酚乙酸酯、薄荷醇乳酸酯、润肤剂、乳化剂，在600～900r/min搅拌条件下进行加热至70～90℃，充分混合均匀，制得油相；

(2) 分别取水、保湿剂、甘草亭酸、丙烯酰二甲基牛磺酸铵/VP共聚物、增稠剂、螯合剂，在600～900r/min搅拌条件下进行加热至70～90℃，充分混合均匀，制得水相；

(3) 先将油相抽入到乳化锅，再将水相抽入到乳化锅进行均质乳化，乳化结束后降温至常温，得到混合相；所述均质乳化速度为2500～3000r/min，所述均质乳化的时间为5～15min；降温过程搅拌速度为600～900r/min；

(4) 向所述混合相中先加入皮肤调理剂，1～3min后再加入助剂，充分混合均匀，即得所述的甘草亭酸止痒霜组合物。

产品特性　本品能够有效去除湿疹，缓解皮肤瘙痒，效果好，不易复发，不含激素，不含防腐剂，安全无不良反应，适用于婴儿、儿童及成人。

配方 50　果蜜霜

原料配比

原料		配比(质量份)		
		1#	2#	3#
A 相物料		16.9	18.5	17.7
B 相物料		81.56	79.96	80.76
C 相物料		0.56	1.36	0.96
D 相物料		0.98	0.18	0.58
A 相物料	辛酸/癸酸甘油三酯	4.9	5.1	5
	甘油硬脂酸酯	4.4	4.6	4.5
	硬脂醇	4.1	4.3	4.2
	霍霍巴籽油	1.9	2.1	2
	葡萄籽油	0.4	0.6	0.5
	鳄梨脂	1.1	1.3	1.2
	辛甘醇	0.05	0.35	0.2
	己二醇	0.05	0.15	0.1
B 相物料	水	80.86	79.96	80.26
	丙烯酸(脂)类/$C_{10\sim30}$ 烷醇丙烯酸酯交联聚合物	0.7	0.3	0.5
C 相物料	苹果提取物	0.1	0.3	0.2
	薰衣草油	0.04	0.16	0.1
	蜂蜜提取物	0.2	0.4	0.3
	生育酚乙酸酯	0.2	0.4	0.3
	银耳多糖	0.02	0.1	0.06
D 相物料	燕麦 β-葡聚糖	0.85	0.15	0.5
	透明质酸钠	0.13	0.03	0.08

制备方法

（1）A 相物料处理：在乳化锅中加入 A 相物料，搅拌均匀分散完全后，高速搅拌分散均匀，然后搅拌升温至 80～85℃；

（2）B 相物料处理：在（1）步骤处理得到的物料中加入 B 相物料，搅拌保温 20min 左右，确保溶解完全；

（3）C 相物料处理：待步骤（2）处理的物料降温至 43～45℃后，加入 C 组物料，搅拌均匀；

（4）D 相物料处理：将步骤（3）中得到的物料继续降温至 40℃以下，加入 D 组物料，慢速搅拌均匀；

（5）检验过滤：取料检验，合格后过滤出料。

产品特性　本品通过添加水果和蜂蜜提取物，增加护肤品中的天然活性调理成分，同时结合多种无毒无害的组合添加成分，使产品避免了误食产生的健康隐患，更有利于婴幼儿使用。

配方 51　含马油成分的儿童润肤霜

原料配比

原料		配比(质量份)
水相原料	葡萄糖酸钠	0.01～0.03
	聚甘油	1～5
	甘油	5～15
	卡波	0.1～0.3
	透明质酸钠	0.1～0.5
	尿囊素	0.1～0.3
	鲸蜡醇磷酸酯钾	0.1～0.4
油相原料	鲸蜡硬脂基葡糖苷	2～4
	鲸蜡硬脂醇	1～3
	矿油	1～5
	聚二甲基硅氧烷	1～5
	牛油果树果脂油	5～10
	氢化棕榈仁油甘油酯	1～5
	矿脂	1～3
	马油	5～10
	双二甘油多酰基己二酸酯	1～3
C 相原料	环五聚二甲基硅氧烷	1～5
	聚丙烯酰胺	0.5～2
	氨甲基丙醇	0.05～0.6
	维生素混合物	1～5
	复合植物提取液	3～5
	羟苯基丙酰胺苯甲酸	0.5～2
	糖类同分异构体	0.5～3
	植物萃取液	3～5
	防腐剂	0.5～1
	香精	0.01～0.05

制备方法　将水相原料和油相原料分别混合加热至 80℃，然后将油相原料加入乳化锅中，再加入水相原料，搅拌乳化均质，然后抽真空，冷却到 40～45℃，加入 C 相原料，混合均匀即可。

产品特性　本品根据宝宝的皮肤十分细嫩和敏感，结合儿童肌肤特性选择宝宝护理品，这样才能给予宝宝柔嫩的肌肤最温情最贴心的选择和呵护。

配方 52　含牡丹籽油的儿童面霜

原料配比

原料	配比(质量份)				
	1#	2#	3#	4#	5#
去离子水	40	45	50	55	60
甘油	11.4	12	12.6	13.2	13.8
牡丹籽油	6	6	6.98	7.5	8
橄榄油	1.75	2	2.25	2.5	3
月桂酸单甘油酯	0.16	0.18	0.2	0.22	0.24

续表

原料	配比(质量份)				
	1#	2#	3#	4#	5#
大豆磷脂	0.4	0.45	0.5	0.55	0.6
黄原胶	0.45	0.50	0.55	0.6	0.65
尼泊金酯	0.64	0.7	0.76	0.82	0.88
蜂蜡	0.8	0.9	1	0.7	0.6
角鲨烷	1.4	1.5	1.6	1.7	1.8
羊毛脂	0.8	0.9	1	1.1	1.2
鲸蜡硬脂醇	0.8	0.9	1	1.1	1.2
维生素 E	0.06	0.08	0.1	0.12	0.14

制备方法

(1) 将甘油、牡丹籽油、橄榄油和角鲨烷加入油相锅，80℃下均质 10min，得 A 相；

(2) 将蜂蜡、羊毛脂和鲸蜡硬脂醇加入试管，置于水浴锅中，沸水浴加热至固体完全溶解，得 B 相；

(3) 将 B 相趁热迅速加入 A 相，80℃下均质 10min，得稳定的油相；然后将温度降至 25℃，加入大豆磷脂，均质 10min，获得油相料；

(4) 将月桂酸单甘油酯、尼泊金酯、维生素 E 和水加入水相锅，室温下溶解均质，得到稳定的水相；

(5) 将油相料抽入乳化锅中，搅拌均质下抽入水相料，再加入黄原胶，在 60℃下均质 10min，然后保温 20min；

(6) 装瓶，保存，即获得含牡丹籽油的儿童面霜。

产品特性

(1) 本品对皮肤有保湿滋润和防晒抗氧化的作用，长期使用可缓解皮肤干燥、保持皮肤水润，并可在一定程度上防止晒黑晒伤；

(2) 本品天然无刺激，所用原料安全可靠，不含酒精、激素、色素、香精及重金属等刺激性或有害性成分，蕴含多种天然无公害成分，安全健康，温和不刺激，能够温柔呵护儿童的娇嫩肌肤，保湿、滋润、抗氧化，牡丹籽油成分能在一定程度上防止紫外线对皮肤的损伤，增强肌肤天然屏障，为肌肤带来柔润的舒适感受和较持久的呵护。

配方 53 缓解婴幼儿湿疹症状的舒缓润肤霜

原料配比

原料	配比(质量份)			
	1#	2#	3#	4#
羧甲基脱乙酰壳多糖	5	1.5	2	3
五倍子提取物	5	7	4	3.5
生育酚乙酸酯	8	5	2.5	15
碳酸锌氢氧化物	10	12	15	10.5
珍珠	5	1	2.5	8
琥珀	5	7	9	2
鲸蜡硬酯醇	15	10	25	30

续表

原料	配比(质量份)			
	1#	2#	3#	4#
霍霍巴籽油	120	105	130	135
橄榄乳化剂	15	10	20	25
甘油	65	45	65	60
丙烯酰二甲基牛磺酸铵/VP共聚物	10	6	9	12
EDTA二钠	2	3	5	5.5
对羟基苯乙酮	2	2.5	1	4
苯氧乙醇	5	7	5	3.5
去离子水	728	778	705	683

制备方法

(1) 分别将珍珠、琥珀和碳酸锌氢氧化物粉碎；随后，将粉碎后得到的珍珠粉末过筛后与粉碎后得到的碳酸锌氢氧化物粉末、琥珀粉末混合，研磨过筛后再次经气流粉碎，得混合物1；

(2) 按比例取鲸蜡硬脂醇、霍霍巴籽油、生育酚乙酸酯、橄榄乳化剂并依次加入混合容器中，加热混合均匀后，将步骤(1)所得混合物1加入其中，再次搅拌均匀，得混合物2；加热混合的温度为72～85℃；

(3) 按比例取甘油、丙烯酰二甲基牛磺酸铵/VP共聚物和去离子水，加入混合容器中，混合均匀；随后，将EDTA二钠、对羟基苯乙酮加入其中，再次搅拌均匀，得混合物3，加热保温备用；加热保温的温度为72～85℃；

(4) 将步骤(2)所得混合物2加入步骤(3)所得混合物3中，进行均质，混合均匀，得混合物4，随后降温；降温至48～52℃；

(5) 向步骤(4)降温后的混合物4中依次加入羧甲基脱乙酰壳多糖、五倍子提取物和苯氧乙醇，均质搅拌均匀，真空脱泡，继续降温至室温，搅拌均匀，即得所述婴幼儿湿疹润肤霜。

原料介绍

所述五倍子提取物的制备包括如下步骤：

(1) 将五倍子原料除杂后破碎分离得五倍子壳，再经过高速粉碎得五倍子粉；所述五倍子原料晒干至水分小于14%。

(2) 将步骤(1)中所得五倍子粉利用8～12倍量的50%～60%乙醇进行渗漉提取，得提取液；所述渗漉提取的浸渍时间为4～6h，渗漉速度为5～10mL/min。

(3) 将步骤(2)中所得提取液进行多效蒸发浓缩，回收溶剂，得浓缩物；在多效蒸发器中进行多效蒸发浓缩，浓缩得到含膏量为20%～30%的浓缩物。

(4) 将步骤(3)中所得浓缩物进行喷雾干燥，得五倍子提取物。

产品特性

(1) 本品各个物质协同作用，一方面能够保证婴幼儿湿疹的高效缓解，另一方面能够保证润肤霜的无刺激性和安全性。

(2) 本品采用气流粉碎技术对配方中的组分珍珠、琥珀和碳酸锌氢氧化物进行处理，使药物粒度达到微米级别，且粒径分布范围窄且均匀；微粉化后药物易于透过皮肤角质层，促进吸收，增强了主要有效成分的作用效果。

配方 54 基于藜麦肽的儿童护眼霜

原料配比

原料		配比(质量份)			
		1#	2#	3#	4#
藜麦		70	95	80	75
维生素 E		7	12	12	15
维生素 A		15	14	10	12
姜黄素		16	16	6	14
辅酶 Q10		9	12	11	16
乳化剂	脂肪酸皂	5	—	—	—
	烷基苯磺酸钠	—	5	—	—
	卵磷脂	—	—	12	—
	吐温 80	—	—	—	12
保湿剂		13	13	13	17
稳定剂	乳酸钠、硬脂酸和咪唑啉的混合物	9	9	7	9
脂类溶剂		50	50	45	46
水		加至 100	加至 100	加至 100	加至 100
脂类溶剂	甘油	7	7	6	7
	硅油	2	3	3	3
	马油	1	1	1	1
保湿剂	生理脂质	2	2	2	2
	丙二醇	1	1	1	1
	凡士林	6	6	6	6

制备方法

(1) 将维生素 E、维生素 A、姜黄素和辅酶 Q10 利用分散机在 35℃下搅拌分散在脂类溶剂中；

(2) 将由藜麦制备得到的藜麦肽粉，在常温下均匀搅拌溶解在质量比为 3～5 倍的去离子水溶液中；

(3) 将 (1)、(2) 中得到的产物与乳化剂、保湿剂、稳定剂和适量的水一同放入高黏度真空混合搅拌机中，在真空条件下对混料进行脂水有机融合；

(4) 将搅拌罐内温度保持在 42～50℃的恒温状态连续搅拌 3h，充分搅拌混合后得到的产物即为基于藜麦肽的儿童护眼霜。

原料介绍

所述的生理脂质可选用烟酰胺、胆固醇、神经酰胺、游离脂肪酸其中一种或多种的混合组分。

所述的由藜麦原料制备藜麦肽的具体方法为：

(1) 将藜麦原料洗净后用研磨机粉碎至 60～120 目，再将藜麦粉倒入质量比为 4～6 倍的去离子水中浸泡 2h；

(2) 向藜麦粉溶液中加入混酶，调节溶液的 pH 至 6～8，再将溶液的温度提升至 45～55℃，慢速搅拌下进行酶解反应 60～100min；酶解过程中酶的添加量为藜麦粉质量的 3%～6%，其中混酶为木瓜蛋白酶和风味蛋白酶组成的双酶制剂；

(3) 酶解完毕后，再将溶液温度提升至 90～95℃对酶进行灭活反应 10min，待溶液冷却后利用聚砜卷式超滤膜在 0.3MPa 下对溶液进行过滤，得藜麦超滤液；

（4）将藜麦超滤液放入喷雾干燥机中，利用压力喷雾干燥法对滤液进行雾化干燥，最终得到的干燥状粉末即为藜麦肽粉。

产品特性　本品利用藜麦蛋白酶解的小分子肽以及生产的护眼霜能清除70%～80%的眼周自由基，复配胡萝卜素、维生素E、维生素A、姜黄素等材料，能最大限度解决眼部周围自由基炎症细胞氧化问题，且成分中添加有由生理脂质、丙二醇和凡士林组成的保湿剂组分可增强对眼部皮肤的保湿效果，减少皮肤角质层的水分丢失。通过消除、减少自由基来实现皮肤细胞抗炎症、抗过敏、减缓衰老的效果，从而达到改善儿童眼部视力下降问题的作用。

配方 55　具有快速降温功效的冰沙霜

原料配比

原料		配比(质量份)
溶剂	水	82.95
保湿剂	丁二醇	5
	甲基葡糖醇聚醚-10	1
	1,2-己二醇	0.8
皮肤保护剂	第一皮肤保护剂赤藓醇	4.5
	第二皮肤保护剂	2.6
	第三皮肤保护剂	0.9
	第四皮肤保护剂	0.3
	第五皮肤保护剂	0.2
抗氧化剂	对羟基苯乙酮	0.5
润肤剂	辛酸/癸酸甘油三酯	0.5
增稠剂	卡波姆钠	0.35
	丙烯酸(酯)类交联聚合物-二钠	0.3
乳化剂	蔗糖硬脂酸酯	0.1
第二皮肤保护剂	丁二醇	50
	水	45
	龙胆根提取物	5
第三皮肤保护剂	库拉索芦荟提取物	97.45
	柠檬酸	0.05
	1,2-己二醇	2.5
第四皮肤保护剂	1,2-己二醇	0.2
	愈创木薁磺酸钠	1
	栀子果提取物	2
	双丙甘醇	4.1
	水	2.7
	丁二醇	90
第五皮肤保护剂	糖类同分异构体	64
	水	35
	柠檬酸	0.5
	柠檬酸钠	0.5

制备方法　将各组分原料加入乳化均质机中，在70～80℃乳化混合均质得到产品。

产品特性

（1）赤藓醇是小分子物质，具有特殊的理化性质，诸如冰点下降、沸点升高以及高渗透压等，加上它较低的吸湿性及化为溶液时的低黏度特性，使降低或控制水分活度更易实现。所以它是很好的抗冻剂，并用于减少和控制产品的水分活度，从而提高产品的保存性。赤藓醇应用于个人护理品中，能够显著增加皮肤水分，防止皮肤干燥；增加皮肤的柔韧性和柔软性；防止皮肤爆裂，保持皮肤的屏障；有冰凉肤感效果，不会类似甘油那样引起发热等不好的肤感。

（2）本品可以预防在夏季温度过高导致皮肤失水出现敏感的状况，能够使得皮肤表面快速降温，及时恢复到正常温度，起到维持皮肤稳定的状态。

配方 56 具有舒敏止痒护肤霜

原料配比

原料	配比(质量份)				
	1#	2#	3#	4#	5#
桉叶精油	2	5	6	8	10
姜黄	1	2	3	2	5
麦冬	2	4	6	8	8
黄芩	5	6	7	8	7
去离子水	适量	适量	适量	适量	适量，

制备方法

（1）桉叶精油的制备，选取茂盛完整的桉树，采取桉叶，将桉叶通过去离子水进行水洗，清洁，去除灰尘以及杂质，并对桉叶进行挑选，选取完整，干净的桉叶，再对桉叶进行晾晒，去除水分，通过研磨机进行研磨成粉，再通过蒸馏的方式进行萃取提出桉叶汁液，经过后续的提炼加工制备出精油，备存；所述的桉叶采用 10～20kg，其中桉叶汁液需通过孔直径为 3～5mm 的不锈钢网进行过滤操作。

（2）姜黄加工处理，将姜黄通过冲洗，晾晒后，进行研磨成粉，经过滤筛后，去除杂质以及较大的颗粒，制备出姜黄粉，备存；所述的晾晒采用阳光自然照射的方式进行晾晒操作，并且上部罩接有尼龙网罩。

（3）麦冬加工处理，对麦冬进行清洗，晾晒，去除水分，进行研磨成粉，再通过不锈钢网筛进行过滤，去除杂质以及较大颗粒，再通过二次研磨后，收集粉末，制备出麦冬粉，备用；

（4）黄芩加工处理，黄芩片除去杂质，置沸水中煮 10～15min，取出，闷透，切薄片，干燥；或蒸煮，取出，切薄片，干燥，再通过研磨机进行研磨成粉，制备出黄芩粉，备用；所述的蒸煮时间设置为 0.5～1h。所述的切薄片的厚度设置为 1～3cm。

（5）粉末混合，将姜黄粉，麦冬粉和黄芩粉按照合理范围内的比例进行混合搅拌，制备护肤混合粉；

（6）护肤混合粉深加工操作，将护肤混合粉，精油和去离子水依次置入混合桶中，通过搅拌棒进行搅拌混合，调至黏稠挂壁为止，再通过塑料瓶进行瓶装收纳。所述的塑料瓶采用 120～150mL 的白色 PVC（聚氯乙烯）塑料瓶。

产品特性　本品具有性能温和、对皮肤无刺激和过敏作用、无副作用、不产生耐药性、使用方便且绿色环保等优点，特别适用于孕产妇、婴幼儿及高危敏感人群；本品纯植物，能达到预防湿疹，保护皮肤的作用。

配方 57 祛痱复方柚子皮霜

原料配比

原料	配比(质量份)		
	1#	2#	3#
柚子皮	100	100	100
黄皮叶	100	100	100
薄荷	10	10	10
甘油	10	8	8
PEG400	10	9	9
PEG4000	10	90	90
单硬脂酸甘油酯	3	1	3
白凡士林	10	5	10
液体石蜡	12	6	10
山梨醇酐	3	1	2
6%的食用级海藻酸钠水溶液	适量	适量	适量
10%的氯化钙水溶液	适量	适量	适量
β-环糊精饱和水溶液	适量	适量	适量
去离子水	适量	适量	适量

制备方法

(1) 将柚子皮、黄皮叶和薄荷混合均匀蒸馏提取挥发油，得到挥发油和药渣；柚子皮、黄皮叶和薄荷要进行预处理，将柚子皮、黄皮叶和薄荷粉碎成20～30目的粉末，将混合均匀的柚子皮、黄皮叶和薄荷的粉末夹在两层纱布之间，两层纱布夹在两片金属网之间。蒸馏提取挥发油中采用的蒸汽为体积分数为98%的水蒸气和体积分数为2%的乙醇蒸气的混合蒸汽；

(2) 将药渣用80%乙醇提取2次，每次乙醇的加入量为药渣的质量的2～4倍，每次提取2h，合并2次提取过滤液，减压回收乙醇至无醇味，浓缩成比重为1.05(80℃)的浸膏；

(3) 将甘油中加入10～15份的水，搅拌加热至60℃，得水相填料，将60℃的水相填料加入至步骤(2)中得到的浸膏中，搅拌均匀，得水相；将单硬脂酸甘油酯、白凡士林、液体石蜡、山梨醇酐置于同一容器中，混合，水浴加热至80℃使之全部熔化，得到油相填料，将油相填料冷却至40℃后，取步骤(1)得到的挥发油的质量份的一半与油相填料混合，得到油相；将上述质量份的PEG400和PEG4000加热至70℃熔成液态得到乳化剂；将乳化剂倒至水相中，搅拌均匀再缓慢倒入油相，边加入边搅拌，搅拌转速为80r/min，得到霜剂。

(4) 向剩余的挥发油中加入其质量0.8～1.1倍质量分数为6%的食用级海藻酸钠水溶液，搅拌混合均匀，得油相的海藻酸钠溶液，将油相的海藻酸钠溶液滴至质量分数为10%的氯化钙水溶液中，静置12～24h，过滤得到沉淀，将沉淀与步骤(3)得到的霜剂混合均匀；

(5) 将剩余的挥发油滴加至温度为40℃的β-环糊精饱和水溶液中进行包合10～12h，再冷藏沉淀24h，收集沉淀，洗涤，干燥，将干燥好的沉淀与步骤(3)得到的半固体霜剂混合均匀，其中挥发油与β-环糊精的质量比为(4～6)：1。

产品特性

(1) 本品采用柚子皮、黄皮叶等为主要原料，替代艾草、冰片等刺激性味道大、凉性的中药材，使得霜剂闻起来更令人舒适；

（2）本品通过多种包合技术对挥发油进行包合，一方面提高了挥发油的稳定性，另一方面也使得挥发油能够在患处缓慢释放，提高了挥发油的停留时间，降低了涂药频次，也保证了皮肤的排汗效率，防止痱子的生成。适宜于成人、孕妇及幼儿使用。

配方 58　食品级护手霜

原料配比

原料			配比(质量份)			
			1#	2#	3#	4#
水相	多元醇	甘油	1	6	4	6
		丙二醇	0.2	—	0.15	—
		聚乙二醇	—	0.5	0.1	0.8
	透明质酸钠		0.03	0.01	0.02	0.03
	水		加至 100	加至 100	加至 100	加至 100
	黄原胶		0.1	0.5	0.2	0.3
	pH 调节剂	碳酸钠	0.02	—	—	—
		碳酸氢钠	0.02	—	—	—
		柠檬酸	—	0.01	0.02	0.01
		柠檬酸钠	—	0.01	0.02	0.01
油相	乳化剂	聚甘油脂肪酸酯	0.8	—	—	—
		蔗糖脂肪酸酯	—	0.8	0.4	0.6
		聚甘油蓖麻醇油酸酯	0.6	0.5	0.6	0.8
	牡丹籽油		4	1	3	6
	番茄籽油		1	5	4	6
	橄榄油		3	3	2	12
	杜仲籽油		8	6	9	2
	葡萄籽油		7	2	3	2
	小烛树蜡		0.8	0.5	0.2	0.8
	蜂蜡		0.5	0.1	0.6	0.1
	巴西棕榈蜡		0.01	0.03	0.05	0.5
	水飞蓟籽油		3	3	5	1
	抗氧剂	抗坏血酸棕榈酸酯	0.01	—	—	—
		丁基羟基茴香醚即 BHA	—	0.01	—	0.01
		2,6-二叔丁基-4-甲基苯酚即 BHT	—	—	0.01	—
	防腐剂	对羟基苯甲酸酯	—	0.1	0.1	0.1
C 相	氨基酸及维生素	L-谷氨酸	0.03	—	—	0.01
		牛磺酸	0.02	—	—	0.04
		烟酰胺	—	0.01	0.03	—
		烟酸	—	—	—	0.03
		维生素 E	—	0.02	0.02	0.06
		聚赖氨酸	—	—	0.01	—
	防腐剂	山梨酸钠	0.1	—	—	—
		山梨酸	0.15	—	—	—
		苯甲酸钠	—	0.1	—	0.15
		乳酸钠	—	—	0.3	—
	香精		0.03	0.04	0.03	0.04

制备方法

（1）油相：将葡萄籽油、橄榄油、牡丹籽油、杜仲籽油、番茄籽油、水飞蓟籽油、蜂蜡、小烛树蜡、乳化剂、抗氧剂混合在一起；

（2）水相：将黄原胶分散在水中，加入多元醇，透明质酸钠，pH 调节剂；

（3）C 相：氨基酸及维生素，香精，防腐剂；

（4）将水相和油相分别加热至 80℃以上，油相加入水相中，均质，搅拌，降温至 50℃加入 C 相，搅拌至常温，出料。

产品特性

（1）本品具有滋润、保湿、防止皮肤皲裂等特点，所用原料均为食品级，无毒无害，温和无刺激，儿童和孕妇均可使用。

（2）本品中采用葡萄籽油、橄榄油、牡丹籽油、杜仲籽油、番茄籽油、水飞蓟籽油等高级油脂，能够更加有效地滋润皮肤，防止皮肤皲裂、大幅度提高保湿性。

配方 59 适用于北方寒冷环境下的婴儿霜

原料配比

原料		配比(质量份)		
		1#	2#	3#
去离子水		65	68	70
甘油		5	5.5	6
丁二醇		3	3.5	4
1,2-己二醇		0.5	0.8	1
对羟基苯乙酮		0.5	0.8	1
尿囊素		0.5	0.8	1
卡波姆		0.2	0.25	0.3
辛酸/癸酸甘油三酯		5	5.5	6
山嵛醇		4	4.5	5
乳化剂		3	3.5	4
$C_{10\sim18}$ 脂肪酸甘油三酯类		2	2.5	3
蜂蜡		2	2.5	3
柔润剂		2	2.5	3
甘油硬脂酸酯		1	1.3	1.5
牛油果树果脂		1	1.3	1.5
植物甾醇油酸酯		0.3	0.35	0.4
扁核木		0.1	0.15	0.2
角鲨烷		0.1	0.15	0.2
皮肤调理剂		0.1	0.13	0.15
精氨酸		0.22	0.26	0.3
抗氧化剂		0.4	0.6	0.8
四氢甲基嘧啶羧酸		0.001	0.0015	0.002
肌酸		0.01	0.015	0.02
挪威云杉叶提取物		0.01	0.015	0.02
保湿剂		0.1	0.13	0.15
抗菌剂		0.01	0.015	0.02
乳化剂	鲸蜡硬脂醇橄榄油酸酯	3	3	3
	山梨醇酐橄榄油酸酯	2	2	2
柔润剂	$C_{9\sim12}$ 烷	9	9	9
	椰油醇-辛酸酯/癸酸酯	1	1	1
皮肤调理剂	迷迭香提取物	7	7	7
	低芥酸菜籽油	13	13	13

续表

原料		配比(质量份)		
		1#	2#	3#
抗氧化剂	咖啡黄葵果提取物	1978	1978	1978
	1,2-己二醇	11	11	11
	对羟基苯乙酮	11	11	11
保湿剂	石竹提取物	75	75	75
	牡丹根皮提取物	75	75	75
	1,2-己二醇	3	3	3
	对羟基苯乙酮	3	3	3
	水	344	344	344
抗菌剂	马齿苋提取物	3	3	3
	水	707	707	707
	丁二醇	29	29	29

制备方法

(1) 搅拌：将水、甘油、丁二醇、总量1/2的1,2-己二醇、对羟基苯乙酮、尿囊素和卡波姆依次放入乳化锅中，边搅拌边升温至85℃，搅拌至完全溶解后得到A相；

(2) 溶解：将总量1/2的1,2-己二醇、辛酸/癸酸甘油三酯、山嵛醇、乳化剂、$C_{10\sim18}$脂肪酸甘油三酯类、蜂蜡、柔润剂、甘油硬脂酸酯、牛油果树果脂、植物甾醇油酸酯、扁核木、角鲨烷和皮肤调理剂依次放入油锅中，边搅拌边升温至80℃，搅拌至完全溶解均匀后得到B相；

(3) 乳化：用泵将步骤(2)中得到的B相抽入乳化锅中，均匀搅拌5min，再均质8min后，继续搅拌10～15min，接着降温至60℃，将预先分散处理好的精氨酸放入乳化锅中，混合搅拌均匀，得到乳液；

(4) 混料：将乳化锅继续降温至45℃，并将抗氧化剂、四氢甲基嘧啶羧酸、肌酸、挪威云杉叶提取物、保湿剂和抗菌剂依次放入，与步骤(3)中得到的乳液混合搅拌均匀，得到半成品；

(5) 罐装：将乳化锅继续降温至38℃，保温一段时间，检测并对比标样，检测合格后出料，转入自动灌装机中，灌装到预制的包装瓶中，即得婴儿霜。

产品特性　本品的保湿性、防护和修复作用好，适用于气候干燥的北方地区，满足了中国北方地区儿童的护肤需求，用户体验好；通过添加抗氧化剂和抗菌剂，从而提高了儿童霜的抗氧化和抗菌性能，干冷环境下不易变质，保质期长，易于贮藏。

配方60　适用于儿童的具有舒缓修护功效的蓝藻霜

原料配比

原料	配比(质量份)		
	1#	2#	3#
保湿剂	8.52	9.2	9.31
润肤剂	6.85	7	7.5
乳化剂	1.8	2.2	2
增稠剂	0.65	0.6	0.75

续表

原料		配比(质量份)		
		1#	2#	3#
抗氧化剂		0.45	0.6	0.5
螯合剂		0.05	0.04	0.05
芳香剂		0.02	0.01	0.01
皮肤调理剂		8	7	6
皮肤调理剂	龙胆提取物	2	1.5	3
	蓝藻	0.8	0.6	0.5
	酵母菌/大米发酵滤液	1.2	1.5	1
	维生素 B_{12}	0.2	0.4	0.2
	欧蓍草提取物	0.02	0.01	0.01
	去离子水	加至 100	加至 100	加至 100

制备方法

(1) 准确称量配方成分中的各组分物料，同时将生产设备清洁干净；

(2) 制备油相：将润肤剂、乳化剂加入油相锅中，打开搅拌 15～25r/min，加热至 80～82℃，至完全溶解成液体，备用；

(3) 制备水相：将准确称量的去离子水注入清洁消毒好的真空乳化锅，加入螯合剂，打开加热及高速均质，依次缓慢地洒入增稠剂与乳化剂，均质 10～15min 至完全溶解无细小颗粒，停止均质，加入保湿剂，打开外搅拌 15～25r/min，内搅拌 25～40r/min，升温至 82～85℃，开启抽真空，真空状态下，打开高速均质，将步骤 (2) 中的物料经 400 目过滤网过滤抽入真空乳化缸中，均质 5min 后，将其余润肤剂、乳化剂加入，高速均质 5～8min，开启外搅拌 10～25r/min，内搅拌 20～35r/min，保温消泡 20min，观察料体无气泡后，开始降温；

(4) 降温至 60℃时，在一干净容器中加入精氨酸混合搅拌溶解透明后加入生产缸中，打开外搅拌 10～25r/min，内搅拌 20～35r/min，搅拌 5min；

(5) 降温至 45℃时，用一个干净的容器中加入抗氧化剂搅拌至溶解透明（可适当加热至 50℃，不能超过此温度）后加入生产缸中，再将其余成分依次加入，开启外搅拌 10～25r/min，内搅拌 20～35r/min，搅拌 5min；

(6) 用一个干净的容器中加入臭氧消毒的维生素 B_{12} 搅拌至溶解均匀，加入生产缸，搅拌 10～15min；

(7) 取样检测，合格后用 200 目滤网过滤出料。

原料介绍

所述的保湿剂为甘油、丁二醇、1,2-戊二醇、1,2-己二醇或薛醇。

所述的润肤剂为聚二甲基硅氧烷或聚二甲基硅氧烷醇。

所述的乳化剂为 $C_{14\sim22}$ 醇或 $C_{12\sim20}$ 烷基葡糖苷。

所述的螯合剂为 EDTA 二钠。

所述的增稠剂为聚丙烯酸酯交联聚合物-6 或卡波姆。

所述的芳香剂为香柠檬果油，蓝藻为双 α-甘油葡糖苷。

产品特性　本品通过加入双 α-甘油葡糖苷的蓝藻核心成分，协同龙胆提取物、酵母菌/大米发酵滤液、维生素 B_{12}、欧蓍草提取物，其配伍性好，具有很好的舒缓修护的功效，且使用后肌肤滋润舒爽，安全性高，温和不刺激，特别适合儿童使用。

配方 61　天然护肤霜

原料配比

原料	配比(质量份)		
	1#	2#	3#
芦荟胶	0.1	1	0.6
维生素 E	0.01	0.025	0.02
维生素 C	0.01	0.025	0.02
大豆卵磷脂	0.01	0.025	0.02
蜂蜜	0.01	0.025	0.02
蜂蜡	0.1	0.4	0.2
橄榄油	0.06	0.8	0.6

制备方法　将蜂蜡、橄榄油一起加热至蜂蜡完全熔化，冷却后的温度低于 60℃，再依次加入维生素 C、维生素 E、大豆卵磷脂、蜂蜜、芦荟胶混合制作成护肤霜。

产品特性

（1）本品的芦荟胶是一种从天然草本植物“芦荟”中萃取而成的产品，纯度非常高，无毒副作用，有激活细胞活力，延缓皮肤衰老，收敛，调和皮肤，滋养皮肤和保护皮肤的功效。维生素 E 具有抗氧化的作用，保护皮肤免受紫外线和污染的伤害。维生素 C 抗氧化、抗自由基，可抑制酪氨酸酶的形成，从而达到美白、淡斑的功效。大豆卵磷脂对维持生物膜的生理活性和机体的正常代谢起关键作用，对美化肌肤有非常重要作用。蜂蜜具有润肤、增白、除皱的作用。蜂蜡具有良好的塑形性、脱离性、易成膜和防水、防潮湿、防氧化变质等特性。橄榄油富含与皮肤亲和力极佳的角鲨烯和人体必需脂肪酸，吸收迅速，有效保持皮肤弹性和润泽，能消除面部皱纹，防止肌肤衰老，有护肤护发和防治手足皴裂等功效，能抗击紫外线。

（2）本品采用天然材料，性质温和、低刺激、滋润皮肤、可以很好的美白、保湿、护肤。

配方 62　天然植物儿童 CC 霜

原料配比

原料			配比(质量份)			
			1#	2#	3#	4#
A 组分	油脂	乳木果油	5	4	3	6
		小麦胚芽油	2	2	1.5	2.5
		椰子油	2	1.5	2.5	2
		甜杏仁油	6	7.5	8	4.5
	钛白粉	钛白粉 HD004	6	6	6	6
		钛白粉 NT-200B	3	3	3	3
	稳定剂	硬脂酸镁	0.4	0.4	0.4	0.4
		$C_{12\sim15}$ 醇苯甲酸酯	3	3	3	3
	乳化剂	鲸蜡基聚乙二醇、聚丙二醇、硬脂胺聚氧乙烯醚和脱水山梨醇倍半油酸酯混合物	3.5	3.5	3.5	3.5

续表

原料			配比(质量份)			
			1#	2#	3#	4#
B组分	去离子水		49.9	49.9	49.9	49.9
	七水硫酸镁		0.5	0.5	0.5	0.5
	保湿剂	1%透明质酸	2	2	2	2
		甘油	8	8	8	8
		丙二醇	5	5	5	5
C组分	2-甲基-4-异噻唑啉-3-酮		0.06	0.06	0.06	0.06
	香精		0.15	0.15	0.15	0.15
	胭脂红		0.5	1	0.25	0.25
	柠檬黄		1	1	1	1
	亮蓝		0.25	0.25	0.1	0.1

制备方法

（1）将A相组分加入油锅并加热到80～85℃至溶解完全，均质1min。同时将B相组分加入水锅中并升温至85～90℃，使其溶解均匀；

（2）将乳化锅预热到55℃，先加入均质后的A组分，搅拌均匀，并缓慢加入上述B组分。在加入B组分的过程中，不断增加搅拌速度，确保油包水包裹均匀，最后高速搅拌，10min后降温；

（3）降温到45℃以下，加入C组分，高速搅拌分散均匀10～15min，在30℃出料。

产品特性　本品的油相成分完全由纯天然植物果油组成，不仅能减少普通CC霜对儿童皮肤的刺激以及对儿童皮肤潜在的危害，还具有防止皮肤粗糙干燥，促进皮肤正常生长发育，保湿润泽，隔离防晒等多方面保养和呵护儿童肌肤的作用。

配方63　温和舒缓婴幼儿面霜

原料配比

原料		配比(质量份)			
		1#	2#	3#	4#
保湿剂	甘油	10	4	12	15
	戊二醇	2	1	3	5
润肤剂	乳木果油	5	4	7.5	10
	辛酸/癸酸甘油三酯	5	4	7.5	15
	生育酚乙酸酯	1	2	5	10
乳化剂	单硬脂酸甘油酯	1	0.5	1.2	2
	椰油基葡糖苷	1.5	0.5	1	1.5
去离子水		加至100	加至100	加至100	加至100
增稠剂	丙烯酸羟乙酯/丙烯酰二甲基牛磺酸钠共聚物	1.0	0.2	1.2	2.0
	丙烯酸(酯)类/$C_{10\sim30}$烷醇丙烯酸酯交联聚合物	0.3	0.3	0.6	1.5
pH调节剂	氢氧化钠	适单	适量	适量	适量
其他	香精	0.1	0.1	0.1	0.1
	防腐剂	0.8	0.8	0.8	0.8
	牛奶精华	1.5	0.001	0.001	5
	甜扁桃油	1.5	0.001	5	0.001
	泛醇	1.5	5	0.001	0.001

制备方法

(1) 将水相原料甘油、戊二醇、丙烯酸羟乙酯/丙烯酰二甲基牛磺酸钠共聚物、丙烯酸(酯)类/$C_{10\sim30}$烷醇丙烯酸酯交联聚合物混合加热至75～85℃，保温搅拌20min；

(2) 将油相原料乳木果油、辛酸/癸酸甘油三酯、生育酚乙酸酯、单硬脂酸甘油酯、椰油基葡糖苷混合搅拌加热至75～85℃，完全溶解为止；

(3) 将油相加入水相，2000r/min搅拌10min。然后边搅拌边冷却；

(4) 冷却至50℃，加入pH调节剂；继续搅拌冷却至40～45℃，加入剩余成分，降温至38～40℃检验，合格出料。

产品特性　本品将牛奶精华、甜扁桃油和泛醇三种护肤成分复配添加到婴幼儿面霜产品中。泛醇分子量小，能快速渗透角质层，刺激上皮细胞生长，修护肌肤；甜扁桃油快速被肌肤吸收，有效舒缓各种不适；牛奶精华为肌肤提供封闭性油脂，在皮肤表面形成薄膜防止水分流失，三种组分协同作用，内舒缓外防护，温和呵护宝宝娇嫩肌肤，令宝宝肌肤健康水润。

配方 64　婴儿护肤山茶油面霜

原料配比

原料	配比(质量份)		
	1#	2#	3#
水	60	45	52.5
山茶籽油	5	6	5.5
双甘油	1	2	1.5
丁二醇	1	2	1.5
甘油	11.5	12.5	12
甘油三(乙基己酸)酯	1.5	2.5	2
牛油果树果脂油	0.65	0.95	0.8
聚二甲基硅氧烷	3	4	3.5
鲸蜡硬脂醇	3	4	3.5
硬脂酸甘油酯	3	4	3.5
柠檬酸酯	1	2	1.5
植物甾醇油酸酯	1	2	1.5
1,2-乙二醇	0.25	0.45	0.3
白池花籽油	1	2	1.5
海棠果籽油	0.55	0.95	0.8
透明质酸钠	0.05	0.15	0.1
龙胆根提取物	3.5	4.5	4
泛醇	1	2	1.5
生育酚乙酸酯	0.3	0.5	0.4
丙烯酸(酯)类/$C_{10\sim30}$烷醇丙烯酸酯交联聚合物	0.3	0.5	0.4
尿囊素	0.25	0.45	0.35
硬脂酰谷氨酸钠	0.3	0.4	0.35
辛甘醇	0.3	0.4	0.35
黄原胶	0.25	0.35	0.3
精氨酸	0.3	0.4	0.35

制备方法　将各组分加入均质混合装置中，在70～80℃混合均质得到产品。

产品特性　本品加入天然野生有机红花山茶籽油，能有效舒缓婴幼儿日常出现的肌肤问题、能迅速改善宝宝皮肤干燥、发红、粗糙等问题，呵护宝宝娇嫩肌肤，成分温和、无激素，吸收好，效果显著。

配方 65　婴幼儿多效护理乳霜

原料配比

原料		配比(质量份)			
		1#	2#	3#	4#
润肤剂	矿油	7	7	8	10
	棕榈酸乙基己酯	2	2	2	2
	辛酸/癸酸甘油三酯	—	1	—	—
	氢化聚异丁烯	—	2	2	—
	油橄榄果油	—		2	—
	霍霍巴籽油	—	2		2
	角鲨烷	2	—	—	2
	牛油果树果脂	2	—	—	2
	生育酚乙酸酯	1	1	0.5	1
	聚二甲基硅氧烷	2	2	4	4
乳化剂	聚甘油-3-二异硬脂酸酯	3	—	3	3
	聚甘油-2-二聚羟基硬脂酸酯	—	—	1	—
	二异硬脂酰基聚甘油-3-二聚亚油酸酯	—	2	—	—
	鲸蜡基 PEG/PPG-10/1-聚二甲基硅氧烷	2	1.5	2	3
保湿剂	甘油	9	9	9	10
	聚乙二醇-400	1	1	1	—
	透明质酸钠	—	—	0.02	—
	甘油聚甲基丙烯酸酯	—	—	—	0.5
悬浮剂	二甲基甲硅烷基化硅石	0.5	—	0.3	0.5
	二硬脂二甲铵锂蒙脱石	—	2	—	—
辅助皮肤调理剂	金黄洋甘菊提取物	1	—	—	0.5
	库拉索芦荟叶提取物	1	—	—	0.5
	蜂蜜提取物	—	—	—	0.5
	水解珍珠	—	0.5	—	—
	燕麦 β-葡聚糖	—	3	—	—
	叶酸	—	—	0.02	—
	芽孢杆菌/大豆发酵产物提取物	—	—	0.02	—
稳定剂	七水合硫酸镁	0.9	0.9	—	0.9
	氯化钠	—	—	0.9	—
防腐剂	苯氧乙醇	0.198	—	0.21	0.198
	苯甲醇	—	0.198	0.198	—
	氯苯甘醚	—	—	0.06	—
	双(羟甲基)咪唑烷基脲	0.2	0.2	—	0.2
防腐增效剂	乙基己基甘油	0.002	—	—	0.002
	辛二醇	—	0.002	0.002	—
	丁二醇	—	—	0.075	—
	己二醇	—	—	0.02	—
抗氧化剂	丁羟甲苯	0.05	0.05	—	—
	香精	0.2	0.1	0.2	0.2
	二甲基甲氧基苯并二氢吡喃醇	—	—	0.001	0.001

续表

原料		配比(质量份)			
		1#	2#	3#	4#
多效皮肤护理组合物	红没药醇	0.2	0.1	0.2	0.1
	互生叶白千层叶油	0.5	0.1	0.5	0.3
	羟苯基丙酰胺苯甲酸	1	0.5	2	2
	油橄榄果不皂化物	1	0.5	3	3
	炉甘石	2	1	4	5
	氧化锌	7	2.5	10	15
去离子水		加至100	加至100	加至100	加至100

制备方法

（1）将润肤剂、乳化剂、悬浮剂、抗氧化剂、香精和多效皮肤护理组合物投入真空乳化锅中，加热至40～45℃，搅拌至混合均匀，然后在均质转速2000～3000r/min（r/min）的条件下进行外循环均质4～8min，得到第一混合物料，备用；

（2）将保湿剂、辅助皮肤调理剂、稳定剂、防腐剂、防腐增效剂和去离子水投入水相溶解锅中，加热至40～45℃，并进行搅拌，使各种物料完全溶解，得到第二混合物料；

（3）将第二混合物料加入真空乳化锅中与第一混合物料进行混合，加入完毕后进行预乳化14～16min，然后在均质转速2000～3000r/min的条件下进行外循环均质6～8min，得到第三混合物料；

（4）对第三混合物料进行真空脱气（优选真空度为−0.08～−0.05MPa），真空脱气过程中将第三混合物料的温度控制在30～45℃；然后在40～45r/min的转速下搅拌30～40min，得到所述婴幼儿多效护理乳霜。

产品特性　本品使用安全、温和，能够舒缓抗过敏、止痒、抗炎症、抗刺激，同时又能隔离保护肌肤，并能修复和预防"红屁股"，特别适合作为婴幼儿使用的护理乳霜。

配方66　婴幼儿红屁股防护霜

原料配比

原料	配比(质量份)			
	1#	2#	3#	4#
橄榄油	8	6	10	4
霍霍巴油	5	7	3	8
聚硅氧烷	5	3	7	2
改性油脂	3	2	4	6
吐温60	2	1	6	0.5
甘油	2	3	1	4
丙二醇	2	1	3	0.5
紫草提取液	2	3	1	4
艾草提取液	2	3	1	0.5
金盏花提取液	1	0.5	1.5	3
绿茶提取物	3	2	4	1
B族维生素	1	1.5	0.5	3
EDTA-2Na	0.1	0.08	0.12	0.01
防腐剂	适量	0.005	0.005	0.005
香精	适量	0.005	0.005	0.005
水	加至100	加至100	加至100	加至100

制备方法　将橄榄油、霍霍巴油、聚硅氧烷、改性油脂、吐温 60、甘油、丙二醇混匀，加热至 75～85℃，得混合物 1；再将紫草提取液、艾草提取液、金盏花提取液、绿茶提取物、B 族维生素、EDTA-2Na 和水混匀，加热至 75～85℃，得混合物 2；再将混合物 1 加入混合物 2 中均质乳化 2～5min；搅拌降温至 40～50℃时加入防腐剂、香精，充分搅拌均匀，继续搅拌降温至 36～38℃时出料即可。

原料介绍

所述改性油脂为对天然植物油进行乙氧基化改性获得的改性油脂，所述植物油选自葵花籽油、花生油、葡萄籽油、亚麻油、蓖麻油、菜籽油、玉米油中的至少一种。

所述香精选自薰衣草油、茉莉油、玫瑰油、红橘油、含羞草油、茶油、姜油、柠檬油中的至少一种。

产品特性

（1）本品能有效预防、治疗婴儿“红屁股”，同时还对皮肤起保湿保护的作用，在皮肤上形成一层保护膜，可防止外界侵害，使用方便。

（2）本品含有多种天然植物萃取精华和维生素，成分温和、天然，不刺激。

配方 67　婴幼儿活性护臀霜

原料配比

原料		配比(质量份)			
		1#	2#	3#	4#
润肤剂	辛酸/癸酸甘油三酯	1	2	2	1
	氢化聚异丁烯	3.5	3.5	3.5	2.5
	新戊二醇二辛酸酯/二癸酸酯	2	2	2.5	2
	异壬酸异壬酯	0.5	1	1.5	0.5
	霍霍巴籽油	1	1	1.5	1.5
	深海两节芥子油	0.5	0.5	1	1
乳化剂	甘油硬脂酸酯柠檬酸酯	0.3	0.5	0.5	0.3
	鲸蜡硬脂醇	1	1	1	1.5
	聚山梨醇酯-60	0.1	0.1	0.05	0.05
	硬脂醇聚醚-20	1.5	1.5	2	1.5
	硬脂酸	0.5	0.5	1	1
防腐剂	溶菌酶	0.1	0.05	0.1	0.2
	辅酶 Q10	0.15	0.05	0.1	0.05
	生育酚乙酸酯	0.3	0.1	0.3	0.5
	对羟基苯乙酮	0.05	0.1	0.1	0.05
螯合剂	葡庚糖酸钠	0.08	1	1.2	0.08
pH 调节剂	柠檬酸	0.03	0.05	0.03	0.01
去离子水		加至 100	加至 100	加至 100	加至 100

制备方法　向配料锅中加入部分所述去离子水；将所述乳化剂加入所述配料锅中，加热到 40～50℃并搅拌至完全溶解；向配料锅中加入润肤剂，并搅拌至完全溶解，均质乳化；将余量的去离子水加入配料锅中；待冷却降温至 20～30℃，加入其余的组分，并搅拌均匀；调节 pH 值至 5～6，得到婴幼儿活性护臀霜。

产品特性　本品采用纯天然的、具有消炎、抗菌效果的酶制剂或者酶制剂和抗氧化剂的混合物作为防腐成分，不但能够达到很好的防腐效果，而且对婴幼儿的皮肤温和无刺激，能够提高婴幼儿的肌肤抵御外界刺激的能力，有效防治尿布疹，并且安全性高。本品具有清爽不油腻的特点，使用时涂抹更轻易，有利于提高婴幼儿的吸收效果。

配方 68 婴幼儿使用的防皱霜

原料配比

	原料	配比(质量份)	
		1#	2#
A相	硬脂酸甘油酯	1	1
	硬脂酸甘油酯和 PEG-100 硬脂酸酯	1.5	1.5
	氢化卵磷脂	0.5	—
	鲸蜡硬脂醇	3	3
	乳木果油	1	1
	辛酸癸酸三甘油酯	3	3
	植物甾醇	0.5	—
	矿油	4	4
	矿脂	3	3
	红没药醇	0.3	0.3
	维生素 E 醋酸酯	0.2	0.2
B相	甘油	6	6
	丁二醇	4	4
	聚丙烯酸钠	0.4	0.4
	EDTA 二钠	0.03	0.03
C相	燕麦葡聚糖	2	2
	积雪草提取物	0.5	0.5
	仙人掌提取物	0.5	0.5
	甲基异噻唑啉酮	0.05	0.05

制备方法

（1）将 A 相和 B 相分别加热至 85℃待用；

（2）以转速为 5000～8000r/min，将 B 相加入 A 相体系，再以转速为 5000～8000r/min 均质 10min；

（3）将得到的混合体系自然冷却降温至温度 50℃以下时，加入 C 相，以转速 200～800r/min 搅拌 10～40min，再自然冷却至室温即获得本品的一种婴幼儿防皱霜。

产品特性　本品在组分中添加多种保湿剂，保湿效果较好，使用后不存在干燥脱皮的问题，添加甘草提取物和红没药醇等中草药成分，起到良好的抗菌消炎的作用，添加仙人掌提取物，积雪草提取物对幼嫩肌肤的修复和保护作用更加周到完全。

配方 69 婴幼儿用抗炎膏霜

原料配比

原料	配比(质量份)		
	1#	2#	3#
霍霍巴油	1.0	1.0	1.0
芦芭油	6.0	6.0	6.0
白凡士林	7.0	7.0	7.0

原料		配比(质量份)		
		1#	2#	3#
甘油		5.0	5.0	5.0
甲基葡萄糖苷倍半硬脂酸酯		4.08	4.08	4.08
二甲基硅油		6.5	6.5	6.5
十六/十八醇		0.3	0.3	0.3
卡波姆(940)		0.4	0.4	0.4
PEG200		4.0	4.0	4.0
抗炎植物提取物		3.8	4.8	5.8
去离子水		加至100	加至100	加至100
抗炎植物提取物	薄荷脑	0.2	0.2	0.2
	芦荟	3.0	4	5
	紫草	0.1	0.1	0.1
	甘草	0.1	0.1	0.1
	洋甘菊	0.1	0.1	0.1
	马齿苋	0.1	0.1	0.1
	莪术	0.1	0.1	0.1
	橄榄油	0.1	0.1	0.1

制备方法

（1）将霍霍巴油、芦芭油、白凡士林、甲基葡萄糖苷倍半硬脂酸酯、二甲基硅油、十六/十八醇、PEG200 混合，加热至 80～90℃，撤离热源冷却至 70～75℃，制得 A 相；

（2）将卡波姆（940）、去离子水、甘油混合，加热至 80～90℃，撤离热源冷却至 70～75℃，制得 B 相；

（3）将 A、B 两相混合，然后加热至 80～90℃，高速均质 15～20min 至无颗粒物，撤离热源后高速均质机继续搅拌待凉；

（4）将抗炎植物提取物和卡松防腐剂混合制得 C 相，待步骤（3）中的混合物冷却至 60～65℃，加入 C 相，继续高速均质，放置降温，封口保存，即得产品。

产品特性

（1）本品以多种具有抗炎效果的中草药，提取其有效成分制作提取液，作为该膏霜的功效性成分，抗炎物质多样，含量适中，且其中加入的薄荷醇既是有效成分，又可作为该产品的香精。选取的功效性成分均是天然植物提取出来的，安全绿色，刺激性小。

（2）本品安全温和，绿色健康，低刺激性，用于宝宝皮肤湿疹，尿布疹，红肿发炎，起到消炎止痛和止痒的功效。

配方 70　儿童用红枸杞明目纳米眼霜

原料配比

原料		配比(质量份)
枸杞红素脂质体	枸杞红素	0.005
	卵磷脂	0.12
	去离子水	5(体积)
枸杞籽油脂质体	枸杞籽油	0.005
	卵磷脂	0.1
	去离子水	5(体积)

续表

原料		配比(质量份)
枸杞多糖脂质体	卵磷脂	0.1
	枸杞多糖溶液(2mg/mL)	5(体积)
枸杞红素脂质体		5(体积)
枸杞籽油脂质体		5(体积)
枸杞多糖脂质体		4(体积)
金银花提取物		0.5
茶多酚提取物		0.1
洋甘菊提取物		0.2
维生素 C		0.1
维生素 A		0.1
海藻糖		0.2
生育酚		0.1
黄原胶		0.02

制备方法

(1) 将枸杞红素脂质体、枸杞籽油脂质体、枸杞多糖脂质体混合均匀制得混合液 A。

(2) 称取配方适量的金银花提取物、茶多酚提取物、洋甘菊提取物、维生素 C、维生素 A、海藻糖、生育酚加水混合均匀制得混合液 B。

(3) 将混合液 A 与混合液 B 混合后加入定量的去离子水高速搅拌至均匀，调节其眼霜黏稠度加入一定量的黄原胶，即得红枸杞儿童款纳米明目眼霜。

原料介绍

所述的红枸杞红素脂质体的制备方法：取枸杞红素，卵磷脂，加入乙醇完全溶解，水浴加热，旋蒸数分钟成蜂窝状薄膜后加入适量去离子水进行水化，超声数分钟过膜后即得包载有枸杞红素纳米脂质体。

所述的枸杞多糖脂质体的制备方法：取卵磷脂加入乙醇完全溶解，水浴加热，旋蒸数分钟成蜂窝状薄膜后加入适量枸杞多糖水溶液进行水化，超声数分钟过膜后即得包载有枸杞多糖的纳米脂质体。

所述的枸杞籽油脂质体的制备方法：取枸杞籽油，卵磷脂，加入乙醇溶解以薄膜分散法旋干乙醇制备成蜂窝状的薄膜，加入适量水进行水化，超声制得包载枸杞籽油的纳米脂质体。

产品特性　本品中枸杞色素为枸杞主要活性成分，具有抗氧化和作为维生素 A 的合成前体等重要的生理功能。本品利用纳米脂质体技术可以将脂溶性成分包载于磷脂双分子层间，将水溶性成分包载于脂质体内成为水相，使其活性物质更好的吸收至眼部皮肤基底。本品具有明目功效，无毒安全，天然绿色，制备方法简便易行。

配方 71　止痒尿素霜

原料配比

原料	配比(质量份)	原料	配比(质量份)
凡士林	8～12	硬脂酸甘油酯	15～25
甘油	8～12	十二烷基硫酸钠	0.5～1
尿囊素	1～2	去离子水	30～40

续表

原料	配比(质量份)	原料	配比(质量份)
艾叶提取物	0.2～0.3	白鲜皮提取物	0.2～0.3
飞扬草提取物	0.2～0.3	丹参提取物	0.2～0.3
苦参提取物	0.2～0.3	蛇床子提取物	0.2～0.3
甘草提取物	0.2～0.3	苍术提取物	0.2～0.3

制备方法　将各组分原料加入乳化均质机中，在70～80℃乳化混合均质得到产品。

产品应用　本品主要是适合婴幼儿使用的一种止痒尿素霜。

产品特性　本品引入了艾叶和飞扬草等止痒型中药成分，有效提高了止痒抗过敏功能，且优化后的配方对人体皮肤温和无刺激，适合婴幼儿使用。

配方 72　治疗婴幼儿湿疹的霜剂

原料配比

原料	配比(质量份)			
	1#	2#	3#	4#
防己	5	50	15	40
黄芪	5	50	15	40
金银花	1	30	8	20
洋甘菊	1	30	8	20
紫草	1	30	8	20
当归	1	30	8	20
薄荷油	0.01	5	0.01	0.05
冰片	0.01	5	0.01	0.05
麻油	1	50	10	40
有机硅油	5	35	15	25
甘油	1	25	5	15
矿物油	1	25	5	15
聚乙二醇	0.01	10	0.1	1
硬脂酸钠	0.01	10	0.1	1
氢氧化钠	0.1	5	0.01	0.05
增稠剂	1	15	3	5
去离子水	20	60	20	60

制备方法

(1) 将麻油加热至100～160℃后放入当归炸1～5min得到第一混合物；

(2) 将第一混合物的温度降低至60～100℃放入金银花、洋甘菊和紫草，炸5～10min后除去所有残渣得到第二混合物；

(3) 将防己和黄芪用70%～75%乙醇浸泡并静置4h后加入与之相同体积的80%乙醇再静置2h得到第三混合物，其中加入与之相同体积的80%乙醇的意思是加入与防己和黄芪以及70%～75%乙醇的总的体积相同的80%乙醇在进行静置，消毒；

(4) 提取第三混合物中的粉末并干燥得到第四混合物，通过500目的过滤网提取第三混合物中的粉末并通过喷雾干燥的方式对粉末进行干燥从而得到第四混合物；

(5) 将第二混合物与甘油、矿物油混合搅拌均匀得到第五混合物；

(6) 将第五混合物与聚乙二醇、硬脂酸钠和氢氧化钠混合并搅拌均匀后倒入油相锅得到第六混合物，在300～600r/min的转速下将第五混合物与聚乙二醇、硬脂酸钠和氢氧化钠混合 10～25min 倒入油相锅得到第六混合物；

（7）将去离子水和矿物油混合并搅拌均匀后倒入水相锅得到第七混合物，在 300～600r/min 的转速下将去离子水和矿物油混合 5～15min 倒入水相锅得到第七混合物，在制备的步骤中可以看出矿物油分了两步骤添加，在去离子水和矿物油混合主要的作用是让去离子水进行预混合，从而在后续的分散和乳化过程中更加的顺利，但是去离子水的预混合并不限于与矿物油进行混合，也可以与甘油进行预混合；

（8）将第四混合物、第六混合物和第七混合物混合均匀后加入薄荷油和冰片并混匀；将乳化锅预热至 60℃并抽真空，将第七混合物吸入乳化锅后加入第四混合物并在 600～900r/min 转速下混匀 1h，将油相锅中的第六混合物加入乳化锅中与第七混合物和第四混合物进行乳化，在乳化结束后将乳化锅冷却至 45℃，加入薄荷油和冰片并在 300～600r/min 的转速下混匀 1h，再对产物进行包装，得到产品。

产品特性　本品是一款适宜婴幼儿使用的中草药霜剂，针对预防和舒缓婴幼儿湿疹、尿布疹、蚊虫叮咬等皮肤过敏反应，不会造成患处皮肤皱缩等不良反应。

配方 73　含纯天然山茶油的婴儿护肤油

原料配比

原料	配比(质量份)				
	1#	2#	3#	4#	5#
山茶油	99.75	99.79	99.81	99.71	99.7
橙花叔醇	0.05	0.06	0.07	0.08	0.1
母菊薁	0.1	0.07	0.05	0.12	0.15
乙酸薰衣草酯	0.08	0.062	0.057	0.075	0.04
石竹烯	0.02	0.018	0.013	0.015	0.01

制备方法　将各组分原料混合均匀即可。

原料介绍

所述山茶油经脱色、脱臭加工工艺制得。

所述母菊薁萃取自德国洋甘菊精油。

所述石竹烯提取自罗马洋甘菊。

产品特性　本品采用纯天然可食用成分，不含有任何化学合成成分；无毒无副作用，对婴儿皮肤温和不刺激；原材料用量少，但效果明显；配方成分易于渗透进皮肤而被吸收，提高有效成分的利用率；滋润皮肤而无油腻感，不会堵塞婴儿皮肤的汗腺、毛孔，可有效防止湿疹的产生；体系氧化稳定性良好，不易腐败变质，耐保存。

配方 74　含坚果油的婴儿护肤油

原料配比

原料	配比(质量份)			
	1#	2#	3#	4#
复合坚果油	100	100	100	100
罗汉果挥发油	3	1	3	3
维生素 E	8	3	8	8

续表

原料		配比(质量份)			
		1#	2#	3#	4#
白及处理物		—	—	10	5
复合坚果油	甜杏仁油	1	1	1	1
	核桃油	0.2	0.1	0.2	0.2
罗汉果挥发油	罗汉果	—	1	1	1
	去离子水	—	6	6	6
白及处理物	白及	—	—	1	1
	白油	—	—	10	5

制备方法　按配比称取所述的复合坚果油、罗汉果挥发油、维生素 E、白及处理物，于 20～25℃下搅拌均匀得到。

原料介绍

所述复合坚果油为质量比为 1∶(0.1～0.2) 的甜杏仁油、核桃油混合均匀制成。

所述罗汉果挥发油的制备方法为：取粉碎后的罗汉果置于去离子水中，搅拌均匀后置于 100℃下回流 5～6h 后得到油水混合液，所述油水混合液萃取、旋蒸后得到所述罗汉果挥发油。在将粉碎后的罗汉果置于去离子水中之前，将粉碎后的罗汉果置于 0.2mol/L 的磷酸缓冲液中，然后置于 45～50℃下加热 15～20min，再置于超声环境下超声 15～20min，后得到处理液，再向所述处理液中添加去离子水进行回流；粉碎后的罗汉果和所述磷酸缓冲液的质量比为 1∶2.5。

所述白及处理物的制备方法如下：称取粉碎后的白及置于化妆品专用的白油中，于 40～45℃下缓慢搅拌 12～24h 后过滤，收集滤液冷却至室温得到所述的白及处理物。

产品特性

(1) 本品通过添加罗汉果挥发油，可有效缓解湿疹症状；通过添加白及处理物，可进一步辅助提高湿疹的治疗效果。

(2) 本品原料来源于天然物质，无其他化学添加物，使用安全，可有效缓解湿疹症状，具有较高的稳定性且具有一定的消炎功效。

配方 75　基于皮脂膜仿生的婴儿湿疹用山茶油护肤组合物

原料配比

原料		配比(质量份)		
		1#	2#	3#
山茶籽油		70	79	39
类皮脂润肤剂	角鲨烷	20	—	25
	角鲨烯	—	20	25
植物甾醇衍生物		0.5	0.9	6
维生素 E		0.5	0.1	5

制备方法　于反应容器中加入山茶籽油和类皮脂润肤剂，在 40～80℃条件下搅拌混合 10～30min，使其分散均匀，冷却至室温后，加入维生素 E 和植物甾醇衍生物，搅拌混合 30～60min，得到基于皮脂膜仿生的婴儿湿疹用山茶油护肤组合物产品。

原料介绍

所述植物甾醇衍生物为植物甾醇和植物甾醇油酸酯，控制酯/醇的质量比大于 10。

所述植物甾醇为谷甾醇、豆甾醇和菜籽甾醇中的一种或几种。

所述的植物甾醇油酸酯为谷甾醇油酸酯、豆甾醇油酸酯和菜籽甾醇油酸酯中的一种或几种。

产品特性　本品针对婴儿的皮肤较薄，角质层发育不完整、皮脂含量低及其对皮肤保护能力不足的特点，在原料选材上，采用天然低敏感的原料，制备的婴儿湿疹用山茶油护肤组合物产品对婴儿皮肤友好，能对其皮肤起到较好的保护作用。

配方 76　温和舒缓婴幼儿面霜

原料配比

原料		配比(质量份)			
		1#	2#	3#	4#
保湿剂	甘油	10	4	12	15
	戊二醇	2	1	3	5
润肤剂	乳木果油	5	4	7.5	10
	辛酸/癸酸甘油三酯	5	4	7.5	15
	生育酚乙酸酯	1	2	5	10
乳化剂	单硬脂酸甘油酯	1	0.5	1.2	2
	椰油基葡糖苷	1.5	0.5	1	1.5
水	去离子水	加至 100	加至 100	加至 100	加至 100
增稠剂	丙烯酸羟乙酯/丙烯酰二甲基牛磺酸钠共聚物	1	0.2	1.2	2
	丙烯酸(酯)类/$C_{10\sim30}$ 烷醇丙烯酸酯交联聚合物	0.3	0.3	0.6	1.5
pH 调节剂	氢氧化钠	适量	适量	适量	适量
其他	香精	0.1	0.1	0.1	0.1
	防腐剂	0.8	0.8	0.8	0.8
牛奶精华		1.5	0.001	0.001	5
甜扁桃油		1.5	0.001	5	0.001
泛醇		1.5	5	0.001	0.001

制备方法

(1) 将保湿剂、水、增稠剂原料混合加热至 75～85℃，保温搅拌 20min；

(2) 将润肤剂、乳化剂原料混合搅拌加热至 75～85℃，完全溶解为止；

(3) 将 (2) 加入 (1) 中，2000r/min 搅拌 10min。然后边搅拌边冷却；

(4) 冷却至 50℃，加入 pH 调节剂；继续搅拌冷却至 40～45℃，加入剩余成分，降温至 38～40℃检验，合格出料。

产品特性　本品将牛奶精华、甜扁桃油和泛醇三种护肤成分复配添加到婴幼儿面霜产品中。泛醇分子量小，能快速渗透角质层，刺激上皮细胞生长，修护肌肤；甜扁桃油能快速被肌肤吸收，有效舒缓各种不适；牛奶精华为肌肤提供封闭性油脂，在皮肤表面形成薄膜防止水分流失，三种组分协同作用，内舒缓外防护，温和呵护宝宝娇嫩肌肤，令宝宝肌肤健康水润。

配方 77 小绵羊油滋润霜

原料配比

	原料	配比(质量份)
A 相	神经酰胺Ⅰ	0.03
	乳化剂鲸蜡硬脂基葡糖苷	2
	乙酰化 $C_{10\sim40}$ 羟烷基酸(胆甾醇/羊毛甾醇)酯类	2
	植物甾醇类	1.5
	羊毛脂	5
	牛油果树果脂	3
	聚二甲基硅氧烷	4
	生育酚(维生素 E)	0.05
B 相	去离子水	64.72
	甘油	8
	丙二醇	8
C 相	库拉索芦荟叶提取物	0.5
	保湿剂泛醇	0.5
D 相	防腐剂苯氧乙醇	0.7

制备方法

(1) 将 A 相物料加入油相锅，对油相锅进行加热，边加热边搅拌；

(2) 搅拌加热至 80℃，保温 20min；

(3) 将 B 相物料加入到水相锅内，搅拌升温至 85℃，保温 20min；

(4) 预热乳化锅，然后真空先抽入 B 相物料，再高速搅拌抽入 A 相物料，均置 3min；

(5) 均置 3min 后改中速搅拌保温 15min，再进行降温；

(6) 降温至 60℃时，加入 C 相物料搅拌均匀，然后继续降温；

(7) 降温至 39℃时加入 D 相物料并搅拌均匀；

(8) 取样送检，合格出料。

产品特性　本品能有效滋润及修护功效，能够有效预防和修护宝宝肌肤干燥、粗糙及皲裂等症状，纯净细腻。添加植物甾醇类、神经酰胺Ⅰ和维生素 E 等天然有机成分，具有高倍的保湿、修护功效，提高宝宝肌肤屏障防护能力。

配方 78 抗菌防糜烂婴儿臀部护肤油

原料配比

原料	配比(质量份)		
	1#	2#	3#
向日葵籽油	30	35	40

原料	配比(质量份)		
	1#	2#	3#
茶油	20	25	30
茶多酚	2	3	5
油酸	5	7	8
角鲨烯	4	4.25	6
维生素E	5	5.5	8
薄荷叶油	3	3.6	5
紫草根提取液	5	5.7	6
谷氨酸	3	3.5	5
鲸蜡	10	13	15
木糖醇	20	25	30

制备方法

(1) 称取向日葵籽油、茶油，常温常压下在70～80℃下水浴加热20min，边加热边缓慢搅拌，冷却后进行低温冷藏处理10h得混合液；

(2) 称取油酸、角鲨烯、鲸蜡、木糖醇加入混合液中磁力搅拌0.5～2h，于室温下冷却30min得中间液；

(3) 再将茶多酚、维生素E、薄荷叶油、紫草根提取液、谷氨酸依次加入中间液均质完全后即可。

产品特性　本品能在婴儿皮肤角质层外形成一层薄膜，防止细菌侵入以及水分蒸发，采用天然植物成分，不含矿物油，性质温和，含紫草根等多种植物精华舒缓修护，并减少肌肤摩擦，阻隔粪便、尿液直接接触皮肤，缓解由此刺激引起的皮肤不适，结合角鲨烯有效抗菌、杀菌，滋润婴儿皮肤，健康无副作用，兼顾防止皮肤糜烂。

配方 79　山茶油婴儿护肤组合物

原料配比

原料		配比(质量份)
山茶籽油		51
刺葡萄籽油		5
山核桃油		5
植物提取物		33
植物提取物	紫草根提取物	1
	黄芩根提取物	1
	苦参根提取物	1
	艾叶提取物	1
	芦荟提取物	1
	母菊提取物	1
	甘草提取物	1
	秦椒果提取物	1

续表

原料		配比(质量份)
植物提取物	朝鲜白头翁提取物	1
	须松萝提取物	1
辅料	丙二醇	3
	维生素 E	3

制备方法

(1) 按质量份称取山茶籽油、刺葡萄籽油、山核桃油，混匀，得到混合油；

(2) 植物提取物和辅料分别加入所述混合油中，混匀，即得。

产品特性　本品利用纯中草药和山茶籽油、刺葡萄籽油、山核桃油调配，对婴儿皮肤无刺激性，并能有效缓解和改善湿疹、风疹、奶癣、红臀、皮肤瘙痒等小儿常见肌肤问题，适宜于婴儿肌肤不稳定时进行护理。

配方 80　天然防冻婴儿臀部护肤油

原料配比

原料	配比(质量份)		
	1#	2#	3#
向日葵籽油	30	35	40
茶油	20	25	30
茶多酚	2	3	5
牛油果树果脂	5	7	8
角鲨烯	4	4.25	6
维生素 E	5	5.5	8
羊胎素	3	3.6	5
芦荟	5	5.7	6
谷氨酸	3	3.5	5
鲸蜡	10	13	15
木糖醇	20	25	30

制备方法

(1) 称取向日葵籽油、茶油，常温常压下在 70～80℃下水浴加热 20min，边加热边缓慢搅拌，冷却后进行低温冷藏处理 10h 得混合液；

(2) 称取牛油果树果脂、角鲨烯、鲸蜡、木糖醇加入混合液中磁力搅拌 0.5～2h，于室温下冷却 30min 得中间液；

(3) 再将茶多酚、维生素 E、羊胎素、芦荟、谷氨酸依次加入中间液均质完全后即可。

产品特性　本品能在婴儿皮肤角质层外形成一层薄膜，防止细菌侵入，采用天然植物成分，不含矿物油，性质温和，牛油果树果脂、芦荟等多种植物精华舒缓修护以及减少水分蒸发，阻隔粪便、尿液直接接触皮肤，缓解由此刺激引起的皮肤不适，同时结合角鲨烯有效抗菌、防冻，滋润婴儿皮肤，健康无副作用。

第三章　儿童保湿润肤品

配方 1　宝宝润肤露

原料配比

原料		配比(质量份)			
		1#	2#	3#	4#
溶剂	水	加至 100	加至 100	加至 100	加至 100
保湿剂	甘油	10	10	10	10
	丁二醇	5	5	5	5
润肤剂	油橄榄果油	2	2	2	—
	肉豆蔻酸异丙酯	5	5	5	5
	牛油果树果脂	1	—	2	2
	玉米胚芽油	1	2	—	2
	聚二甲基硅氧烷	1.5	1.5	1.5	1.5
乳化稳定剂	鲸蜡硬脂醇	4	4	4	4
	黄原胶	0.3	0.3	0.3	0.3
乳化剂	鲸蜡硬脂基葡糖苷/山梨醇酐橄榄油酸酯	2	2	2	2
	甘油硬脂酸酯	1.5	1.5	1.5	1.5
皮肤调理剂	生育酚乙酸酯	0.5	0.5	0.5	0.5
	蜂蜜提取物	0.2	0.2	0.2	0.2
	尿囊素	0.3	0.3	0.3	0.3
防腐剂	苯氧乙醇	0.5	0.5	0.5	0.5
	乙基己基甘油	0.15	0.15	0.15	0.15
气味调节剂	香精	0.2	0.2	0.2	0.2
螯合剂	EDTA 二钠	0.1	0.1	0.1	0.1

制备方法　在反应器中加入溶剂和所述乳化剂搅拌混合 10～30min，然后加入润肤剂、皮肤调理剂和剩余原料，搅拌混合即得。

产品特性　本品可以有效改善婴幼儿皮肤舒适度，对因气候等环境引起的皮肤粗糙、肌肤皲裂、起皮、瘙痒等一系列敏感问题的改善效果也非常好。

配方 2　儿童润肤乳

原料配比

原料		配比(质量份)		
		1#	2#	3#
肉桂叶提取物	肉桂叶原料	100	160	150
	水①	1000	1250	1050
	水②	适量	适量	适量

续表

原料		配比(质量份)		
		1#	2#	3#
水相	水③	50	54	53
	甘油	5	7	6
	卡波姆 940	2	3	2.5
	山梨糖醇	4	7	5
	柠檬酸	0.08	0.12	0.1
	EDTA 二钠	2.5	5.5	3
	柠檬酸钠	0.06	0.14	0.1
	人参根提取物	0.06	0.12	0.1
	浓度为 6%的 NaOH 溶液	0.19	—	—
	浓度为 10%的 NaOH 溶液	—	0.21	—
	浓度为 5%的 NaOH 溶液	—	—	0.2
油相	矿油	4	7	5
	羊毛脂	3	7	4
	聚二甲基硅氧烷	2	6	4
	蜂蜡	3	8	4
	甘油硬脂酸酯 SE	3	8	4
	辛甘醇	2.5	7	4
	鲸蜡硬脂醇	3	8	4
	互生叶白千层叶提取物	0.1	1.1	0.2
	肉桂叶提取物	0.1	1.2	0.3
1,2-己二醇		0.3	0.6	0.5

制备方法

(1) 两次分子蒸馏提取肉桂叶原料中的挥发油，得到肉桂叶提取物；具体步骤如下：称量肉桂叶原料与水①混合，搅拌均匀，加入短程分子蒸馏器中，设置温度为 86.5～87.2℃，控制蒸馏器真空压力为 2.8～3.8Pa，转速为 100～400r/min，通过分子蒸馏的方法，第一次蒸馏时间为 3～5.5h，第一次蒸馏结束后补充原肉桂叶原料 2～5 倍的水②，进行第二次蒸馏，设置温度为 91.5～92.7℃，控制蒸馏器真空压力为 4～6.5Pa，转速为 100～400r/min，时间为 1～3h，提取肉桂叶原料中残余的挥发油，最终得到肉桂叶提取物；

(2) 配置水相：取水③、甘油混合，得到混合液，将混合液置于旋转搅拌器中，室温条件下，以 1500～2500r/min 的转速高速旋转，再缓慢加入卡波姆 940，搅拌均匀，待混合液与卡波姆 940 完全溶解后，依次加入山梨糖醇、柠檬酸、EDTA 二钠、柠檬酸钠、人参根提取物，在室温条件下以 100～400r/min 的转速低速搅拌溶解，卡波姆溶胀反应 55～100min，得到呈通明无颗粒的凝胶，用浓度为 6%～10%的 NaOH 溶液调节 pH，直至凝胶变为中性；

(3) 配置油相：称取矿油、羊毛脂、聚二甲基硅氧烷、蜂蜡于混合设备中进行混溶，在常温条件下，以 100～400r/min 的转速低速搅拌溶解，待蜂蜡完全溶解后，再依次添加甘油硬脂酸酯 SE、辛甘醇、鲸蜡硬脂醇、互生叶白千层叶提取物及步骤 (1) 中得到的肉桂叶提取物进行混溶；

(4) 将步骤 (2) 和步骤 (3) 中配置的水相和油相进行混合乳化，得到润肤乳。具体步骤如下：将配置的水相与油相分别置于温度Ⅰ为 73.5～78℃的旋转搅拌器中，以 100～400r/min 低转速搅拌溶解，待水相、油相充分溶解且温度相同后，在 60～120r/min 低转速条件下，用蠕动泵将油相缓慢加至水相中混合乳化，均质后搅拌 25～60min 后冷却，于 38～50℃的温度条件下加入 1,2-已二醇，贮放、蒸汽灭菌、包装，即得到润肤乳。

产品应用　本品主要是一种儿童润肤乳，用于改善儿童体质、增强免疫力，预防儿童感冒、抗炎、杀菌、保湿等。

产品特性

（1）本品按摩舒适度高，以透皮吸收的方式促进血液循环，对皮肤表层病菌进行抗菌杀菌，有效避免皮肤过敏、舒适度差等缺点。

（2）本品采用国际化妆品添加许可的植物精粹，天然绿色无副作用，通过两次分子蒸馏萃取技术获得植物功能因子，结合复合配方技术制备改善儿童体质，增强免疫力的润肤乳，且不引起过敏等症状。

配方 3　儿童天然舒润润肤露

原料配比

原料		配比(质量份)		
		1#	2#	3#
坚果籽油		5	5	5
菜花蛇油		1	1	1
菖蒲根提取物		5	5	5
叉珊藻提取物		0.3	0.3	0.3
其他助剂	甘油	5	5	5
	鲸蜡硬脂醇橄榄油酸酯	2	2	2
	山梨醇酐橄榄油酸酯	1.2	1.2	1.2
	生育酚	0.8	0.3	0.3
	乙基己基甘油	0.1	0.1	0.08
	霍霍巴籽油	5	5	3
	油橄榄果油	4	4	5
	丙烯酰二甲基牛磺酸铵/VP 共聚物	0.4	0.1	0.3
	黄原胶	0.05	0.2	0.3
	透明质酸钠	—	0.01	0.05
	对羟基苯乙酮	—	0.5	0.3
水		70.15	70.29	71.17

制备方法

（1）将坚果籽油、菜花蛇油以及其他助剂中的油溶性组分混合，加热至 80～90℃，搅拌均匀，得到油相混合物；将水、菖蒲根提取物以及其他助剂中的水溶性组分混合，加热至 75～85℃，搅拌均匀，得到水相混合物；

（2）在真空度 0.03～0.07MPa 下，将水相混合物与油相混合物混合均质，降温至 45～55℃，接着加入叉珊藻提取物，在真空度为 0.03～0.07MPa 下保持 8～15min，接着恢复至常压，搅拌均匀，得到儿童天然舒润润肤露。

产品特性　本品原料来源于天然动植物提取物或者油脂，其复配后形成适合儿童使用的温和不刺激润肤露，能够较好地呵护儿童娇嫩肌肤，还能够帮助儿童及时修复受损的皮肤角质细胞，从而帮助增强皮肤屏障，增强儿童皮肤抵抗紫外线以及外界环境污染侵害的能力，使得婴儿的皮肤更加健康。

配方 4　儿童用羊尾油润肤霜

原料配比

原料	配比(质量份)		
	1#	2#	3#
去离子水	80	85	81
羊尾油	5	8	6
鲸蜡硬脂醇	3	5	4.5
丙二醇	2	5	2
甘油硬脂酸酯柠檬酸酯	1	3	1.5
聚丙烯酰胺	0.8	2	1.2
芦荟油	1	5	1
汉方抗敏剂	1	3	1
苯氧乙醇	0.3	0.8	0.6
山嵛醇聚醚-25	0.5	2	0.5
红没药醇	0.1	0.4	0.2
生育酚乙酸酯	0.1	0.8	0.2
香精	0.1	0.3	0.2

制备方法

（1）将羊尾油、鲸蜡硬脂醇、甘油硬脂酸酯柠檬酸酯、芦荟油、山嵛醇聚醚-25、红没药醇、生育酚乙酸酯依次置于油锅中，开搅拌升温至83～87℃，搅拌均匀，得油相；

（2）将去离子水、丙二醇、聚丙烯酰胺依次加入水锅中，开搅拌升温至82～88℃，搅拌均匀，得水相；

（3）乳化锅开搅拌，在25r/min条件下，升温至45℃，真空下，先将三分之二水相抽入乳化锅，在抽入全部油相后，再将剩余的三分之一水相抽入乳化锅；开启均质器，在3000r/min条件下，乳化10min，关掉均质器，恒温20min，在真空0.8MPa下，脱气10min；

（4）降温至45℃，依次加入汉方抗敏剂、苯氧乙醇、香精，搅拌均匀，再降温至35℃，即检验合格，出料。

产品特性　本品选用的新疆阿勒泰大尾羊的羊尾油，制备护肤霜，具有卓越的润滑和保湿力，具有重建肌肤保护屏障的作用。

配方 5　妇婴专用的润肤湿巾

原料配比

原料	配比(质量份)		
	1#	2#	3#
水	85	90	92
橘皮油	0.3	0.03	0.02
洋甘菊精油	0.5	0.3	0.1
芦荟提取物	4	2.6	3
甘油	3	2	1
防腐剂尼泊金酯	0.1	0.12	0.08

续表

原料	配比(质量份)		
	1#	2#	3#
聚氧乙烯氢化蓖麻油	2.2	2	1
甘油硬脂酸酯	2	1	0.7
鲸蜡硬脂醇	0.6	0.55	0.5
矿油	1.8	0.6	0.9
牛奶	0.5	0.8	0.7

制备方法 将水、甘油、防腐剂按比例混合加热至85～95℃，保温20～35min；自然冷却至40～50℃时，按比例加入洋甘菊精油、甘油硬脂酸酯、鲸蜡硬脂醇，搅拌均匀；继续按照比例加入橘皮油、芦荟提取物、矿油、牛奶和聚氧乙烯氢化蓖麻油，搅拌均匀；待冷却至30℃以下，将溶液过滤得到所需的湿巾液；将无纺布浸泡到制备好的湿巾液中，浸泡时间2～10min；采用湿巾包装机对吸附有湿巾液的无纺布进行分包装，包装规格为每袋一片。

产品特性 本品具有清洁、杀菌、保湿作用，尤其具有极佳的润肤效果，可用于妇女和婴幼儿手部、脸部、臀部的清洁和滋润；本品成分温和，具有良好的防腐效果、乳化效果；本品制备工艺简单，无环境污染，设备要求低，适合工业化生产。

配方 6 含陈年野茶油的止痒润肤露

原料配比

原料			配比(质量份)		
			1#	2#	3#
虎耳草、丝瓜和金银花混合浸提液	滤液	虎耳草、丝瓜和金银花	10	10	10
		90℃的水	100	—	—
		80℃的水	—	100	—
		85℃的水	—	—	100
	滤液		1	1	1
	90℃的水		5	—	—
	80℃的水		—	5	—
	85℃的水		—	—	5
黄芩、肉桂和玉竹混合提取物	滤液	干燥的黄芩、肉桂和玉竹粉碎物	10	10	10
		100℃的水	90	—	—
		95℃的水	—	90	—
		98℃的水	—	—	90
	滤液		1	1	1
	100℃的水		4	—	—
	95℃的水		—	4	—
	98℃的水		—	—	4
灵芝提取物	滤液	干燥的灵芝粉碎物	15	15	15
		100℃的水	90	—	—
		95℃的水	—	90	—
		98℃的水	—	—	90
	滤液		1	1	1
	100℃的水		3	—	—
	95℃的水		—	3	—
	98℃的水		—	—	3

续表

原料		配比(质量份)		
		1#	2#	3#
植物提取物	虎耳草、丝瓜和金银花混合浸提液	6	6	6
	黄芩、肉桂和玉竹混合提取物	6	6	6
	灵芝提取物	3	3	3
植物提取物		10	15	15
尿囊素		0.5	0.5	0.5
二硬脂基二甲基氯化铵		0.5	0.5	0.5
矿脂		3	3	3
苯甲醇		0.3	0.3	0.3
棕榈酸异丙酯		0.3	0.3	0.3
十六醇		2	2	2
陈年野茶油		5	5	8
氯化钠		0.5	0.5	0.5
去离子水		5	10	15

制备方法 将植物提取物、尿囊素和二硬脂基二甲基氯化铵混合并加热至60℃，充分搅拌混匀，作为组分A；将矿脂加热至65℃，加入苯甲醇和棕榈酸异丙酯充分搅拌混匀为组分B；将组分B逐渐加入组分A中，加入十六醇充分搅拌并将温度降低至40℃，加入陈年野茶油、氯化钠和去离子水充分混合在均质器中进行乳化，形成O/W型润肤露。

原料介绍

所述的陈年野茶油的制备方法：采用超临界方法提取野茶油，置于已洗净干燥的陶瓷罐并在黑暗阴凉处存放5年进行酶促、分解等系列反应，即得陈年野茶油。

所述植物提取物的制备方法，具体包括以下步骤：

(1) 虎耳草、丝瓜、金银花提取物的制备：各取10份虎耳草、丝瓜和金银花混合后，用80～90℃的水浸提40min，料液比1∶10，过滤并收集滤液；所得滤渣再以80～90℃的水浸提20min，料液比1∶5，过滤并收集滤液，合并两次浸提液，通过碟式离心机离心后进行超滤、最后进行浓缩至浸提液45Brix，得6份虎耳草、丝瓜和金银花混合浸提液；

(2) 黄芩、肉桂、玉竹提取物的制备：各取10份干燥的黄芩、肉桂和玉竹粉碎物混合后，用95～100℃的水提取45min，料液比1∶9，过滤并收集滤液；所得滤渣再以95～100℃的水提取30min，料液比1∶4，过滤并收集滤液，合并两次滤液，通过碟式离心机离心后进行超滤、最后进行浓缩至浸提液50Brix，得6份黄芩、肉桂和玉竹混合提取物；

(3) 灵芝提取物的制备：取15份干燥的灵芝粉碎物，以95～100℃的水提取65min，料液比1∶6，过滤并收集滤液；再以95～100℃的水提取30min，料液比1∶3，过滤并收集滤液，合并两次滤液通过碟式离心机离心后进行超滤，得3份灵芝提取物；

(4) 将步骤(1)得到的6份虎耳草、丝瓜和金银花混合浸提液与步骤(2)得到的6份黄芩、肉桂和玉竹混合提取物以及步骤(3)得到的3份灵芝提取物混合后，即得植物提取物。

产品应用 本品主要适合抵抗力差的儿童及皮肤干燥的老年人的护肤。

产品特性

(1) 本品采用特殊的原辅料陈年野茶油，其不干性及含丰富维生素、山茶苷、三萜类、角鲨烯、磷脂等物质具有极强的护肤、滋润、保湿、营养、止痒的作用效果，所采用黄芩、肉桂、虎耳草、灵芝、金银花和丝瓜天然植物，具有很强的保湿、抑杀多种皮肤真菌及细菌和抗过敏的作用，具很好的润肤、护肤、止痒效果。

（2）本品以天然产物为主要组分，尤其是陈年野茶油经过长时间的陈化去杂质，因有维生素、胡萝卜、山茶苷、三萜类、角鲨烯、磷脂等化合物具有较好的亲和性、渗透性、扩散性、润肤柔肤性、止痒性等。本品利用生物及物理的方式对皮肤进行保护，不仅具有较高的安全性及较强的使用效果，尤其适合抵抗力差的儿童及皮肤干燥的老年人的护肤。

配方 7　含抗污染成分的婴幼儿润肤霜

原料配比

原料	配比(质量份)	原料	配比(质量份)
水/硬脂酰乳酰乳酸钠/蔗糖多油酸酯	4	葡庚糖酸钠	0.02
油橄榄果油	5	甘油	8
牛油果树果脂油	3	聚二甲基硅氧烷	2
羊毛脂	2	林兰润露	3
辛酸/癸酸甘油三酯	8	羟甲基脱乙酰壳多糖	1
山茶花提取物	1	糖类同分异构体	0.5
棕榈酸乙基己酯	5	丙烯酰二甲基牛磺酸铵/VP共聚物	0.25
蜂蜡	1	对羟基苯乙酮	0.2
植物甾醇	1	苯氧乙醇	0.8
聚甘油-10	4	去离子水	加至100

制备方法　将各组分原料加入乳化均质机中，在70～80℃乳化混合均质得到产品。

产品特性

（1）本品含有具有显著保湿效果、优质肤感的温和油脂。辛酸/癸酸甘油三酯可以提供优质的肤感，用后另肌肤爽滑而无滞感，且具有优异的抗氧化及热稳定性，非常安全，对皮肤不刺激，不致敏。

（2）本品山茶花提取物具有良好的自由基清除能力，在增加皮肤Ⅰ型胶原含量的同时能有效降低MMP-1基质金属蛋白酶活性，保持皮肤的紧致度和水分，并且可以抑制由重金属混合物引起的氧化应激作用。

配方 8　含山茶花抗污染成分的儿童润肤霜

原料配比

原料	配比(质量份)	原料	配比(质量份)
红景天提取液	2～5	水杨酸	0.1～1.0
芦荟提取液	0.1～5	去离子水	50～70
麦芽提取液	0.1～5	保湿剂	10～20
山茶花提取液	0.1～2	油性滋润剂	1.0～5.0
椰子油	5～15	抗敏剂	0.1～0.5
乳木果油	4～8	乳化剂	0.15～0.3
柠檬精油	0.15～0.3		

制备方法

（1）称取配方中的去离子水，加入椰子油、乳木果油、柠檬精油、水杨酸、甘油、矿脂、甘草酸二钾、甘油硬脂酸酯MS165一起放入乳化机中搅拌均匀，温度保持在45～50℃，得到乳状物；

（2）按配比称取红景天提取液、芦荟提取液、麦芽提取液、山茶花提取液加入步骤（1）中的乳状物中，然后混合均匀，即可。

原料介绍

所述保湿剂选自甘油、透明质酸、燕麦浓缩液、丙三醇、神经酰胺、角鲨烷、三甲基甘氨酸 NMF-50、植物精油、泛醇、牡丹根提取物中的一种或多种。

所述油性滋润剂选自矿脂或凡士林中的一种或多种。

所述抗敏剂选自燕麦、甘草酸二钾中的一种或多种。

所述乳化剂选自吐温 60、斯盘 60、甘油硬脂酸酯 MS165、硬脂酸、异构十六烷烃中的一种或多种。

产品特性　本品可以柔嫩皮肤、保湿同时修复皮肤、增加弹性，滋润肌肤及促进皮肤自愈力和新陈代谢；并且本品原料易得、刺激性小、制备工艺简单、易操作，利于工业大生产。

配方 9　含有乳酸菌发酵提取物的儿童润肤剂

原料配比

原料		配比(质量份)				
		1#	2#	3#	4#	5#
牛油果树果脂		3.5	5	2	3.5	3.5
水解酵母蛋白		1.0	0.8	1.2	1.0	1.0
木糖醇		0.2	0.3	0.1	0.2	0.2
葡萄糖		0.13	0.1	0.2	0.13	0.13
羟苯基丙酰胺苯甲酸		0.7	0.6	0.8	0.7	0.7
椰子油		3	2	5	3	3
乳木果油		1.5	2	1	1.5	1.5
橄榄果油		1.2	2	0.5	1.2	1.2
角鲨烷		0.5	0.8	0.8	0.5	0.5
霍霍巴籽油		0.7	1.6	0.3	0.7	0.7
白油		5	7	4	5	5
鲸蜡硬脂醇		3	1	5	3	3
葡糖苷类		1.2	2.5	1	1.2	1.2
聚甘油类		1.5	0.5	3	1.5	1.5
维生素 B_5		1.0	0.6	1.3	1.0	1.0
甘油		6.5	8	5	6.5	6.5
防腐剂		0.3	0.2	0.4	0.3	0.3
增稠剂		0.5	0.2	2	0.5	0.5
皮肤屏障修复剂		3	5	1	3	3
修复组合物		3.5	2	5	3.5	3.5
水		加至 100	加至 100	加至 100	加至 100	加至 100
修复组合物	乳酸菌发酵提取物乳酸菌胞外多糖	0.2	0.15	0.25	0.2	0.2
	尿囊素	5	6	4	5	5
	燕麦提取物	0.3	0.4	0.2	0.3	0.3
	甘草酸	2.5	2	3	2.5	2.5
	甘草酸盐类	2	1.8	2.2	2	2
燕麦提取物	含燕麦葡聚糖 10%的燕麦提取物	1	1	1	1	1
	含燕麦多酚 15%的燕麦提取物	1	1	1	1	1
甘草酸盐类	甘草酸三钠	1	1	1	1	1
	甘草酸二钾	1	1	1	1	1

续表

原料		配比(质量份)				
		1#	2#	3#	4#	5#
皮肤屏障修复剂	神经酰胺	1	1	1	3	1
	植物甾醇	1	1	1	1	1
	脂肪酸	1	1	1	1	1
葡糖苷类	木糖醇基葡糖苷	1	1	1	1.3	1
	椰油基葡糖苷	1	1	1	5	1
	鲸蜡硬脂基葡糖苷	1	1	1	1	1
	花生醇葡糖苷	1	1	1	2	1
聚甘油酯类	聚甘油-3 甲基葡糖二硬脂酸酯	1	1	1	2	1
	聚甘油-3 蜂蜡酸酯	1	1	1	3	1
	聚甘油-6 聚蓖麻醇酸酯	1	1	1	5	1
增稠剂	黄原胶	1	1	1	1.5	1
	羟乙基纤维素	1	1	1	2.5	1
	卡波姆	1	1	1	1	1
	丙烯酸羟乙酯/丙烯酰二甲基牛磺酸钠共聚物	1	1	1	4	1
	丙烯酸(酯)类/$C_{10\sim30}$ 烷醇丙烯酸酯交联聚合物	1	1	1	9	1
	丙烯酰二甲基牛磺酸铵/VP 共聚物	1	1	1	6	1
大分子保湿剂	透明质酸	—	—	—	—	0.1
	海藻酸钠	—	—	—	—	0.4

制备方法

(1) 分别取牛油果树果脂、椰子油、乳木果油、橄榄果油、角鲨烷、霍霍巴籽油、白油、葡糖苷类、聚甘油类、鲸蜡硬脂醇，混合后，加热至 70～80℃，制得 A 相；

(2) 分别取木糖醇、葡萄糖、维生素 B_5、甘油和增稠剂，混合后，加热至 70～80℃，制得 B 相；将 B 相与 A 相混合后，于 900～1500r/min 条件下均质搅拌 10～15min，制得混合相；

(3) 将混合相降温至 40～45℃，添加水解酵母蛋白、羟苯基丙酰胺苯甲酸、皮肤屏障修复剂、修复组合物、大分子保湿剂和防腐剂，搅拌 10～15min，制得润乳剂。

产品特性　该儿童润肤剂不但皮肤受损后的修复效果佳，而且有防水作用，能更好满足儿童在多种情景下的皮肤保护需要。多方位呵护和滋润儿童的娇嫩肌肤，多种修复成分可协同作用更好地修护儿童受损肌肤，尤其能够有效降低晒后皮肤红斑指数，提高晒后皮肤含水量，能较好修复儿童受损肌肤，能够有效帮助儿童户外玩耍晒后修复，尤其夏季玩水后皮肤受损修复。

配方 10　柔润保湿乳

原料配比

原料		配比(质量份)				
		1#	2#	3#	4#	5#
植物甾醇油酸酯		2	0.1	1	3.5	5
牛油果树果脂		5	0.1	2	8	6
乳化剂	鲸蜡硬脂醇橄榄油酸酯/山梨醇酐橄榄油酸酯	1	0.5	2	4	6

续表

原料		配比(质量份)				
		1#	2#	3#	4#	5#
蜂蜡		0.2	0.1	0.8	1	2
花生醇/山嵛醇/花生醇葡糖苷		2	0.5	1	2	3
角鲨烷		2	1	2	2.5	5
生育酚乙酸酯		1.5	0.1	1	3	1.5
保湿剂	甘油	6	1	10	20	30
	1,2-己二醇	0.6	0.1	0.6	2	1
	1,2-戊二醇	0.6	0.1	0.6	2	1
蔗糖硬脂酸酯		0.2	0.1	0.2	1	0.5
增稠剂	卡波姆	0.1	0.01	0.05	0.2	0.5
山茶籽油		6	1	6	15	10
pH 调节剂	精氨酸	0.06	0.01	0.1	1	2
抗氧化剂	对羟基苯乙酮	0.4	0.1	0.4	0.5	1
红没药醇		0.3	0.1	0.3	1	0.5
水		加至 100	加至 100	加至 100	加至 100	加至 100

制备方法

(1) 将植物甾醇油酸酯、牛油果树果脂、鲸蜡硬脂醇橄榄油酸酯/山梨醇酐橄榄油酸酯、蜂蜡、由花生醇、山嵛醇、花生醇葡糖苷组成的复合物、角鲨烷、生育酚乙酸酯依次加入乳化锅内，开始加热搅拌，加热到 80～85℃，均质，并恒温搅拌 30min；

(2) 将水、甘油、蔗糖硬脂酸酯、卡波姆加热至 80℃，加入乳化锅内，真空均质 8min，搅拌 10min，真空消泡后开始降温；

(3) 降温到 60℃，加入山茶籽油，均质 5min；

(4) 降温到 45℃，加入精氨酸，搅拌至少 30min 至均匀；

(5) 1,2-己二醇、1,2-戊二醇、对羟基苯乙酮加热至 80℃溶解待用；

(6) 降温到 42℃，加入溶解好的 1,2-己二醇、1,2-戊二醇、对羟基苯乙酮和红没药醇，搅拌 10min 至均匀；

(7) 抽样检测合格后过滤出料。

产品特性

(1) 本品通过添加多种柔润剂成分，不仅具备保湿功能，而且配方简单，温和无刺激；

(2) 本品的部分柔润剂如山茶籽油、植物甾醇油酸酯、牛油果树果脂与皮肤调理剂红没药醇、生育酚乙酸酯成分进行复配，在祛湿疹方面具有协同增效作用。

(4) 本品通过添加植物来源的柔润剂及乳化剂，避免了刺激源，非常适用于婴幼儿。且部分柔润剂与皮肤调理剂进行复配，通过长期使用可达到预防及祛湿疹协调增效作用。

配方 11 石斛婴儿抗敏润肤膏

原料配比

原料	配比(质量份)		
	1#	2#	3#
去离子水	71.50	71.85	69.25
1,3-丁二醇	6	5	8
甘草提取物	0.5	0.3	0.7
聚丙烯酸酯交联聚合物-6	0.2	0.2	0.2
芦芭油	1	0.5	0.5
鲸蜡硬脂醇/椰油基葡糖苷	1.5	1.5	1.5
鲸蜡硬脂醇	2.5	2.5	2.5
生育酚	0.5	0.3	0.6
角鲨烷	3	2.5	4
异壬酸异壬酯	2.5	3	2
聚丙烯酰胺(和)$C_{13\sim14}$ 异链烷烃/月桂醇聚醚-7 聚合物	0.3	0.3	0.3
丙烯酸钠/丙烯酰基二甲基牛磺酸钠共聚物/异十六烷/聚山梨醇酯-80 聚合物	1	1	1
红没药醇	0.5	0.3	0.7
甜菜碱	2	2.5	1.5
铁皮石斛提取液	6	7.5	5
甘草酸二钾	0.15	0.1	0.2
泛醇	0.5	0.3	0.7
苯氧乙醇	0.35	0.35	0.35

制备方法

(1) 将去离子水、1,3-丁二醇、甘草提取物、聚丙烯酸酯交联聚合物-6、芦芭油、加入乳化锅，开启搅拌，升温至 80～85℃，高速均质 3～5min 使物料分散溶解均匀，保温 15～20min。

(2) 将鲸蜡硬脂醇/椰油基葡糖苷、鲸蜡硬脂醇、生育酚、角鲨烷加入油相锅，搅拌并升温至 80～85℃，保温 5min。

(3) 待乳化锅和油相锅的物料保温结束后，将油相物料抽入到乳化锅，搅拌并高速均质 3～5min，然后在 80～85℃下继续保温 10min，然后开始开启冷却循环水降温。

(4) 降温至 75℃时加入异壬酸异壬酯、聚丙烯酰胺（和）$C_{13\sim14}$ 异链烷烃/月桂醇聚醚-7 聚合物、丙烯酸钠/丙烯酰基二甲基牛磺酸钠共聚物/异十六烷（和）聚山梨醇酯-80 聚合物(这三种组分在加入乳化锅前需在干净容器预混合均匀)，然后高速均质 3～5min，继续降温并维持搅拌。

(5) 降温至 65℃时加入红没药醇和氨基酸保湿剂，高速均质 1～2min，继续降温并维持搅拌。

(6) 降温至 40℃时加入铁皮石斛提取液、甘草酸二钾（甘草酸二钾在加入乳化锅前可使用部分铁皮石斛提取液进行溶解）、苯氧乙醇、泛醇，并中速均质 2min，然后继续搅拌 15～20min 后取样检测，检测合格后出料。

原料介绍

所述的铁皮石斛提取液为石斛鲜条提取的棕色液体，其中有效物质含量达到 20%。

所述的甘草酸二钾为白色粉末状物质，其中活性物含量不小于 99%。

所述的甘草提取物为水溶性棕色固体，固含量为 24%。

所述的红药没醇为油溶性白色粉末，其中有效成分含量不低于99%。

所述的甜菜碱为白色颗粒，其中有效成分含量不小于95%。

产品特性　该润肤膏可在皮肤表面形成保护膜减少皮肤摩擦损伤，抑菌抗炎功效可同时镇定舒缓肌肤，使过敏和红疹症状得到改善。

配方 12　适用于儿童特应性皮炎的润肤霜

原料配比

原料		配比(质量份)			
		1#	2#	3#	4#
油脂	椰子油	2	3	3	—
	油菜籽油	—	—	—	3
	乳木果油	1	2	2	2
	橄榄果油	0.5	1.5	1.5	—
	角鲨烷	0.8	0.5	0.5	0.5
	霍霍巴籽油	1.6	1.2	1.2	1.2
	凡士林	5	8	8	8
	白油	8	10	10	10
神经酰胺		0.6	1.4	1.4	1.4
植物甾醇		0.2	0.6	0.6	0.6
脂肪酸	花生四烯酸	0.2	—	—	—
	月桂酸	—	0.4	0.4	0.4
乳酸菌发酵产物		2	1.8	1.8	1.8
尿囊素		0.5	0.2	0.2	0.2
燕麦提取物		0.6	0.9	0.9	0.9
橙皮苷		0.4	0.5	0.5	0.6
甘草酸		0.2	0.3	0.3	0.3
甘草酸盐		0.7	0.5	0.5	0.5
鲸蜡硬脂醇		3	5	5	5
乳化剂	葡糖苷	1.0	2.5	2.5	2.5
	聚甘油	0.5	2.2	2.2	2.2
保湿剂	维生素 B_5	0.6	0.8	0.8	0.8
	甘油	5	6	6	6
	透明质酸	0.1	0.3	0.3	0.3
	海藻酸钠	0.1	0.2	0.2	0.2
增稠剂	黄原胶	2	—	—	—
	卡波姆	—	1.5	1.5	1.5
防腐剂		0.5	0.2	0.2	0.2
乳酸菌发酵产物	鼠李糖乳杆菌	1	1	1	1
	嗜热链球菌	0.3	0.5	0.3	0.5
	干酪乳酸杆菌	0.8	0.5	0.8	0.5

制备方法

（1）将燕麦研磨成粉末，加入燕麦质量12～15倍的水，在温度40～60℃，振荡频率150～160r/min的条件下，放置10～15min，再于80～95℃微波提取5～10min，用微孔滤膜过滤，收集滤液，得到燕麦提取物；

（2）将油脂、乳化剂、橙皮苷和鲸蜡硬脂醇混合后，加热至70～80℃，得A相；

（3）取保湿剂、增稠剂混合后加热至70～80℃，再与A相混合均质，得B相；均质的搅拌速度为900～1500r/min，时间为10～15min；

(4) 将B相降温至40～45℃，加入神经酰胺、植物甾醇、脂肪酸、乳酸菌发酵产物、尿囊素、燕麦提取物、甘草酸、甘草酸盐和防腐剂，混合均匀，冷却至室温，得适用于儿童特应性皮炎的润肤霜。所述混合均匀为边加入边搅拌混合，共搅拌10～15min。

原料介绍

所述乳酸菌发酵产物的制备方法为将鼠李糖乳杆菌、嗜热链球菌、干酪乳酸杆菌接种到发酵培养基中，在(37±2)℃发酵24～26h后，加入发酵培养基1%～4%质量的墨角藻粉，继续发酵24～36h，过滤，向滤液中加入氯化钠，静置5～6h，在2000～4000r/min离心5～8min，弃上清，干燥沉淀，得乳酸菌发酵产物。

所述发酵培养基可以为常规的各种能够发酵培养鼠李糖乳杆菌、嗜热链球菌、干酪乳酸杆菌的培养基。

产品特性

(1) 本品对特应性皮炎具有显著疗效，能够调节皮肤微生态环境，改善皮肤剧烈瘙痒、皮肤干燥等现象，而且不会对儿童皮肤产生刺激。使用本品可辅助治疗儿童特应性皮炎，减少治疗激素的用量，有效缓解治疗激素带来的刺激。

(2) 本品制备的乳酸菌发酵产物和燕麦提取物能够深入皮肤基底层，修复基底细胞，配合使用甘草酸、甘草酸盐、尿囊素和橙皮苷，抑制脂质的过氧化，促进天然保湿因子合成，改善皮肤微生态环境，从而改善皮肤瘙痒状况，再通过神经酰胺、植物甾醇、脂肪酸和保湿剂，增加皮肤含水量，促进角质形成细胞分化，维护皮肤屏障功能和皮肤微生态环境的稳定。

配方 13 消炎化瘀婴幼儿山茶润肤油

原料配比

原料		配比(质量份)			
		1#	2#	3#	4#
冷榨山茶油		85	86	87	88
中草药	芙蓉花	5.5	5	5	3
	紫草	4.5	4.5	4	4
	洋甘菊	5	4.5	4	5
抗氧化成分	维生素E	0.2	0.2	0.3	0.2
	茶多酚棕榈酸酯	0.1	0.2	0.1	0.2

制备方法

(1) 将新鲜中草药原料采取冷冻干燥方式进行干燥(预冷10～20℃，4～5h；干燥条件：隔板温度20～25℃，10～15h)；

(2) 干燥后碾碎成碎片状；

(3) 称取中草药原料，浸泡在冷榨山茶油中，加入抗氧化成分；

(4) 将容器中充氮，将瓶口密封，放置于阴凉干燥处静置溶出；

(5) 待放置2年后，将中草药浸泡油过滤，得到消炎化瘀婴幼儿山茶润肤油。

产品应用　本品通常用涂抹法，可用消毒棉签取适量涂抹于肌肤或患处，再轻轻按压，适度揉搓以利于吸收。

产品特性　本品黏度适中，抗氧化稳定性好，性能优于纯山茶油，具有很好的消炎化瘀作用，是一款适用于婴幼儿常见皮肤病的有效护肤品。

配方 14 婴儿润肤霜

原料配比

原料	配比(质量份)			
	1#	2#	3#	4#
油茶籽油	25	20	22	25
霍霍巴籽油	12	15	12	10
棕榈酸乙基己酯	7	6	8	7
生育酚乙酸酯	10	8	10	9
角鲨烷	8	6	8	5
红没药醇	3	4	3	6
尿囊素	1	1	1	1
豆渣提取物	—	—	2	—
鹿蹄草提取物	—	—	—	3
水	9	10	9	9

制备方法 将各组分原料加入乳化均质机中，在 70～80℃乳化混合均质得到产品。

原料介绍

所述豆渣提取物是在废弃豆渣中加入其体积 2～3 倍的油茶籽油或芝麻油，搅拌混合 1～2h，然后经压榨过滤制得。

所述鹿蹄草提取物是将鹿蹄草粉碎后加入其质量 2～3 倍、50%～60%的乙醇溶液，回流提取 2～3h，然后过滤，所得滤液回收溶剂后干燥、粉碎制得。

产品特性 本品不仅具有良好的保湿润肤的作用，对婴儿高发的干燥性湿疹有良好防治效果，并具有一定抑菌抗菌的效果，可保护皮肤健康，且其成分天然，无刺激，不油腻，适合婴幼儿幼嫩皮肤使用。

配方 15 婴儿润肤专用湿纸巾

原料配比

原料		配比(质量份)		
		1#	2#	3#
茶油		0.5	1	0.5～1.2
植物型微乳液		0.5	0.8	0.5～0.9
木糖醇		0.4	0.6	0.4～0.9
甜菊糖苷		0.1	0.2	0.1～0.3
月桂酰基肌氨酸钠		0.05	0.1	0.05～0.2
水		加至 100	加至 100	加至 100
植物型微乳液	蔗糖脂肪酸酯	0.2	0.3	0.4
	聚甘油蓖麻醇酯	0.2	0.3	0.4
	樱桃籽油	1	1	1.5
	燕麦仁提取液	1	1	1
	水	0.5	0.5	0.5

制备方法 将茶油、植物型微乳液、木糖醇、甜菊糖苷、月桂酰基肌氨酸钠以及水混合均匀，然后将载体无纺布浸渍于其中 8～12h，使其吸附饱和。

产品应用　本品主要用于婴幼儿手部、口部、脸部等肌肤的清洁。

产品特性

（1）本品通过茶油为主要抗菌成分，通过植物型微乳液的两亲性特点，极大地提高了配方成分的油水相容性，提高了配方的稳定性以及储存期限。

（2）本品湿纸巾采用天然温和配方，不仅可以达到杀菌的效果，同时能够滋润皮肤，并且味道清甜，适合婴幼儿手部、口部、脸部等肌肤的清洁。

配方 16　婴幼儿活性润肤乳

原料配比

原料		配比(质量份)				
		1#	2#	3#	4#	5#
润肤剂	辛酸/癸酸甘油三酯	3	4	3	7	4
	氢化聚异丁烯	2.5	3	3	3	2.5
	新戊二醇二辛酸酯/二癸酸酯	2	2	2	2	1.5
	异壬酸异壬酯	0.8	1	2	0.8	0.8
	霍霍巴籽油	0.8	1	4	0.8	1.5
	深海两节芥子油	0.5	0.5	1	0.5	1
乳化剂	甘油硬脂酸酯柠檬酸酯	2.2	1.2	1.2	2.2	2.2
	鲸蜡硬脂醇	0.5	0.2	1	0.5	1
	聚山梨醇酯-60	0.05	0.1	0.8	0.1	0.5
皮肤调理剂	植物甾醇油酸酯	0.2	0.2	0.2	0.1	0.1
	红没药醇	0.15	0.2	0.15	0.2	0.2
	异十六烷	0.1	0.1	0.1	0.1	0.2
	金黄洋甘菊提取物	0.05	0.1	0.1	0.15	0.1
	β-葡聚糖	0.02	0.05	0.1	0.05	0.1
	甘草酸二钾	0.1	0.1	0.1	0.1	0.1
	辛酰羟肟酸	0.02	0.08	0.1	0.1	0.08
	甘油辛酸酯	0.02	0.08	0.1	0.08	0.02
保湿剂	木糖醇基葡糖苷	0.8	0.8	1	0.8	1
	脱水木糖醇	0.6	0.6	0.5	0.4	0.4
	木糖醇	0.1	0.2	0.2	0.2	0.1
	尿囊素	0.15	0.2	0.2	0.2	0.2
	透明质酸钠	0.05	0.1	0.05	0.1	0.1
	1,2-己二醇	0.05	0.1	0.05	0.15	0.1
	丁二醇	2.5	2.5	2.5	2.5	2.5
	甘油	6	6	6	6	6
抗氧化剂	生育酚乙酸酯	0.3	0.5	0.3	0.5	0.3
	对羟基苯乙酮	0.05	0.1	0.1	0.05	0.2
酶制剂	溶菌酶	0.1	0.05	0.1	0.2	0.05
	辅酶 Q10	0.15	0.05	0.1	0.05	0.15
悬浮剂	聚丙烯酸酯交联聚合物-6	0.1	0.5	0.1	0.2	0.2
	丙烯酸羟乙酯/丙烯酰二甲基牛磺酸钠	0.2	0.2	0.2	0.2	0.2
螯合剂	葡庚糖酸钠	0.08	1	1.2	0.08	1
pH 调节剂	柠檬酸	0.01	0.03	0.05	0.01	0.03
助溶剂	1,2-戊二醇	0.005	0.005	0.008	0.008	0.005
	叔丁醇	0.005	0.001	0.001	0.005	0.005
去离子水		75.74	73.16	71.39	73.57	71.56

制备方法

（1）向配料锅中加入部分去离子水，随后将润肤剂和乳化剂加入其中，加热至40～50℃并搅拌至溶解后，均质乳化后搅拌冷却至20～30℃，得到乳化混合物；

（2）往步骤（1）的乳化混合物中加入皮肤调理剂、保湿剂和助溶剂，搅拌均匀，得到混合物；

（3）往步骤（2）的混合物中加入抗氧化剂、酶制剂、悬浮剂和螯合剂，搅拌均匀，再加入pH调节剂，搅拌均匀，调节pH值为5.5，得到婴幼儿活性润肤乳。

产品应用　本品主要是一种婴幼儿活性润肤乳。

使用方法：宝宝沐浴后擦干身上水分，用指腹蘸取适量本品的婴幼儿活性润肤乳，用点触的方式轻轻涂抹至宝宝全身各处，抚摸均匀即可。

产品特性

（1）本品采用弱酸性活性配方，无香精、无防腐剂。采用生物酶特有技术，利用辅酶Q10与溶菌酶的共同作用，帮助宝宝抵御环境侵害；同时选用多种母体般活性成分，健全宝宝天然皮脂膜防护体系，亲和宝宝娇嫩肌肤。本品抗氧化性强，能够强化皮肤的自身功能，全面抵挡环境污染对肌肤的伤害。

（2）使用本品后，肤感清爽不油腻；能够舒缓皮肤问题，保证宝宝肌肤水嫩；具有超强锁水能力，深层保湿，持续水润滋养，令宝宝肌肤健康润嫩。

（3）本品清爽不油腻，有效补水，全面滋养宝宝肌肤，保持肌肤的柔滑水嫩；吸收1h后，肌肤的水分增加值基本上保持不变，长效保湿，更好地保持肌肤的水油平衡，让宝宝肌肤充满健康与活力。

配方 17　婴幼儿润肤按摩油

原料配比

原料		配比(质量份)			
		1#	2#	3#	4#
A组分	向日葵籽油	33	28	30	40
	辛酸癸酸甘油三酯(GTCC)	20	17	20	15
	海鸟羽毛油	12	11	18	15
	油橄榄果油	15	18	15	15
	山茶籽油	8	10	10	10
	霍霍巴籽油	5	5	2	2
	鳄梨油	3	5	1	1
	小麦胚芽油	2	4.8	3	1
B组分	德肤修	0.5	0.4	0.3	0.2
	生育酚	0.3	0.2	0.2	0.2
	二丁基羟基甲苯(BHT)	0.3	0.3	0.2	0.3
	香蜜桃果提取物	0.3	0.1	0.1	0.1
	小苍兰提取物	0.3	0.1	0.1	0.1
	玉兰花提取物	0.3	0.1	0.1	0.1

制备方法

（1）将向日葵籽油、辛酸癸酸甘油三酯、海鸟羽毛油、油橄榄果油和山茶籽油，以及霍霍巴籽油、鳄梨油和小麦胚芽油混合、分散，得到A组分：分散的温度为70～80℃。

（2）将德肤修、生育酚、二丁基羟基甲苯、香蜜桃果提取物、小苍兰提取物或玉兰花提取物混合，得到B组分。

（3）将步骤（1）得到的A组分与B组分混合、分散，得到所述婴幼儿润肤按摩油。分散的温度为4～50℃。

产品特性　本品不含有矿脂或矿油成分，为通过天然植物油脂、肤感轻质温和的合成油脂以及皮肤调理剂组分的相互协同配合的配方，具有温和保湿、高效舒缓、滋润皮肤和降低皮肤敏感性的作用，而且能够有效修复和提高婴幼儿的皮肤屏障能力，促进皮肤的健康生长。提高皮肤的抗刺激性，降低敏感性，尤其适用于婴幼儿的脆弱皮肤。

配方 18　婴幼儿润肤乳

原料配比

原料		配比(质量份)				
		1#	2#	3#	4#	5#
A相	水	20	10	30	10	20
	甜扁桃油	0.2	0.3	0.1	0.1	0.2
	甘油	2	1	3	1	2
	牛油果树果脂	1	1.5	0.5	0.5	1
	油橄榄果油	2	1	3	1	2
B相	油橄榄果油	2	1	3	1	2
	低芥酸菜籽油	2	3	1	1	2
	角鲨烷	0.2	0.1	0.3	0.1	0.2
	辛酸甘油三酯	0.2	0.3	0.1	0.1	0.2
	癸酸甘油三酯	0.2	0.1	0.3	0.1	0.2
	尿囊素	0.2	0.3	0.1	0.1	0.2
	卵磷脂	0.15	0.1	0.2	0.1	0.15
	泛醇	0.2	0.3	0.1	0.1	0.2
	二氢燕麦酰基邻氨基苯甲酸	0.2	0.1	0.3	0.1	0.2
C相	对羟基苯乙酮	0.15	0.1	0.2	0.1	0.15
	1,2-己二醇	0.15	0.2	0.1	0.1	0.15
D相	蚕丝胶蛋白	0.15	0.1	0.2	0.1	0.15
	卡波姆钠	0.2	0.3	0.1	0.1	0.2
	水解甜杏仁蛋白	0.15	0.1	0.2	0.1	0.15
	金盏花提取物	1.1	2	0.2	0.2	1.1
	金黄洋甘菊提取物	1.1	0.2	2	0.2	1.1
	金银花提取物	—	—	—	0.2	2
	蛇床子提取物	—	—	—	2	0.2
	马齿苋提取物	—	—	—	0.2	2
	黄柏提取物	—	—	—	2	0.2

制备方法

（1）取A相组分，加入乳化锅内，加热至75～85℃后保温25～35min；备用；

（2）取B相组分，加入油相锅内，加热至75～85℃后保温25～35min，备用；

(3) 将步骤 (2) 加热后的B相物料抽入至步骤 (1) 中的乳化锅内，保温条件下进行均质处理后第一次降温；进行均质处理的时间为8～12min。进行第一次降温至72～78℃后加入C相组分；

(4) 之后进行第二次降温；进行均质处理的时间为8～12min；

(5) 第二次降温后，加入D相组分，充分搅拌混匀，之后进行第三次降温36～38℃，出料，即得所述婴幼儿润肤乳。

产品特性　本品具有良好的保湿润肤的作用，并对婴幼儿高发的干燥性湿疹有良好的防治效果，有效降低婴幼儿因气候、环境、刺激性物质等因素引起的炎症、过敏等症状，保护了婴幼儿的娇嫩肌肤。

配方 19　婴幼儿消炎抗敏山茶润肤油

原料配比

原料		配比(质量份)			
		1#	2#	3#	4#
中草药油溶物	头道山茶油	80	81	82	83
	艾草粉	15	10	11	12
	紫草粉	6	8	10	9
	金盏菊粉	1.5	1	1.1	1.2
	春黄菊粉	3	2	2	2
中草药油溶物		80	82	84	86
霍霍巴油		13	10	15	8
天然角鲨烷		1	1	1.5	1
甜杏仁油		4.4	4.8	3.5	4.2

制备方法　将各组分原料混合均匀即可。

原料介绍

所述中草药油溶物，经由如下工艺步骤制成：将中草药艾草、紫草、金盏菊和春黄菊粉碎后过50～100目筛，均匀混合后，加入温度在30～80℃的头道山茶油中，混合搅拌，10～30min，压榨过滤得到中草药油溶物。

所述头道山茶油，经由如下工艺步骤制成：新鲜油茶籽在自然晾晒后，水分达到10%～12%，100%剥壳，色选，获得新鲜茶籽仁。将茶籽仁磁选后，进入冷榨机，室温下进行压榨，过滤获得头道山茶油。

产品应用　本品通常用涂抹法，可以用消毒棉签取适量涂抹于肌肤或患处，再轻轻按压，适度揉搓以利于吸收。

产品特性

(1) 所述头道山茶油，富含角鲨烯、维生素E、茶多酚、山茶皂苷、植物甾醇和黄酮，色泽淡黄绿色。维生素E、茶多酚具有很强的抗氧化作用；角鲨烯与黄酮类物质，对抗癌、抗炎有着极佳的作用。山茶苷，又名茶皂苷或茶皂素，具有很好的消炎、镇痛作用，对细菌、霉菌等均具有很好的抑制作用。所述头道山茶油的工艺流程全程低温，最大程度的保留茶油最原始的风味和不破坏营养素。

(2) 本品采用的四种中草药油溶物都具有非常好的消炎效果，其中艾草能够调节过敏肤质，使本品更适合婴儿、干性、皱纹、粉刺以及敏感性肌肤使用。

配方 20　婴幼儿用多效润肤膏

原料配比

原料	配比(质量份)			
	1#	2#	3#	4#
绿茶提取物	1	7	2	2
绿萝提取液	2	7	5	2
白萝卜提取液	1	2	1.5	1.5
大葱提取液	3	7	3	3
淀粉浆液	10	25	18	25
乳化剂	5	8	5	8
橄榄油	0.1	1.5	1	1.5
甘油	5	8	5	6.5
丙二醇	2	5	3.5	5
1,3-丁二醇	2	5	2	4
丙二醇	2	5	3	3

制备方法　将各组分原料混合均匀即可。

原料介绍

所述绿萝提取液的制备方法为：将新鲜绿萝叶子洗净放置阳光下暴晒至干燥，将干燥的绿萝叶子破碎过筛后添加乙醇溶液在超声波下搅拌提取2～3h过滤除去不溶物，将过滤后溶液减压浓缩除去乙醇得到绿萝提取液；乙醇溶液的质量浓度为50%～65%，其添加量为绿萝叶粉末质量的12～15倍。

所述白萝卜提取液的制备方法为：将新鲜白萝卜切片后添加乙醇溶液浸泡1～2天，过滤除去乙醇溶液，将浸泡后的白萝卜洗净沥干烘干破碎，加水沸水浴搅拌提取1～2h后过滤除去不溶物，得到白萝卜提取液；乙醇溶液的质量浓度为15%～25%，其添加量为破碎后白萝卜质量的5～7倍。

所述大葱提取液的制备方法为：将大葱晒干后添加甘油溶液，水浴条件下搅拌5～7h后过滤除去甘油，将大葱洗净沥干添加乙醇水溶液浸泡搅拌1～2h后过滤除去不溶物，最后将乙醇溶液减压浓缩除去乙醇得到大葱提取液。乙醇水溶液的质量浓度为45%～60%，其添加量为沥干后大葱质量的10～12倍。添加甘油溶液，水浴条件下浸泡搅拌的水浴温度为55～60℃。

所述大葱为水沟葱的葱叶。

产品特性

(1) 本品能有效缓解婴儿各种肌肤不适，包括湿疹、汗疹、口水疹、奶癣等，同时味道清新容易被婴幼儿所接受；

(2) 本品通过将绿萝叶子在阳光下暴晒后提取的方式，使其汁液的毒性消散，并且具有良好的保湿滋润功效，将其应用于婴幼儿护肤品中，对婴幼儿皮肤湿疹及红斑具有良好的治疗及预防作用。

配方 21 婴幼儿用多效维 E 润肤抑菌膏

原料配比

原料	配比(质量份)			
	1#	2#	3#	4#
金银花提取物	5	5	8	8
蛇床子提取物	5	1	5	8
桉叶油	5	1	7	8
马齿苋提取物	5	1	10	8
黄柏提取物	5	1	5	5
维生素 E	2	1	8	5
麦卢卡蜂蜜	2	1	8	5
羊毛脂	30	50	20	25
1,2-丙二醇	3	3	5	6
甘油	3	3	5	7
去离子水	30	28	14	9
鲸蜡硬脂醇	5	5	5	6

制备方法

(1) 取羊毛脂、1,2-丙二醇、甘油、桉叶油，60～80℃，超声振荡 1～2h，得到 A 组分；

(2) 取金银花提取物、蛇床子提取物、马齿苋提取物、黄柏提取物、维生素 E、麦卢卡蜂蜜、去离子水，60～80℃超声震荡，1～2h，得到 B 组分；

(3) 将 A 组分和 B 组分混合，60～80℃超声震荡 1～2h，加入鲸蜡硬脂醇，60～80℃超声震荡 1～2h，冷却，即得。

原料介绍

所述金银花提取物制备方法为：取新鲜金银花，洗净，晾干，在金银花中加入 5～10 倍金银花质量的体积分数为 92%的乙醇，超声震荡，反应 1～2h，过滤，取滤液，将滤液进行离心分离，收集上清液，将上清液减压浓缩除去乙醇得到金银花提取物。

所述蛇床子提取物的制备方法为：取新鲜蛇床子，洗净，晾干，剪碎，蛇床子中加入在 5～10 倍蛇床子质量的体积分数为 50%～70%的甲醇，超声震荡，反应 1～2h，过滤将滤液进行离心分离，收集上清液，将上清液减压浓缩除去乙醇得到蛇床子提取物。

所述马齿苋提取物的制备方法为：取新鲜马齿苋，洗净，晾干，在马齿苋中加入 5～10 倍马齿苋质量的体积分数为 80%～90%的乙醇，超声震荡，反应 1～2h，过滤，取滤液，将滤液进行离心分离，收集上清液，将上清液减压浓缩除去乙醇得到马齿苋提取物。

所述黄柏提取物的制备方法为：取烘干的黄柏，研磨成末，加入 5～10 倍黄柏粉末质量的无水乙醇，加热至 30～50℃，超声震荡 1～2h，过滤，取滤液，将滤液进行离心分离，收集上清液，将上清液减压浓缩除去无水乙醇得到黄柏提取物。

产品特性 本品所用原料金银花提取物、蛇床子提取物、桉叶油、马齿苋提取物、黄柏提取物、维生素 E 等都为从天然物质中提取得到的物质，天然低毒，无致敏性，对皮肤无刺激，安全性高，婴幼儿、成人均可使用，且本产品不含防腐剂和香精，各组分协同作用，体系稳定，保质期长，有效抗菌、抗炎、强效保湿润肤，可作为婴幼儿日常护理用品，婴幼儿沐浴后可以涂用以滋润皮肤和抗菌，日常生活中婴幼儿长痱子或皮肤出现红肿等涂用后也有一定抗炎消肿治疗作用。

配方 22 用于防治婴幼儿红臀、湿疹的润肤组合物

原料配比

原料		配比(质量份)		
		1#	2#	3#
蟒蛇油提取物		52	45	52
姜黄提取物		25	20	25
小花清风藤提取物		40	25	40
油制剂		22	16	22
甘草		15	8	15
维生素 E		5	2	5
表面活性剂		2	2	2
油制剂	山茶油	3	3	3
	乳木果油	2	2	2
	马油	1	1	1

制备方法

(1) 将甘草粉碎，在甘草中加入姜黄提取物和小花清风藤提取物，搅拌，得混合物；

(2) 将蟒蛇油提取物、油制剂和抗氧化剂混合，55～60℃搅拌，加入表面活性剂，继续搅拌，加入混合物，75～80℃均质，得所述产品。

原料介绍

所述的表面活性剂为鲸蜡硬脂基葡糖苷、鲸蜡硬脂醇或月桂酰肌氨酸钠等。油

所述的蟒蛇油提取物的制备方法，包括如下：取蟒蛇脂肪，打浆，加入蛋白酶，进行超声酶解，冷却，取上层油脂，干燥，得蟒蛇油提取物。蛋白酶的添加量为 0.6%～0.8%，蛋白酶为质量比 (1～2)：(1～2) 的中性蛋白酶和木瓜蛋白酶；超声酶解的温度为 55～60℃，超声酶解的时间为 4～6h，超声酶解的功率为 300～400W。

所述的姜黄提取物的制备方法，包括如下：取姜黄，粉碎，加入乙醇溶液回流提取，浓缩，得姜黄提取物；姜黄和乙醇溶液的料液质量比为 1：(10～12)，乙醇溶液的体积浓度为 60%～65%，回流提取 2～3 次。

所述小花清风藤提取物的制备方法，包括如下：取小花清风藤干燥，粉碎，加入纤维素酶溶液中浸泡，煎煮，过滤，得小花清风藤提取物。纤维素酶溶液的质量浓度为 0.5%～0.8%，浸泡的时间为 4～8h。

产品特性 本品对湿疹具有一定的改善与调节的作用，可较快修复受损表皮屏障，同时对皮肤还具有保湿作用，提高角质层含水量，对改善婴幼儿红臀也具有一定疗效作用。

配方 23 宝宝保湿润肤霜

原料配比

原料	配比(质量份)	原料	配比(质量份)
甜杏仁油	0.1	氢化聚癸烯	13.0
牛油果树果脂油	3	蜂蜡	1.0
油橄榄果油	0.1	黄原胶	0.25
PEG-100 硬质酸酯	2	菊粉月桂基氨基甲酸酯	0.25

续表

原料	配比(质量份)	原料	配比(质量份)
聚甘油-10	4	糖类同分异构体	0.5
葡庚糖酸钠	0.02	对羟基苯乙酮	0.8
甘油	8.0	去离子水	64.58
聚二甲基硅氧烷	2.0	苯氧乙醇	0.2
迷迭香叶提取物	0.2		

制备方法　将原料按上述配比添加到容器中，在适宜的环境条件下使其混合制备，制备时可采用本领域熟知的任何常规的混合设备，如：乳化均质锅等。混合时需要把油溶的和水溶的分别混合加热到80℃，然后油相和水相混合搅拌均质，降温到45℃时加入植物提取物。

产品特性　本品不仅性质温和、无毒、低刺激，而且还具有良好的酸碱稳定性和耐寒耐热等良好性能；在本润肤霜中添加了甜杏仁油、油橄榄果油、氢化聚葵烯、迷迭香叶提取物等多种纯天然来源的可用于食品生产的成分，温和无刺激，同时也有抗氧化、舒缓及保湿的协同功效，并且能大大降低婴幼儿因气候、环境、刺激性物质等因素引起的炎症、过敏等症状，保护了婴幼儿的娇嫩肌肤。适用于各种肤质，尤其易痒、红肿、干燥、发炎、油性、过敏性及婴幼儿肌肤。

配方 24　婴幼儿止痒润肤凝胶组合物

原料配比

原料	配比(质量份)			
	1#	2#	3#	4#
苦参提取液	0.02	0.01	0.1	0.02
黄檗提取液	0.02	0.01	0.1	0.05
薏苡仁提取液	0.02	0.01	0.1	0.05
薄荷提取液	0.02	0.01	0.1	0.03
卡波姆	0.6	0.5	3	0.8
PEG-40氢化蓖麻油	0.8	0.6	4	2
甘油	7	5	10	6
羟苯乙酯	0.02	0.01	0.05	0.02
透明质酸钠	0.05	0.02	0.2	0.05
维生素B_6	0.03	0.02	0.2	0.05
水解角蛋白	0.05	0.02	0.2	0.05
冰片	0.02	0.01	0.05	0.02
去离子水	91.1	93.33	81.7	90.51
三乙醇胺溶液	0.35	0.45	0.2	0.35

制备方法

(1) 取卡波姆用适量的去离子水溶解，备用；

(2) 取PEG-40氢化蓖麻油加入羟苯乙酯、透明质酸钠、维生素B_6、水解角蛋白溶散，备用；

(3) 取去离子水加入苦参提取液、黄檗提取液、薏苡仁提取液、薄荷提取液、搅拌均匀，再加入甘油静置，过滤；

(4) 在滤液中加入卡波姆溶液和 PEG-40 氢化蓖麻油混合液，边加入边搅拌，使均匀；用三乙醇胺中和至凝胶状。

产品特性　本品具备灭菌的功效，且毒副作用小。本品用于滋润皮肤，对皮肤的刺激性小。

配方 25　婴幼儿保湿润肤乳

原料配比

原料		配比(质量份)			
		1#	2#	3#	4#
草棉籽提取物		15	25	20	15
泛醇		0.8	0.5	0.8	0.5
毛瑞榈籽油		6	5	6	5
金盏花花提取物		0.1	0.5	0.6	0.5
蜂蜜		6	10	6	10
牛油果树果脂		13	10	12	10
润肤剂		24	21	29	10
保湿剂		19	10	17	8
表面活性剂		—	—	0.05	—
乳化剂	鲸蜡硬脂醇橄榄油酸酯	10	—	—	—
	PEG-20 硬脂酸酯	—	5	1	5
抗氧化剂	对羟基苯乙酮	5	2	2	0.05
芳香剂	香柠檬果油	—	0.1	0.1	—
	甜橙果油	—	—	—	0.1
水		10	11.9	5.5	34.85
润肤剂	辛酸/癸酸甘油三酯	6	5	6	5
	鲸蜡硬脂醇	8	5	8	5
	聚二甲基硅氧烷	10	10	15	—
	氢化聚异丁烯	—	1	—	—
保湿剂	甘油	2	2	2	5
	丙二醇	12	7	12	—
	甜菜碱	5	1	3	3

制备方法　将毛瑞榈籽油、蜂蜜、补充皮肤调理剂、润肤剂、保湿剂、乳化剂、表面活性剂、水在 75～80℃ 加热融化，在 70～75℃ 温度下混合搅拌成半成品；再脱气冷却，在约 50℃ 条件下加入草棉籽提取物、泛醇、金盏花花提取物、抗氧化剂、芳香剂（果油），然后冷却至 35～45℃，静置存放再灌装入瓶。

原料介绍

所述的毛瑞榈果油是以不饱和脂肪酸为主的油脂，脂肪酸中含油酸、亚油酸、棕榈酸，还含有类胡萝卜素、维生素 E 和维生素 C。

所述补充皮肤调理剂包括牛油果树果脂、椰子油、棕榈油、蓖麻子油、杏仁油、向日葵籽油、胡桃籽油、稻糠油中的至少一种。

所述润肤剂包括辛酸/癸酸甘油三酯、鲸蜡硬脂醇、聚二甲基硅氧烷、棕榈酸乙基己酯、氢化聚异丁烯、合成蜂蜡中的至少一种。

所述保湿剂包括甘油、丙二醇、丁二醇、甜菜碱、1,2-戊二醇、1,2-己二醇中的至少一种。

所述乳化剂包括 PEG-20 硬脂酸酯、鲸蜡硬脂醇橄榄油酸酯和/或山梨醇酐橄榄油酸酯中的至少一种。

所述表面活性剂包括聚丙烯酸酯-13、聚异丁烯、聚山梨醇酯-20中的至少一种。

所述抗氧化剂包括对羟基苯乙酮、维生素E、维生素C、辅酶Q10、虾青素中的至少一种。

所述芳香剂包括柠檬果油、甜橙果油、橘子果油、柚子果油中的至少一种。

产品应用　本品使用方法：取适量婴幼儿保湿润肤乳，涂抹于婴儿的外表身体部位，例如脸部、胸部、背部、臀部、手臂、腿部等，轻轻涂抹、按摩，使婴幼儿保湿润肤乳被婴幼儿的皮肤吸收。

产品特性

（1）本品帮助婴幼儿肌肤与皮脂间的平衡，增强了产品的渗透力，易于吸收渗透，确保产品温润滋养，其中草棉籽提取物与其他成分协调配伍后的吸收率可达到98%及以上；

（2）本品能舒缓婴儿嫩肌，补充水分，保护肌肤免受外界侵害，滋润不油腻，且质地好，易于涂抹、吸收，温和清爽，滋润呵护婴儿娇嫩肌肤。

配方 26　甜睡婴儿润肤露

原料配比

原料		配比(质量份)			
		1#	2#	3#	4#
水		75	80	85	90
辛酸/癸酸甘油三酯		4	4	3	5
牛油果树果脂油		5	4	4.5	3
角鲨烷		2	3	4	5
小麦胚芽油		0.2	0.1	0.3	0.25
透明质酸钠		0.1	0.2	0.05	0.25
精氨酸		0.1	0.3	0.2	0.05
小麦谷蛋白		0.3	0.5	0.8	0.4
母菊提取物		0.5	0.3	0.8	1
聚二甲基硅氧烷		2	1	1.5	3
乳化剂	鲸蜡硬脂醇	3	2	5	4
	甘油硬脂酸酯	—	2	2.5	3
	PEG 100 硬脂酸酯	2	3	1	1.5
多元醇类保湿剂	甘油	2	1	1.5	3
	1,2-丙二醇	0.3	—	—	—
	1,3-丙二醇	0.3	—	0.5	—
	1,2-己二醇	—	—	0.2	0.4
生育酚乙酸酯		—	0.2	0.1	0.15
增稠剂	卡波姆	—	0.2	0.1	—
	黄原胶	—	—	—	0.3
EDTA 二钠		—	—	0.1	0.05
防腐剂	辛酰羟肟酸	0.1	0.15	0.2	0.15
	苯氧乙醇	—	—	—	0.1
香精		—	—	0.1	0.12

制备方法

（1）将卡波姆、透明质酸钠、EDTA二钠溶于去离子水中，加热至60～80℃，边加热边搅拌，混合均匀后，静置让其充分溶胀；

（2）将甘油加入步骤（1）中，迅速搅拌至完全溶解，置于60～90℃水浴加热，得到水相；

（3）将辛酸/癸酸甘油三酯、鲸蜡硬脂醇、角鲨烷、甘油硬脂酸酯、PEG-100硬脂酸酯、聚二甲基硅氧烷置于60～90℃水浴中加热熔融，得到油相；

(4) 待油相完全熔融，加入牛油果树果脂油、小麦胚芽油、生育酚乙酸酯，将油相倒入水相中，快速搅拌，至呈均匀乳白色膏状，即得基质，将基质冷至室温；

(5) 将精氨酸、小麦、谷蛋白、母菊提取物、辛酰羟肟酸、苯氧乙醇、1,2-丙二醇、1,3-丙二醇、1,2-己二醇、香精加入上述基质中，搅拌均匀，出料，即得成品。

产品特性　本品的配方含有多种保湿和滋润作用的植物油脂和植物提取液，安全温和，易于人体吸收，深层滋润，在肌肤表层形成保护膜，对皮肤起到很好保湿、防护功效；使用精氨酸作为pH调节剂，具有比传统的中和剂，更温和且同时具有肌肤调理的功效；在必要的时候可添加防腐剂复配成分，保证防腐剂使用量尽可能少，降低对肌肤的刺激；本产品可用于肌肤的任何部位，适合于婴儿沐浴后全身使用，以助于睡眠。

配方 27　婴儿润肤油

原料配比

原料	配比(质量份)	原料	配比(质量份)
低芥酸菜籽油	95～97	向日葵籽油	0.1～1
角鲨烷	0.5～1	迷迭香叶提取物	0.1～1
白池花籽油	0.5～1	红没药醇	0.1～1
金盏花提取物	0.5～1	姜根提取物	0.1～1
野大豆油	0.5～1	水	加至100
生育酚(维生素E)	0.5～1		

制备方法　在反应锅中加入低芥酸菜籽油、角鲨烷、白池花籽油、金盏花提取物、野大豆油、生育酚（维生素E）、向日葵籽油、迷迭香叶提取物、红没药醇、姜根提取物喝水，进行加热，不停的进行搅拌，搅拌的时间为15～20min，直到完全溶解透明；为了保证使得活性物质保持最大的活性，全过程的温度不超过80℃；然后通过200目过滤网进行过滤，出料；出料后的产品进行充填，包装。

产品特性　本产品中含有低芥酸菜籽油、角鲨烷、白池花籽油、金盏花提取物等，更具有保护膜防止水分蒸发损失，从而提供持续的保湿和抗氧化能力，以及增进皮肤光泽与弹性、减缓衰老、避免肌肤松弛。本品具有低致敏性和高保湿性的润肤油，成分简单，分简单易于制备，不易氧化且性价比高。

配方 28　婴儿润肤组合物

原料配比

原料	配比(质量份)
山茶籽油	33.33
刺葡萄籽油	33.33
山核桃油	33.33

制备方法　将各组分原料混合均匀即可。

原料介绍　所述山茶籽油、刺葡萄籽油、山核桃油，是由山茶籽、刺葡萄籽、山核桃分别压榨提取。

产品特性　本品安全无刺激，不会造成婴儿过敏或其他不适，可以滋润皮肤、保湿，适宜于婴儿肌肤稳定的正常条件下长期使用。

配方 29　婴儿山茶油润肤乳

原料配比

原料			配比(质量份)					
			1#	2#	3#	4#	5#	6#
A 组分	蔗糖脂肪酸酯	SE-11 型	2	—	—	—	—	—
		SE-13 型	—	3	—	—	—	4
		SE-15 型	—	—	1	—	2	—
		三菱 S-1170 型	—	—	—	0.5	—	—
	水		80.5	75.3	75.9	86.4	81.1	77
	甘油		8	5	5	3	5	8
B 组分	卡波姆 940		0.3	0.2	0.1	0.1	0.2	0.3
C 组分	脱氢醋酸钠		0.5	0.3	0.1	0.1	0.3	0.5
D 组分	山茶油		6	8	10	3	5	8
	辛癸酸甘油三酯		1	4	5	5	3	1
	棕榈酸		0.5	1	0.8	0.6	0.1	1
	鲸蜡硬脂醇		1	3	2	1	3	0.1
	维生素 E 醋酸酯		0.2	0.2	0.1	0.3	0.3	0.1

制备方法

(1) 水相的配制：A 组分溶液：在 65～70℃的水浴下，将蔗糖脂肪酸酯与水混合，搅拌 10～15min，使蔗糖脂肪酸酯溶解，加入甘油，继续搅拌 10～15min，得到 A 组分溶液；将卡波姆 940 溶于水中，充分溶胀得到 X，将 X 加热到 60～65℃后，与 A 组分混合，搅拌 5～10min，得到混合液；将脱氢乙酸钠配置成质量分数为 10%±2%的水溶液，加入混合液中，搅拌 2～5min 后，均质 5～15min，得水相；

(2) 油相的配制：将 D 组分所有原料混合，加热至 65～70℃，搅拌至溶解，得油相；

(3) 霜的乳化：水相温度加热至 65℃时，油相温度在 65～70℃，把油相加入水相，边搅拌边冷却；待体系温度降至 40℃±2℃时开始乳化，此时再次均质 5～20min，继续冷却，此时真空度控制在−0.07～−0.08MPa，当料体温度降至 35℃以下且料体内的气泡已经脱尽，停止搅拌，出料，得到产品。

产品特性

(1) 本品采用纯天然、无污染的植物油——山茶油作为底油，其不仅可以被细胞完全吸收，还富含不饱和脂肪酸、茶多酚、鞣质等对肌肤有益的营养物质，吸收好、深层滋养肌肤、防止肌肤干燥皲裂，延缓细胞衰老，肌肤焕发鲜亮光泽。同时，本品在产品中添加了维生素 E 醋酸酯，不仅具有良好的抗氧化性，还可以滋养肌肤，保持肌肤滋润。山茶油与维生素 E 醋酸酯，以及其他组分一起产生了协调效果，防止肌肤干燥皲裂，保湿滋养，肌肤鲜亮光泽。

(2) 本品在宝宝发生红屁股时，可补充受损肌肤分泌不足的油脂，同时，山茶油与维生素 E 醋酸酯的协同作用，加速肌肤修复。

配方 30 婴儿用的含蜂胶的润肤产品

原料配比

原料		配比(质量份)			
		1#	2#	3#	4#
蜂胶提取物	冷冻的毛胶	1	1	1	1
	乙醇溶液	3	5	4	3
橄榄油精华		4	5	7	8
乳木果油		6	7	10	7
保湿因子		13	15	15	15
海藻胶原蛋白		3	4	5	3
30℃的水		30	—	—	—
35℃的水		—	35	—	—
45℃的水		—	—	45	—
50℃的水		—	—	—	40
蜂胶提取物		10	12	16	15
鲨烯提取物		4	5	4	4
积雪草提取物		5	8	13	12
仙人掌提取物		10	12	11	10
柠檬酸		5	6	8	5～10

制备方法

(1) 将冷冻的毛胶研磨成粉末后，浸入乙醇溶液中超声处理 30～50min 后过滤，重复超声和过滤 2～3 次，合并滤液，再经超滤膜过滤和蒸发浓缩后得到蜂胶提取物；粉末状的毛胶的细度为 100～150 目。蜂胶提取物的质量分数为 15%～20%。

(2) 分别将积雪草和仙人掌去除表面杂质及角质层后，切碎，加入去离子水中搅拌过滤，重复搅拌过滤 2～3 次，合并滤液，再经超滤膜过滤和蒸发浓缩后得到积雪草提取物和仙人掌提取物；积雪草提取物的质量分数为 15%～20%，仙人掌提取物的质量分数为 20%～25%。

(3) 将橄榄油精华、乳木果油、保湿因子和海藻胶原蛋白加入 30～50℃的水中混合均匀，然后加入蜂胶提取物、鲨烯提取物、积雪草提取物和仙人掌提取物，搅拌静置至室温，最后通过柠檬酸调节混合溶液的酸碱度至 5.5～6.5，得到婴儿用的含蜂胶的润肤产品。婴儿用的含蜂胶的润肤产品的固含率为 65%～75%。

产品应用 本品使用方法为直接涂抹于婴儿皮肤或者稀释后涂覆于其他产品表面作为婴儿护肤产品。

产品特性

(1) 本品中含有多种活性肽成分，能够快速渗透进肌肤，滋润肌肤，修复和填充受损的肌肤，生成新的肌肤，促进皮肤的微循环，重整肌肤的紧致，能够使婴儿的皮肤高效保湿、营养滋润，呵护婴儿自我保护机能。

(2) 本品呈弱酸性，能够保护婴儿的弱酸性皮质层，而且能预防和舒缓干燥、敏感等不适。

配方 31 保湿抗污染的婴幼儿清洁组合物

原料配比

原料	配比(质量份)	原料	配比(质量份)
丙烯酸共聚物	0.4	小麦醇溶蛋白	0.2
葡庚糖酸钠	0.02	羧甲基脱乙酰壳多糖	3
透明质酸钠	0.1	山茶花提取物	8
卡波姆	0.4	牛油果树果脂油	0.3
月桂醇聚醚硫酸酯铵	10	迷迭香叶提取物	2
蓖麻醇酸酰胺丙基三甲基氯化铵	0.4	苯氧乙醇	0.38
聚二甲基硅烷	1.5	甘油辛酸酯	0.01
PPG-3 辛基醚	0.5	甘油月桂酸酯	0.01
月桂酰谷氨酸钠	4	香精	0.2
PPG-2 羟乙基椰油酰胺	0.5	氯化钠	0.8
椰油酰两性基二乙酸二钠	3	氨甲基丙醇	0.02
椰油酰胺丙基甜菜碱	2	去离子水	62.26

制备方法

(1) 将设备消毒后，先将水倒入锅中，依次投入葡庚糖酸钠、透明质酸钠和卡波姆，搅拌至完全溶解、均质；

(2) 等消泡后，依次投入剩余物料搅拌至完全溶解，其中丙烯酸共聚物预先分散于部分水中，搅拌至完全溶解均匀。

产品特性 本品因其含有保湿抗污染的成分、温和的氨基酸表面活性剂和皮肤调理剂，可有效地去除皮脂、汗渍、外部尘埃而不使皮肤干燥，同时能够保湿、舒缓肌肤、减少炎症、有效抵抗污染物引起的皮肤老化、皮肤缺水等问题，能很好的保护婴幼儿娇嫩的肌肤。

配方 32 保湿美容液

原料配比

原料	配比(质量份)		
	1#	2#	3#
大豆卵磷脂	20	25	30
透明质酸	35	40	45
角鲨烷	20	25	30
芦荟提取液	40	45	50
青瓜提取液	5	8	10
石榴提取液	10	12	15
澳大利亚坚果油	10	15	20
透明质酸钠	3	4	5

制备方法 将各组分原料混合均匀即可。

产品特性 本品不添加防腐剂和色素，性质温和，不刺激皮肤，渗透性良好，适合各种肌肤的人士使用，对孕妇和儿童也适用，所述角鲨烷不仅可以加速配方中的其他成分向皮肤中渗透，而且还可以抑制霉菌的生长，起到天然防腐剂的作用；所述的保湿美容液还包括透明质酸钠，透明质酸钠用于皮肤中可保持皮肤滋润光滑，细腻柔嫩，富有弹性，具有防皱、抗皱、美容保健和恢复皮肤生理功能的作用。所述保湿美容液通过各成分的协同作用，具有良好的美白保湿的效果，对暗黄或受损肌肤有明显的改善效果。

配方 33 保湿无刺激泡沫型免洗手抑菌液

原料配比

原料		配比(质量份)		
		1#	2#	3#
抑菌剂		0.05	0.05	0.03
保湿剂		—	—	8
保湿剂	乙酰壳糖胺	10	—	3
	甘油葡糖苷	—	10	2
泡沫剂	椰油酰甘氨酸钠	0.01	0.015	0.02
pH 调节剂	盐酸、氢氧化钠	0.01	0.012	0.015
	盐酸	—	1	1
	氢氧化钠	—	1	1
去离子水		加至 100	加至 100	加至 100
抑菌剂	己脒定二羟乙基磺酸盐	1	3	5
	龙脑樟提取物	—	2	2
	聚赖氨酸	—	—	1

制备方法

(1) 按配方量称取抑菌剂，加入适量去离子水，充分搅拌分散，得到溶液 A；

(2) 按配方量称取保湿剂与泡沫剂，加入至步骤 (1) 得到的溶液 A 中，充分搅拌，得到溶液 B；搅拌时间为 45～60min；

(3) 按配方量称取 pH 调节剂加入至步骤 (2) 得到的溶液 B 中，充分搅拌，用去离子水补足后搅拌均匀，得到保湿无刺激泡沫型免洗手抑菌液。搅拌时间为 45～60min。

产品特性

(1) 本品具有保湿效果，可以有效地保护双手，同时产生丰富细腻的泡沫，抑菌和保湿同时起效；

(2) 本品对皮肤无任何刺激性；适用于孕妇、婴幼儿童等各类人群。

配方 34 保湿修护型儿童润唇啫喱

原料配比

原料	配比(质量份)		
	1#	2#	3#
牛油果脂油	16	12	20
甜扁桃油	11	8	14
葡萄籽油	8	6	10
山茶籽油	10	8	12
紫草油	7	6	8
芦荟凝胶萃取液	8	5	11
牛奶蛋白提取物	7	5	9
山羊奶提取物	6	4	8

续表

原料	配比(质量份)		
	1#	2#	3#
蜂胶提取物	4.5	3	6
薄荷醇	2	1	3
维生素 E	10	8	12
淀粉	2	1	3
糖类同分异构体	1	0.5	1.5
去离子水	3.5	2	5

制备方法

(1) 称取牛油果脂油、甜扁桃油、葡萄籽油、山茶籽油和紫草油加入混合罐中，在45～65℃条件下混合搅拌均匀，得到混合物 A；所述混合搅拌速度为500～600r/min。

(2) 将芦荟凝胶萃取液、牛奶蛋白提取物、山羊奶提取物、蜂胶提取物、薄荷醇、维生素 E、淀粉、糖类同分异构体和去离子水加入另一混合罐中，在25～40℃条件下混合搅拌均匀，得到混合物 B；所述混合搅拌速度为200～300r/min。

(3) 将混合物 B 加入混合物 A 所在混合罐中，升温至80～95℃，搅拌均匀，保温10～15min；所述混合搅拌速度为150～200r/min。

(4) 在步骤 (3) 的基础上自然冷却至室温，即可得到润唇啫喱。

产品特性 本品不含化学试剂，安全性能高，适合儿童使用；并通过牛奶蛋白提取物、山羊奶提取物和蜂胶提取物的添加，有效提高润唇啫喱的润湿性和滋润程度，提高保湿修护性能。

配方 35 儿童用保湿霜

原料配比

原料		配比(质量份)		
		1#	2#	3#
皮肤调理剂	牛油果树果脂	0.5	3.9	3.7
	辛酸	2	5	3
	角鲨烷	2.7	4	3
	泛醇	0.3	0.7	0.5
	马齿苋提取物	0.08	0.2	0.12
	双丙甘醇	0.001	0.012	0.017
	透明质酸钠	0.02	0.5	0.03
	甘油硬脂酸酯	0.01	0.019	0.017
	红没药醇	0.05	0.3	0.1
	甘油三酯	5	6.3	5.5
润肤剂	植物甾醇类	0.1	0.3	0.1002
	生育酚乙酸酯	0.3	0.7	0.5835
	氢化卵磷脂	0.1	0.25	0.1017
	神经酰胺	0.01	0.09	0.05267
溶剂	水	58	65	62.8654
	丁二醇	4	8	6.04
保湿剂	甘油	3	9	6
	1,2-丙二醇	0.3	0.7	0.508
	尿囊素	0.1	0.5	0.3

续表

原料		配比(质量份)		
		1#	2#	3#
润肤剂	霍霍巴籽油	1.2	1.2～3	2.6004
	聚二甲基硅氧烷	1.15	1.15～3.46	2
	蜂蜡	0.3	0.3～0.7	0.501
	向日葵籽油	0.256	0.256～0.48	0.39913
	霍霍巴酯类	0.1	0.1～04	0.2004
	鲸蜡硬脂基葡糖苷	0.12	0.25	0.196
乳化剂	鲸蜡硬脂醇	1.37	2.99	2.767
	山嵛醇	1.35	2.45	1.836
乳化稳定剂	花生醇	0.42	0.85	0.648
	花生醇葡糖苷	0.14	0.5	0.21
	葡萄糖	0.001	0.01	0.0066
增稠剂	丙烯酰二甲基牛磺酸铵	0.25	1.96	1
	黄原胶	0.01	0.07	0.05
螯合剂	EDTA 二钠	0.025	0.09	0.05
抗氧化剂	对羟基苯乙酮	0.3	0.75	0.5

制备方法

（1）向容器内依次加入水、丁二醇和甘油，搅拌均匀，直至溶解；

（2）将 1,2-丙二醇、尿囊素、牛油果树果脂、辛酸、角鲨烷、泛醇、马齿苋提取物、双丙甘醇、透明质酸钠、甘油硬脂酸酯、红没药醇、甘油三酯、霍霍巴籽油、聚二甲基硅氧烷、蜂蜡、向日葵籽油、霍霍巴酯类、鲸蜡硬脂基葡糖苷、植物甾醇类、生育酚乙酸酯、氢化卵磷脂、神经酰胺、鲸蜡硬脂醇、山嵛醇、花生醇、花生醇葡糖苷、葡萄糖、丙烯酰二甲基牛磺酸铵、黄原胶、EDTA 二钠和对羟基苯乙酮依次加入容器中，每添加三个原材料便进行一次搅拌，最终搅拌成乳液状；

（3）容器放置于干燥处，静止 30～50min 后，对容器内的乳液进行检查。

产品特性　本品通过添加具有舒敏作用的马齿苋提取物、红没药醇、神经酰胺和尿囊素来改善泛红过敏问题，添加牛油果树果脂、甘油、霍霍巴油、角鲨烷，从根源改善干燥问题，且适用于全身，成分安全不会对人体健康造成危害，无防腐剂、荧光剂、无色素和无香精、无矿物油、无重金属、无硅油、无酒精、无激素，在不冲洗的情况下，仍无刺激性，适合儿童全身使用。

配方 36　多效婴幼儿保湿润肤霜

原料配比

原料	配比(质量份)		
	1#	2#	3#
艾叶	6	4	5
甘草	5	3	4
苍耳子	3	1	2
番茄	4	2	3
苦瓜	5	3	4
金银花	4	2	3
薄荷	3	1	2

续表

原料	配比(质量份)		
	1#	2#	3#
鳄梨油	8	6	7
乳木果油	30	20	25
维生素E	5	3	4
透明质酸	0.3	0.1	0.2
丁二醇	1	0.5	0.8
甘油	4	2	3
牛奶	6	5	5.5
去离子水	9	7	8

制备方法

(1) 取艾叶、甘草、苍耳子、金银花和薄荷去除杂质，清洗风干后放入研磨机内研磨成碎料，然后将碎料放入超声波提取机内，并加入去离子水，超声频率为26kHz，过滤分离后得到滤液，再将所述滤液真空浓缩至原体积的1/2，得到浓缩中药液，备用；

(2) 取番茄和苦瓜清洗干净，与牛奶一起放入榨汁机内榨汁，然后过滤分离后得到滤液，再将所述滤液真空浓缩至原体积的1/3，得到浓缩液，备用；

(3) 取丁二醇、透明质酸与步骤(1)得到的浓缩中药液和步骤(2)得到的浓缩液放入配料罐中，在无菌状态下，搅拌混合均匀，得到混合液，备用；

(4) 取鳄梨油、乳木果油、维生素E和甘油混合均匀，并加热至60～80℃，持续加热15～20min，得到加热物，备用；

(5) 将步骤(3)得到的混合液和步骤(4)得到的加热物放入乳化锅内，在真空度为－0.03～－0.05MPa的条件下，恒温搅拌15～18min，得到预成品，备用；

(6) 将步骤(5)得到的预成品降至室温，然后在进行无菌状态下，进行密封包装，即得多效婴幼儿保湿润肤霜。

产品特性　本品将具有深层滋润功效、营养度极高的乳木果油和鳄梨油作为主要材料，将温和无刺激的维生素E、透明质酸、丁二醇、甘油和去离子水作为添加剂和保湿剂，并添加具有祛湿、抗敏、消炎和舒缓功效的艾叶、甘草、苍耳子、番茄、苦瓜、金银花和薄荷，同时经过本品特定的制备方法，得到的保湿润肤霜温和无刺激，具有很好的保湿作用和一定的抑菌、抗敏效果，可以舒缓皮肤并减少皮肤过敏的情况，也可以预防和治疗湿疹和皮炎，且安全、温和、无刺激，特别适合作为儿童及婴幼儿的护肤品。

配方 37　儿童保湿乳(1)

原料配比

原料	配比(质量份)		
	1#	2#	3#
鲸蜡硬脂基葡糖苷	3	5	4
二甲硅油	0.5	1.5	1
异十六烷	5	7	6
碳酸二辛酯	2	4	3
葡萄籽油	0.2	0.7	0.5
1,3-丁二醇	3～5	5	4
尿囊素	0.1	0.3	0.2

续表

原料	配比(质量份)		
	1#	2#	3#
甜菜碱	1	7	6
去离子水	加至103	加至103	加至103
绿茶提取液	1	3	2
甘草提取液	0.5	2	1
马齿苋提取液	1	3	2
精制盐	0.5	1.5	1
1%透明质酸钠溶液	5	15	10

制备方法 将鲸蜡硬脂基葡糖苷、二甲硅油、异十六烷、碳酸二辛酯、葡萄籽油混合得到A组分，将1,3-丁二醇、尿囊素、甜菜碱、去离子水混合得到B组分，将A组分、B组分分别加热到90℃，维持20min灭菌，搅拌降温到80℃，A组加入B组中，均质3min，搅拌降温到45℃时加入剩余的原料组分，持续搅拌到室温即可。

产品特性 本品能够有效滋润儿童皮肤，预防干燥、瘙痒、炎症等问题的发生，本品根据儿童皮肤特性，不添加任何化学物质，安全无毒，可以放心安全使用。

配方38 儿童保湿乳（2）

原料配比

原料		配比(质量份)		
		1#	2#	3#
海星枝管藻的提取物		2.0	2.5	3
小叶海藻提取物		1.0	1.5	2
大叶海藻提取物		1.0	1.5	2
海茴香愈伤组织培养物滤液		2.0	2.5	3
藻酸钠		1.0	1.3	1.5
海带提取物		2.0	2.3	2.5
雨生红球藻提取物		1.5	1.9	2.5
1,2-己二醇		0.5	0.8	1
去离子水		50	55	60
助剂		20	25	30
助剂	羊毛脂	3	4	5
	荷荷巴油	8	9	10
	橄榄果渣油	6	8	10
	乙基己基甘油	6	8	10
	聚山梨醇-20和山梨醇酐月桂酸酯的组合物	10	11	12
	乙二胺四乙酸二钠	5	6	8
	甘油	40	—	—
	甘油和透明质酸钠的组合物	—	50	—
	透明质酸钠	—	—	50
甘油和透明质酸钠的组合物	甘油	—	1	—
	透明质酸钠	—	1.3	—
聚山梨醇-20和山梨醇酐月桂酸酯的组合物	聚山梨醇-20	1	1	1
	山梨醇酐月桂酸酯	1	1.3	1.5

制备方法

(1) 将羊毛脂、荷荷巴油、橄榄果渣油以及乙基己基甘油混合，加热至70～80℃，在旋转搅拌器中搅拌均匀，得到油相混合物；旋转搅拌器转速为200～220r/min。

(2) 将海星枝管藻的提取物、小叶海藻提取物、大叶海藻提取物、海茴香愈伤组织培养物滤液、藻酸钠、海带提取物、雨生红球藻提取物以及助剂中的水溶性组分加入去离子水中，加热至65～75℃，在旋转搅拌器中搅拌均匀，得到水相混合物；旋转搅拌器转速为200～220r/min。

(3) 用蠕动泵将油相混合物缓慢加至水相混合物中混合乳化，均质后加入三乙醇胺，调节pH值至中性，搅拌25～60min后冷却至38～50℃，再加入1,2-已二醇，贮放、蒸汽灭菌、灌装，即得到儿童保湿乳。搅拌转速为80～100r/min。

产品特性

(1) 本品不含儿童致敏成分，加入天然植物提取物，具有滋润、保湿的功效，且安全、温和、无刺激，特别适合作为儿童的护肤品。

(2) 本品保留了天然植物提取物的功效，肤感舒服，具有良好的乳化、润湿、分散、稳定等表面性质，且无臭无味，安全性高。

配方 39 儿童保湿护手霜

原料配比

原料	配比(质量份)		
	1#	2#	3#
水	65	60	70
乳木果油	5	4	6
红木籽油	5	4	6
紫松果菊提取物	3	2	4
蜂蜜	3	2	4
丁二醇	5.5	4	7
木糖醇	5.5	4	7
抗菌剂辛甘醇	8	5	11
防腐剂辛酰羟肟酸	3.5	2	5
蜂蜡	1.5	1	2
黄原胶	2.5	2	3
螯合剂EDTA二钠	6	4	8
pH调节剂柠檬酸钠	2	1	3

制备方法

(1) 将乳木果油、红木籽油加入混合罐中，在72～85℃调节下搅拌混合；

(2) 冷却至35～45℃时加入紫松果菊提取物和蜂蜜，搅拌混合均匀；

(3) 依次加入保湿剂、抗菌剂、防腐剂、乳化剂和螯合剂，在转速800～1200r/min的条件下搅拌混合3～5min；

(4) 加入pH调节剂，在500～600r/min的条件下搅拌混合8～13min，－0.01MPa至－0.03MPa条件下真空脱气10min，即可得到所述儿童保湿护手霜。

原料介绍

所述润肤剂包括4～6份乳木果油、4～6份红木籽油、2～4份紫松果菊提取物和2～4

份蜂蜜。

所述保湿剂为丁二醇或者木糖醇中的一种或两种。

所述乳化剂为蜂蜡和黄原胶的组合物。

产品特性　本品通过多种天然润肤剂相互配合，提高了对手部皮肤的护理调理效果，并通过安全性高的丁二醇或者木糖醇作为保湿剂，保证了护手霜保湿性能，同时，采用多种安全高效化学试剂进行复配，使制得的护手霜适合儿童使用。

配方 40　儿童保湿润体露

原料配比

原料	配比(质量份)		
	1#	2#	3#
水	59	53	65
辛酸/癸酸甘油三酯	10	8	12
金盏花提取物	6.5	5	8
红没药醇	4.5	3	6
油菜甾醇类	3.5	2	5
尿囊素	1.5	1	2
牛奶蛋白提取物	6	4	8
马脂	4.5	3	6
增稠剂黄原胶	4	2	6
螯合剂葡庚糖酸钠	4	3	5

制备方法

(1) 将金盏花提取物、红没药醇、油菜甾醇类和尿囊素在75～85℃条件下混合，得到抗炎组合物；

(2) 将辛酸/癸酸甘油三酯和马脂在80～90℃条件下混合，之后加入抗炎组合物、增稠剂、螯合剂和水进行均质反应；

(3) 冷却至25～40℃，加入牛奶蛋白提取物，搅拌均匀即可得到所述儿童保湿润体露。

产品特性　本品通过非致敏性的辛酸/癸酸甘油三酯与具有抗炎、调理功能的抗炎组合物配合，提高了儿童保湿润体露的安全性，并使其具有抗炎、舒缓抗敏和保湿的功能；另外，通过牛奶蛋白提取物和马脂的添加，提高了儿童保湿润体露的滋润程度，同时，采用安全的增稠剂、螯合剂替代传统的刺激性化学成分，使保湿润体露更加适合儿童娇嫩肌肤。

配方 41　儿童舒缓保湿润唇膏

原料配比

原料	配比(质量份)		
	1#	2#	3#
双-二甘油多酰基己二酸酯-2	5	3	7
蜂蜡	13	8	18
牛油果树提取物	8.5	5	12
燕麦提取物	5.5	3	8
山茶籽油	10	7	13
霍霍巴籽油	8	5	11
生育酚	13	10	16
乳清蛋白	13	9	17

制备方法

(1) 按照对应的质量份数将蜂蜡、山茶籽油和霍霍巴籽油加入反应釜中，加热至70～85℃，搅拌均匀；所述搅拌速度为300～450r/min。

(2) 然后加入双-二甘油多酰基己二酸酯-2、牛油果树提取物、燕麦提取物、生育酚和乳清蛋白，搅拌均匀，得到唇膏液；所述搅拌速度为200～300r/min。

(3) 将唇膏液灌装至唇膏管内，冷却，即可得到所述唇膏。所述冷却温度为－5～－10℃，冷却时间为3～5min。

产品应用 本品是一种保湿效果优良，可对唇部进行保湿修复，且天然无刺激的儿童舒缓保湿润唇膏。

产品特性 本品通过多种天然柔润剂和保湿剂的添加，提高了唇膏的滋润保湿性能，并通过天然柔润剂和保湿剂替代了化学合成柔润剂和保湿剂，使唇膏低刺激，更加温和舒缓，其中，乳清蛋白的添加为唇部提高营养，使唇部更滋润。

配方 42 含抗污染组分的婴幼儿高效保湿润肤乳液

原料配比

原料	配比(质量份)	
	1#	2#
凡士林	1	—
棕榈酸乙基己酯	4	4
$C_{14\sim22}$ 醇/$C_{12\sim20}$ 烷基葡糖苷	2	2
乳木果油	2	2
水	加至100	加至100
聚丙烯酸酯交联聚合物-6	0.3	0.3
甘油	8	8
对羟基苯乙酮	0.2	0.2
辛酰羟肟酸	0.1	0.1
聚二甲基硅氧烷/聚二甲基硅氧烷醇/环四聚二甲基硅氧烷	1.5	1.5
山茶花提取物	0.1	0.1
银耳多糖	0.8	0.8
林兰润露	2	2
糖类同分异构体	0.5	0.5
日用香精	0.05	0.05

制备方法 将原料按上述配比添加到反应容器中，在适宜的环境条件下使其混合制备，制备时可采用本领域熟知的任何常规的混合设备，如：乳化均质锅等。混合时需要把油溶的和水溶的分别混合加热到80℃，然后油相和水相混合搅拌均质，降温到45℃时加入植物提取物和日用香精。

原料介绍 植物性保湿剂包括林兰润露和银耳多糖。

产品特性

(1) 本品不仅性质温和、低刺激，而且还具有良好的酸碱稳定性和耐寒耐热稳定性能。

(2) 本品中所含的植物性保湿剂为林兰润露和银耳多糖。林兰润露来源于多种植物中，由金钗石斛茎提取物、库拉索芦荟叶提取物、苦参根提取物、宁夏枸杞果提取物和紫松果菊提取物精制而成，作用于基底层，能激活水通道蛋白AQP3表达，抑制透明质酸酶（炎症反应参与者）活性，并提高丝聚蛋白（天然保湿因子的前体）表达，通过“补、清、固、养”保湿新思路，及时、长效提高皮肤水分含量。银耳多糖，是银耳中的主要活性成分，可使皮肤具有良好的滑爽感和湿润感，不收缩，干爽不紧绷，对皮肤起到保护作用，增加弹性。通过抑制细胞脂质的过氧化反应，从而防止皮肤老化；促进弹性细胞生长；减少 UV 对皮肤的伤害；活化表皮细胞，修复光损伤皮肤；加快皮肤再生；消皱去皱减少皮肤细纹和干裂。

配方 43　含芦荟多糖提取物的保湿润唇膏

原料配比

原料		配比(质量份)		
		1#	2#	3#
保湿剂	棕榈酸异辛酯	加至 100	加至 100	加至 100
	氢化蓖麻油二聚亚油酸酯	8	8	8
	氢化聚异丁烯	10	10	10
	聚甘油-2 三异硬脂酸酯	4	4	4
调理剂	植物甾醇酯类	3	3	3
	辛酸/癸酸三甘油酯	10	10	10
	氢化椰油甘油酯类	10	10	10
	太阳花油	5	5	5
	乳木果油树脂	1	1	1
	白池花籽油	0.5	0.5	0.5
	霍霍巴油	2	2	2
	摩洛哥坚果油	2	2	2
	澳大利亚坚果油	10	10	10
	橄榄油	10	10	10
黏合剂	小烛树蜡	3	3	3
	天然蜂蜡	2	2	2
	微晶蜡	1	1	1
	聚乙烯	3	3	3
	地蜡	3	3	3
抗氧化剂	天然维生素 E	0.1	0.1	0.1
	季戊四醇四(双-叔丁基羟基氢化肉桂酸)酯	0.1	0.1	0.1
添加剂	甘油辛酸酯	0.3	0.3	0.3
赋香剂	薄荷叶油	0.3	0.3	0.3
芦荟多糖提取物		0.5	1	2

制备方法

（1）将黏合剂、保湿剂、调理剂、抗氧化剂在加热罐中加热至 90℃溶解均匀，再加入添加剂、赋香剂、芦荟多糖提取物溶解均匀；

（2）降温至 70～80℃注入模具成型，得到所述保湿润唇膏。

原料介绍

所述的含芦荟多糖提取物的制备方法，包括如下步骤：

（1）取芦荟叶片制得的芦荟凝胶原汁，加入去离子水，置于微波反应器中进行微波提取；

（2）微波提取完后趁热抽滤，滤液浓缩加入无水乙醇得混合物，密封静置 5～8h；

（3）将（2）步骤所得混合物离心，所得离心沉淀进行洗涤，即得芦荟多糖提取物。

产品特性

（1）本品中含有芦荟多糖提取物，对唇部具有优良的保湿滋润效果，同时芦荟多糖提取物的促细胞增殖活性和抗氧化活性赋予该润唇膏兼具消炎，促唇裂愈合等功效。

（2）本品使用后唇部的水分增量具有明显提高，保湿效果与滋润肤感也较市售的唇部组合物优异。同时由于芦荟多糖提取物具有的抗炎，促细胞增殖活性，在长期使用后其对唇裂症状的修复改善具有明显促进作用。

配方 44　含维生素 E 的婴幼儿保湿乳液

原料配比

原料	配比(质量份)		
	1#	2#	3#
皮肤护理剂	1	2	4
氨基酸表面活性剂	0.08	0.06	0.02
保湿剂	10	18	12
高效乳化剂	0.8	1	1.5
乳化稳定剂鲸蜡硬脂醇聚醚-25	0.8	1	1.5
柔润剂聚二甲基硅氧烷	1.5	1	0.8
抗菌剂辛酰羟肟酸	0.2	0.5	0.8
螯合剂葡庚糖酸钠	0.03	0.03	0.015
防腐剂对羟基苯乙酮	0.5	1	1.5
芳香剂草本香精	0.02	0.02	0.06
增稠剂卡波姆	0.2	0.3	0.4
溶剂去离子水	加至 100	加至 100	加至 100

制备方法

（1）在容器中依次加入溶剂、柔润剂、保湿剂、防腐剂和螯合剂后开启搅拌；

（2）再向容器中加入高效乳化剂、乳化稳定剂和增稠剂，均质搅拌溶解；制备容器可采用本领域熟知的任何常规的混合设备，如：搅拌锅等；

（3）再向容器中加入氨基酸表面活性剂、皮肤护理剂、芳香剂和抗菌剂，均质搅拌，振动除泡。

原料介绍

所述皮肤护理剂为生育酚乙酸酯，又称维生素 E 醋酸酯，维生素 E 的一种衍生物；

所述氨基酸表面活性剂为精氨酸；

所述保湿剂为甘油和水的复配物或丙二醇、1,2-己二醇和乙基己基甘油的复配物；

所述高效乳化剂为甘油硬脂酸酯和 PEG-100 硬脂酸酯的复配物。

产品特性

（1）本品针对婴幼儿及小儿湿疹的皮肤特点，采用抗菌剂辛酰羟肟酸可以对皮肤湿疹处进行抗菌，缓解瘙痒；采用生育酚乙酸酯，具有增强细胞的抗氧化作用，与柔润剂和保湿剂配合，起到较好的滋润皮肤的作用，使皮肤保持顺滑清爽，能够很好地修复皮肤保护屏障；

（2）本品肤感细腻爽滑、保湿、修护皮肤屏障、缓解瘙痒，兼具了修复与护理功效，能够提高婴幼儿皮肤抵抗外界刺激以及过敏原侵害的能力。

配方 45　含有山茶籽油的天然无添加保湿霜

原料配比

原料		配比(质量份)		
		1#	2#	3#
A 组分		1	1	1
B 组分		1	1	1
C 组分		1	1	1
A 组分	水	51	54	55
	甘油	12	12	13
	尿素	3.5	3	2.5
	海藻糖	1.5	0.9	0.7
	水解燕麦蛋白	1	0.7	0.8
	泛醇	0.6	0.4	0.5
	尿囊素	0.2	0.1	0.2
	黄原胶	0.1	0.1	0.2
	β-葡聚糖	0.1	0.2	0.3
	神经酰胺	30.2	30.3	30.4
	卡波姆	0.07	0.05	0.06
	EDTA 二钠	0.03	0.05	0.04
B 组分	山茶籽油	10	10	12
	牛油果树果脂油	11	11	8
	鲸蜡硬脂基葡糖苷	3	2.5	1.8
	鲸蜡硬脂醇	1.5	1	1
	鲸蜡硬脂醇橄榄油酸酯	1	0.7	0.8
	甘油硬脂酸酯	0.8	0.7	0.7
	甘油油酸酯	0.4	0.6	0.6
	生育酚	0.6	0.5	0.4
C 组分	精氨酸	0.2	0.1	0.2
	辛酰羟肟酸	0.5	0.6	0.5
	乙基己基甘油	0.2	0.1	0.1
	1,2-己二醇	0.5	0.4	0.3

制备方法

(1) 先将乳化锅预加热，乳化锅内温度达到 40～60℃时，再向乳化锅内依次加入 A 组分原料，采用正反转交替搅拌法，搅拌升温乳化，保湿搅拌 25～35min，搅拌速度为 20～30r/min，得到组分 A；

(2) 将 B 组分各原料依次加入油相制料锅中，加热升温至 70～75℃，搅拌混合溶解均匀，保温 25～35min，确保固体充分溶解得到组分 B；

(3) 将 C 组分各原料依次加入混合搅拌设备中，充分搅拌均匀得到组分 C；

(4) 将步骤 (2) 中得到的 B 组分抽入乳化锅中，搅拌均匀预乳化 8～12min，然后进行 5～10min 均质，保温搅拌 4～6min，搅拌速度为 25～35r/min；

(5) 真空消泡降温，向乳化锅中加入 C 组分，搅拌均匀，搅拌 10～20min，搅拌速度为 20～30r/min；真空度为 0.3～0.5MPa，降温速度为 0.4～0.6℃/min，降温至 40～45℃；

(6) 调节 pH，用 200 目过滤网出料，封口，称重，送入半成品静置间，待检；检验合格后，在室温为 26℃的静置间陈化 48h 以上，得到产品。调节 pH 为 5.5～7.0。

产品特性

(1) 本产品所使用的天然茶油，采用低温物理萃取工艺，含有的各类活性成分保留比较好，添加β-葡聚糖、尿囊素等成分，具有抗敏抗炎等多重效果。

(2) 本产品采用天然成分、温和配方，不添加矿油矿脂、香精色素、防腐剂等成分，安全性高，尤其适合婴幼儿、敏感性肌肤使用。

配方 46 具有打底功能的儿童妆前保湿乳

原料配比

原料	配比(质量份)			
	1#	2#	3#	4#
聚季铵盐调理剂	5.00	1.00	1.20	1.50
护舒桐	1.00	1.50	1.50	2.00
植物舒肤剂	2.50	1.00	1.50	2.00
土木香提取物	2.00	0.50	0.80	1.00
植物油脂	20.00	15.00	10.00	5.00
多元醇	3.00	5.00	5.50	6.00
乳化剂	3.00	2.50	1.80	1.00
增稠剂	0.40	0.50	0.60	1.00
抗氧化剂	1.00	0.50	0.30	0.10
防腐剂	0.40	0.50	0.55	0.60
芳香剂	0.30	0.10	0.15	0.05
水	61.40	71.90	76.10	79.75

制备方法

(1) 将配方量多元醇及增稠剂、水加入反应器中，加热到 70～85℃，静置保温 5～20min，使其完全溶解，备用；

(2) 将植物油脂和护舒桐一起投入油相锅，搅拌 5～20min，然后高压均质 1～10 次、每次 1～120s 至护舒桐分散均匀；

(3) 将乳化剂、抗氧化剂投入油相锅，开启加热，加热到 70～85℃，搅拌至所有组分变成均一液体；

(4) 将步骤 (3) 制得的料液投入步骤 (1) 中，搅拌使混合均匀然后高压均质 1～10 次、每次 1～120s；

(5) 边搅拌边降温到 40～55℃，向主反应锅中投入植物舒肤剂，搅拌均匀；

(6) 降温到 20～45℃，投入聚季铵盐调理剂、土木香提取物、防腐剂和芳香剂，搅拌均匀；

(7) 静置 20～48h，灌装、包装，得到具有打底功能的儿童妆前保湿乳。

原料介绍

所述的聚季铵盐调理剂含有 2.50%～6.00%的聚季铵盐-51、90.00%～97.00%水和 0.50%～4.00%苯氧乙醇。

所述的护舒桐是油菜和油桐油交联制得的一种天然共聚物。

所述植物舒肤剂是一种龙舌兰叶提取物和麦芽糖复配的原料。

所述土木香提取物含有 0.50%～5.00%甘油、90.00%～97.50%水和 2.00%～5.00%土木香提取物。

所述多元醇为甘油、1,2-丁二醇、1,3-丁二醇、1,4-丁二醇、2,3-丙二醇或1,3-丙二醇中的一种或多种。

所述增稠剂为黄原胶、卡波姆、AVC或鲸蜡硬脂醇中的一种或多种。

所述植物油脂为橄榄油、霍霍巴油、白池花籽油、稻糠油或澳大利亚坚果油中的一种或多种。

所述乳化剂为PEG-100甘油硬脂酸酯、蔗糖硬脂酸酯或鲸蜡硬脂基葡萄糖苷中的一种或多种。

所述抗氧化剂为谷维素、生育酚中的一种或两种。

所述防腐剂为辛酰羟肟酸、戊二醇、己二醇、辛甘醇或乙基己基甘油中的一种或多种。

所述芳香剂为茉莉精油、甜橙精油、青柠精油、橙花精油或依兰精油中的一种或多种。

产品特性

(1) 本品通过配方优化，各成分协同增效，具有保湿、促进肌肤屏障修复、抗污染以及减少有害物质渗透等护肤作用，还具有修饰肌肤瑕疵和瞬间提亮肤色等修颜作用。

(2) 本品不添加二氧化钛等矿物粉体、化学合成色素、香精、化学防腐剂、硅油和硅粉等对儿童肌肤不安全的成分，不会堵塞毛孔和损伤皮肤。本品安全性高、质地温和、性质稳定、肤感好。

配方 47 婴儿滋润保湿霜

原料配比

原料		配比(质量份)
A	水	53.94
	甘油	2.5
	尿囊素	0.2
	丙烯酰二甲基牛磺酸铵/VP共聚物	0.45
B	1,3-丁二醇	2.5
	黄原胶	0.05
	透明质酸钠	0.01
C	矿油	8
	聚二甲基硅氧烷	2
	异壬酸异壬酯	2
	辛酸/癸酸甘油三酯	3.5
	角鲨烷	2
	鲸蜡硬脂醇	2.3
	A165乳化剂	2.3
	乳化剂 Runemul Favor SC	2.3
D	生育酚乙酸酯	0.5
	油橄榄果油	1
	羊毛脂	1
	牛油果树果脂	1
	矿脂	3.5
	山茶籽油	0.5
E	具有高保湿性能的组合物	7
	植物提取物 Senplant SD	0.5
	防腐剂	0.85
F	香精	0.1

续表

原料		配比(质量份)
具有高保湿性能的组合物	脱乙酰壳多糖(脱乙酰度为85%)	5
	燕麦多肽(多肽含量为92%)	30
	石斛多糖(多糖含量80%)	20
	水	42.5
	馨鲜酮	0.5
	1,2-己二醇	0.5
	1,3-丁二醇	1.5

制备方法

(1) 将B相中的各成分混合，稍微搅拌至充分浸润，备用；

(2) 在2000～3000r/min均质条件下将A相中的粉料洒入，均质3～5min，注意避免产生过多气泡，加入预配好的B相，边搅拌边加热，至82～85℃，再均质3～5min至完全分散均匀，保温至少15～20min消毒，消泡，得到A+B相；

(3) 称取C相原料，混合均匀，边搅拌边加热至78～80℃，充分搅拌至完全熔成液体，乳化前，再依次加入D相，搅拌至完全熔为液体，保温，得到(C+D)相；

(4) 真空下，将(C+D)相加入(A+B)相中，加完后，均至完全乳化均匀，保温，消泡后才能开始降温；降温至45℃，依次加入E相，真空下充分搅拌均匀；降温至40℃以下，加入F相，充分搅拌均匀，得到婴儿滋润保湿霜。

原料介绍　具有高保湿性能的组合物制备方法如下。

(1) 将脱乙酰壳多糖、燕麦多肽、石斛多糖和水混合，加热至50～70℃搅拌混匀；

(2) 将馨鲜酮、己二醇和丁二醇混合，加热至45～50℃，搅拌均匀，趁热加入步骤(1)得到的溶液中，搅拌均匀，得到具有高保湿性能的组合物。

产品特性　本品中具有高保湿性能的组合物中的不同天然组分具有协同作用，可提升各自功效。其中脱乙酰壳多糖具有保湿、天然防腐及抗菌的作用，燕麦多肽具有亲肤和长效滋润的作用，石斛多糖具有抗氧化保湿的作用，上述天然产物组分配伍使用，安全可靠，对人体皮肤无刺激作用，具有长效保湿性能，对于护理皮肤特别是干燥皮肤具有良好保湿修复功效。且天然来源的具有高保湿性能的组合物性质温和，避免引发炎症和过敏反应，还具有一定的抑菌效果，适于广泛人群使用，尤其适于婴幼儿使用。

配方48　利用微孔过滤浓缩提取技术制备的婴幼儿保湿霜

原料配比

原料	配比(质量份)		
	1#	2#	3#
维生素E	1	2.5	4
玻尿酸	5	7.5	10
乳化剂	4	6	8
甘油	25	34	40
透明质酸钠	2	3	4
牛奶	30	40	50
去离子水	50	65	80
植物提取液	20	30	40

续表

原料		配比(质量份)		
		1#	2#	3#
乳化剂	十六烷基葡萄糖苷	5	6	7
	甲基葡萄糖倍半硬脂酸酯	2	2	3
	十六醇	1	1	1
植物提取液	甘草提取液	4	5	6
	黄芩提取液	5	8	10
	当归提取液	4	6	8
	人参提取液	1	2	3
	芦荟提取液	6	9	14

制备方法 将所需去离子水注入水锅中，开启搅拌器，边搅拌边加入维生素 E、玻尿酸、透明质酸钠和牛奶，并保持温度在 80～85℃，使原料完全溶解后停止搅拌和加热，得到混合物 A，之后将甘油、玻尿酸、透明质酸钠加入油锅中，边加热边搅拌将原料加热至 80～85℃，使油锅中原料完全溶解时停止搅拌和加热，得到混合物 B，之后将混合物 A 和混合物 B 加入乳化锅内，进行均质乳化，并加入乳化剂，开启均质搅拌 2～3min，保持乳化锅内 80℃以上乳化温度 30min 后开始冷却，降温到 45℃时加入植物提取液的混合物，并持续搅拌 3～5min，直至料温降至 35～40℃时停止搅拌，放去乳化锅的真空度，准备出料。

原料介绍 所述植物提取液经微孔过滤浓缩提取技术制备，其制备方法包括以下步骤：

(1) 将甘草、黄芩、当归、人参和芦荟分别放入不同的容器内，加入部分去离子水后，并用机器进行破碎，破碎完成后静置待用；粉碎的机器为螺旋破碎机，且加入去离子水的含量盖过植物的位置。

(2) 将 (1) 中破碎后的甘草、黄芩、当归、人参和芦荟分别先依次经过微孔过滤膜进行过滤，过滤掉粉碎混合液中较大的胶体粒子和悬浮微粒；进行微孔过滤时，其过滤的压强应设置在 0.3MPa 以下。

(3) 将 (2) 中初次过滤的剩余混合液，再依次经过超滤膜进行过滤浓缩，得到浓缩后甘草、黄芩、当归、人参和芦荟的提取液。

产品特性 本品通过利用微孔过滤浓缩提取技术制备保湿霜组分中的植物提取液，其能够在制备的过程中既保证将提取液中的杂质除去，同时也能够对提取液进行杀菌处理，提高了提取液的质量，从而使提取液与其余组分进行混合制备时，制备的保湿霜的效果更好，更安全；同时植物提取液包括甘草、黄芩、当归、人参和芦荟，其由各种中草药组成，既能够在实现对婴幼儿保湿的同时，还能够减少对皮肤过敏状况的产生，且为皮肤提供足够的营养滋护，提高使用时的清新，滑爽和舒适感，更加有益于婴幼儿的使用。

第四章　儿童爽身用品

配方 1　草本天然成分的爽身粉

原料配比

原料	配比(质量份)	
	1#	2#
海水珍珠	20	20
玫瑰花	20	20
绿豆粉	59	39
冰片	1	1
医用级滑石粉	—	20

制备方法

（1）将玫瑰花用文火烘焙，温度控制在 30～50℃，时间控制在 30～120min；

（2）将海水珍珠煅制，温度控制在 70～80℃，湿度控制在 10%～30%；

（3）再绿豆粉以及冰片与上述由（1）和（2）产生的制品全部混合后经粉碎机粉碎；

（4）过 100～1000 目筛；

（5）在 60～80℃的温度下干燥 0.5～2h，然后在室温下放置 12～24h；

（6）重复步骤（5）1～2 次即成。

产品应用　本品主要适合初生婴儿使用的爽身粉。

产品特性　本品为天然草本成分，对皮肤无刺激性，粉尘不飞扬，它有自然纯正、芳香祛湿、清热解毒、养血润燥、活血化瘀的作用。使用时可喷、撒、涂、抹于皮肤上，可用于汗液较多之处。对湿疹以及由于潮湿多汗引起的皮肤炎症、痱子、异味有显著功效，适合初生婴儿使用。

配方 2　纯天然爽身粉

原料配比

原料	配比(质量份)	
	1#	2#
炉甘石	60	80
松花粉	20	10
天然中药粉	20	10

制备方法　将所述炉甘石粉碎为粉末状，其颗粒尺寸为 5～15μm。将松花粉和天然中药粉粉碎为粉末状，颗粒尺寸为 5～20μm。然后将各组分原料混合均匀即可。

原料介绍　所述纯天然中草药为金银花粉、黄连粉、野菊花粉、白芷粉、山银花粉、黄芪提取物、绿豆粉、苦参提取物、甘草、薄荷粉等的一种或几种混合物。

产品应用　本品主要是一种适用于婴幼儿及其他人群皮肤的纯天然爽身粉。

产品特性

（1）本品采用的炉甘石的功效是收湿止痒敛疮，可用于湿疮、皮肤瘙痒、溃疡不敛等症状。

（2）本品具有如下使用效果：细滑、干燥、凉爽、透气。

（3）本品主要以炉甘石为原料，配加了其他纯天然、无污染的中草药成分，发挥了中草药无毒副作用的优点，不掺入任何化学原料和防腐剂，安全可靠，使用放心。

（4）对婴幼儿的尿布性皮炎、湿疹、湿疮、溃疡不敛、黄水疮、皮肤瘙痒等有明显功效，对其他年龄层次人群也同样有效。

配方 3　防止虫咬性皮炎的儿童爽身粉

原料配比

原料	配比(质量份)		
	1#	2#	3#
玉米淀粉	72.7	65.8	69.3
2500 目紫草粉	16	—	—
2200 目紫草粉	—	20	18
2500 目驱蚊草粉	10	12	11
马来酸氯苯那敏	0.3	0.5	0.4
维生素 C	0.3	0.5	0.4
维生素 B_1	0.1	0.2	0.1
维生素 B_2	0.3	0.5	0.4
维生素 B_6	0.3	0.5	0.4

制备方法　将各组分原料混合均匀即可。

产品特性　本品通过驱蚊、抗过敏、抗氧化、防湿疹、营养皮肤等措施大大改善了儿童皮肤对环境变化的适应性。

配方 4　改良爽身粉

原料配比

原料	配比(质量份)		
	1#	2#	3#
玉米淀粉	40	42	45
松花粉	20	22	25
香蒲花粉	20	22	25
金银花粉	10	12	15
冰片	2	3	5
黄芪粉	10	11	12

制备方法

（1）将玉米淀粉、松花粉、香蒲花粉和黄芪粉经过微波干燥机在 3～5℃ 的低温下干燥。并粉碎，粒径小于 1μm。

（2）将玉米淀粉、松花粉、香蒲花粉和黄芪粉这四种混合物进行紫外线灭菌。紫外线灭菌时，控制温度 35～40℃，灭菌时间 0.5～1h。

（3）将各组分混合均匀即可。

产品特性　本品利用玉米淀粉、松花粉、香蒲花粉和黄芪粉这几种纯天然粉代替传统的滑石粉，松花粉能消炎抑菌，对婴幼儿湿疹、尿布性皮炎、红臀有很好的辅助治疗作用，香蒲花粉具有吸湿作用，金银花粉具有抑菌、抗炎作用，纯天然，不刺激，适合娇嫩肌肤。

配方 5　改性玉米淀粉爽身粉

原料配比

原料	配比(质量份)	
	1#	2#
改性玉米淀粉	80～100	84.9
氧化锌	1～10	6
硅石	1～5	5
磷酸三钙	1～5	4
苄索氯铵	0.01～0.1	0.1

制备方法

（1）搅拌混匀：将称量后的原料改性玉米淀粉、氧化锌、硅石、磷酸三钙和苄索氯铵全部加入搅拌锅内搅拌混匀；搅拌混匀的时间为 30～40min。

（2）过滤：用 50～70 目筛网过滤。

（3）成品完成：检验过滤后的混合物是否合格，合格后进行装罐、包装，完成爽身粉成品。

原料介绍　所述改性玉米淀粉是将 120 目的普通玉米淀粉粉碎至 250 目，再做疏水处理得到。

产品特性

（1）本品使用改性玉米淀粉为主要成分，避免了滑石粉的安全危害。

（2）本品规避了滑石粉仅仅只能吸汗不能功效护肤的缺点，同时也有效改善了普通玉米淀粉细腻度及爽滑效果不理想的情况，贴肤性、爽滑感、吸水性更佳，护肤爽身效果好。

（3）本品采用具有独有的香气的改性玉米淀粉作为产品的芳香成分代替香精，有效降低致敏率。

配方 6　海藻婴儿爽身液

原料配比

原料	配比(质量份)		
	1#	2#	3#
海藻	5	8	2
豌豆干细胞	6	7	2
蕉皮素	3	5	2
洋甘菊	3	4	1
牛油果	4	4	1
草梧桐	3	4	1
茶多酚	3	4	2
食用级甘油	2	2.5	1
去离子水	适量	适量	适量

制备方法 取海藻、洋甘菊、牛油果、草梧桐，加水煎煮两次，第一次加水为药材质量的8～12倍量，煎煮1～2h，第二次加水为药材质量的6～10倍量，煎煮1～2h合并煎液，浓缩至海藻、洋甘菊、牛油果、草梧桐总质量的10倍量，加入豌豆干细胞、蕉皮素、茶多酚、食用级甘油，70～80℃左右融溶，即得成品。

产品特性 本品安全性更高，植物原料为主料，无毒无刺激，不含易过敏成分，本品吸收汗液好、爽滑肌肤性能好，舒缓痱子好，避免传统爽身粉被吸入的危险，确保新生儿呼吸道的健康发育。

配方 7 和田玉爽身粉

原料配比

原料	配比(质量份)				
	1#	2#	3#	4#	5#
和田玉超微粉	50	52	55	58	60
五倍子粉	10	12	15	18	20
紫草挥发油包合物	5	6	7	9	10
芦荟冻干粉	10	11	12	13	15
薄荷脑	0.1	0.15	0.2	0.25	0.3
冰片	2	3	3.5	4	5
氧化锌	5	6	6.5	7	8
硼酸	3	4	4.5	5	6
香精	0.1	0.2	0.3	0.4	0.5

制备方法

（1）将氧化锌、冰片、硼酸分别粉碎研磨过120目筛，加入和田玉超微粉、五倍子粉、紫草挥发油包合物和芦荟冻干粉，搅拌均匀；

（2）取薄荷脑加入香精中溶解成混合液；

（3）将步骤（1）得到的粉末放入混合机中搅拌，均匀地喷洒步骤（2）的混合液，使之与粉末混合均匀；

（4）将步骤（3）所述的粉状成品放入烘干机中烘干，至粉末含水量小于10%，然后研磨成细粉，在100℃下灭菌3min，即得到和田玉爽身粉。细粉粒度小于10μm。

原料介绍

所述紫草挥发油包合物的制备方法为：

（1）取紫草粉碎过60目筛，然后按料液比为1∶5加入正己烷，在超声频率为20kHz，功率为200W的条件下，超声波连续作用30min，过滤，取滤渣重复超声波处理1次，过滤，合并滤液，取滤液经真空旋转蒸发出去正己烷溶剂，得到紫草挥发油；

（2）取β-环糊精加水加热溶解，冷却至50℃时，加入紫草挥发油与等量无水乙醇混合的混合液，置于磁力搅拌器中恒温搅拌2h，冷却至室温，放入冰箱中冷藏24h，抽滤，依次用去离子水、无水乙醇洗涤，然后真空干燥3h，得到紫草挥发油包合物。

所述芦荟冻干粉的制备方法为：取新鲜芦荟，去皮，取凝胶匀浆，用4层纱布过滤，取滤液置于−50℃下冷冻干燥得到冻干粉，研磨，过120目筛，即得芦荟冻干粉。

产品特性

（1）本品中以和田玉超微粉为主要原料，其所含大量的微量元素，能被皮肤吸收，活化细胞组织，提高机体免疫力，并使毛囊内杂质、中性脂肪等不良物质和汗一起排出，促进血液循环，调节自律神经，使皮肤光滑、细腻、富有弹性；

（2）本品中添加了具有良好的收敛止汗作用的五倍子粉，能收敛、止痛、减少婴幼儿出汗量，且还具有抗菌消炎作用，对小儿多汗症、红屁股具有很好的改善和预防作用；

（3）本品属于无刺激性产品，其粉体细腻洁净，无杂质，颜色均匀明亮，具有良好的分散性，较易在皮肤上涂抹均匀，且无明显泛白，具有干爽感，此外，本品制备的和田玉爽身粉还具有抗菌消炎，收敛止汗，止痛止痒等作用，对婴幼儿的出汗多、红屁股、湿疹、痱子等症状具有预防及治疗改善作用。

配方 8　松花珍珠紫草复配的爽身粉

原料配比

原料	配比(质量份)			
	1#	2#	3#	4#
松花粉	79.3	89.1	69.5	60
珍珠粉	20	10	30	39.8
紫草提取物	0.4	0.5	0.3	0.1
薄荷脑	0.3	0.4	0.2	0.1

制备方法

（1）松花粉的选择制备：利用分级技术挑选 200 目的松花粉，中温干燥杀菌；

（2）珍珠粉的制备：将珍珠清洗干净，干燥后粗粉碎，再通过 100 目筛后进行气流微粉碎至过 300 目，并干热杀菌；

（3）薄荷脑粉碎：将薄荷脑研磨粉碎至过 300 目；

（4）物料混合：按上述配方比例将松花粉、珍珠粉、紫草提取物、薄荷脑混合，先通过 100 目筛，再放进球型混合设备混合均匀；

（5）灌装：将制得的产品进行灌装、包装。

原料介绍　所述紫草提取物为紫草油。

产品特性　本品利用松花粉、珍珠粉代替普通的爽身粉中的滑石粉和玉米淀粉类，避免了滑石粉对人体特别是婴幼儿的安全危害，也规避了玉米淀粉仅仅只能吸汗不能功效护肤的缺点，并且其爽身效果好，使用起来也方便、舒适、安全、有效。

配方 9　缓释驱蚊精油微胶囊儿童爽身粉

原料配比

原料	配比(质量份)			
	1#	2#	3#	4#
多孔淀粉微胶囊	77.0	85	81	81
低分子壳聚糖	8.0	7	4	10
松花粉	15.0	8	15	9

制备方法

（1）分别将多孔淀粉、低分子壳聚糖以及松花粉在粉碎机中粉碎，过筛；过筛为过

200～700 目筛。

（2）将驱蚊精油滴加至多孔淀粉上，常温下搅拌混合均匀，在 30～55℃下保温 1～2d 制得多孔淀粉微胶囊；所述驱蚊精油与多孔淀粉的质量比为(1∶170)～(1∶155)。

（3）称取多孔淀粉微胶囊、低分子壳聚糖和松花粉，加入混合机中混合均匀，得到爽身粉。

（4）将爽身粉进行紫外线灭菌，控制温度 35～40℃，灭菌时间 0.5～2h。

原料介绍

所述多孔淀粉为多孔玉米淀粉、多孔红薯淀粉、多孔木薯淀粉和多孔小麦淀粉中的一种或多种。

所述驱蚊精油为柠檬草精油、香茅精油、柚子皮精油和薄荷精油中的一种或多种。

产品特性

（1）本品制备的多孔淀粉微胶囊具有大孔球形结构，可用于包裹精油，起到保护和缓释作用。微胶囊来源于天然提取物、无毒无害，保证儿童使用的安全性。且具有较高的吸湿性，可以吸收儿童皮肤分泌多余的汗液和油脂，保证皮肤舒适干爽。

（2）利用微胶囊包裹技术，将驱蚊精油包封在多孔淀粉壳里，既有效地防止产品加工过程因处理不当，导致精油挥发，驱蚊效力降低的问题；又减少精油不稳定，与其他成分相互作用的问题。

（3）本品具有高吸湿性能，控制儿童皮肤的水油平衡，减少毛孔堵塞导致长痱子、红屁股问题，具有吸汗驱蚊、爽滑皮肤功效。

配方 10 抗菌消炎儿童护肤爽身粉

原料配比

原料	配比(质量份)		
	1#	2#	3#
改性玉米淀粉	50	30	70
改性珍珠粉	20	15	25
功能缓释胶囊	3	1	5

制备方法　将步骤改性玉米淀粉、改性珍珠粉和功能缓释胶囊搅拌混合均匀，采用 50～100 目筛网过筛，制得所述抗菌消炎儿童护肤爽身粉。

原料介绍

改性玉米淀粉的制备：将玉米淀粉进行羟基化处理后分散在乙醇溶液中，搅拌均匀后加入笼型倍半硅氧烷进行接枝改性反应，在 30℃的水浴中反应 1～5h，然后经过离心分离、干燥箱 60℃烘干和 30～100 目筛网过筛后，得到所述改性玉米淀粉；所述玉米淀粉的接枝率为 1%～10%；

改性珍珠粉的制备：将珍珠粉进行羟基化处理后分散在乙醇溶液中，搅拌均匀后加入笼型倍半硅氧烷进行接枝改性反应，在 30℃的水浴中反应 1～5h，然后经过离心分离、干燥箱 60℃烘干和 30～100 目筛网过筛后，得到所述改性珍珠粉；所述珍珠粉的接枝率为 1%～10%；

功能缓释胶囊的制备：将二甲基二烯丙基氯化铵-丙烯酸共聚物溶解于二氯甲烷中得到连续相溶液，将八羟基笼型倍半硅氧烷与丙烯酸乙酯及其衍生聚合物溶于二氯甲烷中，搅拌溶解后加入氧化锌固体物质，得到分散相；在所述分散相加入所述连续相溶液的过程中，滴加植物提取物溶液，滴加完成后进行高速剪切、低速搅拌，直至二氯甲烷挥发完毕；最后经过陈化、洗涤、常温干燥，得到所述功能缓释胶囊；所述二甲基二烯丙基氯化铵-丙烯酸共聚物的质量占连续相溶液的1%～5%。所述八羟基笼型倍半硅氧烷、丙烯酸乙酯及其衍生聚合物的加入量按摩尔比为1∶(6～8)，所述八羟基笼型倍半硅氧烷和丙烯酸乙酯及其衍生聚合物的质量总和占分散相的10%～20%，氧化锌的质量占分散相的3%～12%。所述连续相溶液、分散相和植物提取物溶液的质量比为(10～20)∶(10～20)∶(1～5)。

所述丙烯酸乙酯及其衍生聚合物以丙烯酸乙酯、2-羟甲基丙烯酸乙酯、3,3-二甲基丙烯酸乙酯、2-(三甲基硅烷基甲基)丙烯酸乙酯、甲基丙烯酸乙酯中的至少一种为单体经共聚或均聚等到的聚合物。

所述的植物提取物溶液的配制方法为：将植物原料地肤子、金银花藤、艾叶、海金沙藤洗净后，破碎、过筛、杀菌、干燥后，置于高压反应釜中，通入超临界二氧化碳流体作为萃取溶剂，使植物中含有的活性成分和微量元素得以有效提取，加入去离子水配制成质量浓度为5%～25%植物提取物溶液。所述超临界二氧化碳的温度为34℃，压力为75atm（$1atm=10^5Pa$）。

产品特性　本品起到肌肤爽滑干燥，不堵塞毛孔的作用，有效预防婴幼儿肌肤出现痱子；通过功能缓释剂的作用，使爽身粉中的植物提取物活性成分得以缓慢释放，复配爽身粉中的其他成分，从而持续长效地使婴幼儿肌肤起到抗菌消炎的作用，给婴幼儿肌肤带来爽滑舒适、安全健康的良好体验。

配方 11　魔芋葡甘聚糖婴幼儿爽身粉

原料配比

原料		配比(质量份)		
		1#	2#	3#
魔芋葡甘聚糖纯化粉	75℃的去离子水	4000	2000	4000
	魔芋精粉	10	10	15
	无水乙醇	适量	适量	适量
魔芋葡甘聚糖纯化粉		450	400	500
薄荷粉末		40	40	50
金银花粉末		40	30	50
桃叶粉末		40	40	50

制备方法

（1）制备魔芋葡甘聚糖纯化粉：在去离子水中，边搅拌边加入魔芋精粉，以400r/min搅拌25～35min后静置1～3h，经抽滤除去不溶性杂质，保留滤液；旋转蒸发滤液将其浓缩至原体积一半，以体积比为85%～95%的乙醇为沉淀剂，倒入浓缩后的滤液中，边倒入边搅拌，收集沉淀并用无水乙醇洗涤，然后将沉淀物置于25～35℃的鼓风干燥箱中干燥4～6h，再置于25～35℃真空干燥箱干燥至质量保持恒定，得到魔芋葡甘聚糖纯化粉；

（2）制备薄荷粉末：取新鲜薄荷叶，晒干、粉碎，过100目筛后置于25～35℃真空干燥箱干燥至质量保持恒定，得到薄荷粉末；

（3）制备金银花粉末：取新鲜金银花，晒干、粉碎，过100目筛后置于25～35℃真空干燥箱干燥至质量保持恒定，制得金银花粉末；

(4) 制备桃叶粉末：取新鲜桃树树叶，晒干、粉碎，过100目筛后置于25～35℃真空干燥箱干燥至质量保持恒定，制得桃叶粉末；

(5) 混合形成爽身粉：取步骤(1)制得的魔芋葡甘聚糖纯化粉于干粉混合机中，加入步骤(2)制得的薄荷粉末、步骤(3)制得的金银花粉末以及步骤(4)中制得的桃叶粉末，混合均匀，制得爽身粉。

产品特性　本品的魔芋葡甘聚糖婴幼儿爽身粉，以魔芋葡甘聚糖为主要成分，加入其他三种天然药用植物粉末，薄荷在防治痱子方面具有特效，金银花具有抗菌作用，可以治疗热毒疮肿、痱子等，桃树叶片是治疗痱子的古老偏方，因桃树叶中含有丹宁成分，可以使痱子迅速消散，并起到解毒消炎，止痒止痛的作用。而魔芋葡甘聚糖具有良好的抗菌性和强吸水性。魔芋葡甘聚糖婴幼儿爽身粉可以吸收汗液和其他分泌物，破坏痱子和细菌生长的条件，减小皮肤病的发病概率，并且该产品还具有纯天然无毒副作用、使用中对衣物的污染小等优点生产工艺简单，原料价格低廉的优点。

配方 12　驱蚊止痱的婴幼儿爽身粉

原料配比

原料	配比(质量份)		
	1#	2#	3#
薄荷叶粉	5	8	7
竹荪粉	12	15	13
玉米粉	78	57	62
驱蚊草粉	15	20	18

制备方法　先将准确称量的薄荷叶粉、竹荪粉、驱蚊草粉3种小料在混料机中混匀，再将混好的混粉投入大料混匀机中混匀即可。

原料介绍

所述的玉米、薄荷叶、竹荪、驱蚊草4种原料经过以下预处理制备成粉剂的制备方法：

(1) 将4种原料自然晾干至水分12%～15%；

(2) 由锤式粉碎机将玉米粉碎并过筛制成100～150目玉米粉；

(3) 由超细粉碎机分别将薄荷叶、竹荪、驱蚊草粉碎成1500～2000目原料粉剂，粉碎过程中开启水循环冷却装置，保持料温在不高于30℃，分类贮存备用。

产品特性　本品安全性能好，同时具有吸汗、杀菌、消炎、防痱、止痒、驱蚊方面的功能。

配方 13　松花粉爽身粉

原料配比

原料	配比(质量份)	原料	配比(质量份)
破壁松花粉	80～100	磷酸三钙	1～5
氧化锌	1～10	苄索氯铵	0.1～1
硅石	1～5		

制备方法

(1) 搅拌混匀：将称量后的原料松花粉、氧化锌、硅石、磷酸三钙和苄索氯铵全部加入到搅拌锅内搅拌混匀；搅拌混匀的时间为30～40min。

（2）过滤：用50～70目筛网过滤。

（3）成品完成：检验过滤后的混合物是否合格，合格后进行装罐、包装，完成爽身粉成品。

产品特性　本品使用破壁松花粉为主要成分，并利用松花粉独有的香气作为产品的芳香代替香精，避免了滑石粉、香精对人体特别是婴幼儿的安全危害，也规避了滑石粉仅仅只能吸汗不能功效护肤的缺点，并且其营养成分对肌肤的爽身护理效果好。

配方 14　天然绿色的爽身粉

原料配比

原料		配比(质量份)			
		1#	2#	3#	4#
湿疹抑制剂	洋甘菊精油	2	2	8	8
	松花粉	10	10	16	16
杀菌抗菌剂	氧化锌	10	10	15	15
	托萘脂	12	12	18	18
	罗勒油	1	1	6	6
	芦荟粉	5	5	11	11
基料		72	80	72	80
珍珠粉		25	31	25	31
缓释剂		1	3	1	3
湿疹抑制剂		2	5	2	5
杀菌抗菌剂		3	9	3	9
薄荷脑		1	2	1	2
金银花粉		5	8	5	8

制备方法

（1）湿疹抑制剂的制备方法为，取洋甘菊精油和松花粉置入搅拌机的内部，搅拌速度为60r/min，进行搅拌，使得洋甘菊精油和松花粉进行充分混合，得到混合物A，将混合物A置入到过筛机中，进行抖动过筛，在对混合物A进行过筛时，采用80～120目的筛网，过筛后，进行制粉，得到混合粉末A，将混合粉末A进行再次过筛，得到细腻的湿疹抑制剂粉末。

（2）杀菌抗菌剂的制备方法为：取氧化锌、托萘脂、罗勒油、芦荟粉，置于搅拌装置的内部，混合搅拌，且搅拌速度为180r/min，进行充分混合后，得到混合物B，将混合物B进行制粉，得到混合粉末B，且对混合粉末B置入到过筛机的内部，进行抖动过筛，得到细腻的杀菌抗菌剂粉末，在对混合粉末B进行过筛时，采用50～100目的筛网。

（3）取基料、珍珠粉、缓释剂、湿疹抑制剂、杀菌抗菌剂、薄荷脑和金银花粉置入到真空搅拌机的内部，进行搅拌混合，得到混合物C，将混合物C置入到制粉机的内部，进行制备粉末，得到混合粉末C，对混合粉末C进行干燥处理，并将干燥后的混合粉末C置入到过筛机的内部，进行抖动筛分，得到爽身粉，对爽身粉进行杀菌消毒，然后进行装袋分装，得到天然绿色的爽身粉。

在进行搅拌混合时，真空搅拌机内部的压强控制在1.0～1.1MPa，且在对混合粉末C进行过筛时，采用50～100目的筛网。

原料介绍　所述基料可以采用玉米粉或改性玉米淀粉。

产品特性

（1）本品通过添加湿疹抑制剂，且湿疹抑制剂采用洋甘菊精油和松花粉，具有较强的抑制湿疹和对皮肤进行护理的效果，提高使用舒适性。

（2）本品通过添加氧化锌、托萘脂、罗勒油和芦荟粉，提高抗菌杀菌效果，在使用时，有效地对真菌进行抑制和灭杀。

（3）本品通过薄荷脑和金银花粉，使得本品具有消火退肿和清凉止痒的效果，便于使用。

（4）本品的配方采用天然配方，绿色环保，且无刺激，对于婴幼儿使用，安全可靠，且提高使用舒适性以及使用效果。

配方 15　儿童专用精油爽身粉

原料配比

原料		配比(质量份)		
		1#	2#	3#
竹原纤维生物粉		25	35	40
苹婆种仁粉		8	7	6
洋甘菊精油		1	2	3
冰片		10	8	5
竹原纤维生物粉	聚乳酸切片	15	18	20
	竹原纤维绒	12	10	8
	茶梗粉	5	8	9

制备方法　将竹原纤维生物粉、苹婆种仁粉和粉碎后的冰片充分混合，然后往混合物中加入洋甘菊精油，搅拌均匀，混合物于50℃温度下烘干2～3h，再进行220℃的高温瞬时灭菌2～8s，冷却装袋即制得成品。

原料介绍

所述的苹婆种仁粉的制备方法为：将苹婆种子去皮，种仁煮熟，然后在约10℃、真空为1.3～1.5Pa条件下冷冻干燥，粉碎后制得苹婆种仁粉。

所述的竹原纤维生物粉的制备方法为：

（1）将竹原纤维经开松机开松后粉碎制得竹原纤维绒；

（2）将从成品茶上拣下的嫩梗清洗干净，烘干，粉碎，过300～400目筛得到茶梗粉；

（3）选用直径为4mm的颗粒，MI（熔融指数，g/10min）为11.0的聚乳酸切片，加热至熔融状态，加入步骤（1）制得的竹原纤维绒和步骤（2）的茶梗粉，搅拌0.5～1h，制得混合物熔融液；聚乳酸切片、竹原纤维绒和茶梗粉的质量比为：(15～20)∶(8～12)∶(5～9)；

（4）采用高压静电纺丝方法，制得复合纤维；

（5）将复合纤维切段、粉碎，过300～400目筛，制得竹原纤维生物粉。

产品特性

（1）本品将竹原纤维、茶梗和易降解的生物大分子聚乳酸进行静电纺丝，再切段、粉碎制得竹原纤维生物粉，有效改善了竹原纤维的分散性；竹原纤维生物粉既具有竹原纤维的透气性、瞬间吸水性、天然抗菌性，同时又兼具茶梗的清香；茶梗的强吸附性还有助于增加爽身粉和皮肤间的挂着力度，有效减少爽身粉的飘尘；

（2）将苹婆种仁粉以及洋甘菊精油与竹原纤维生物粉混合，苹婆种子可提供丰富的植物类淀粉，且富含酚类物质，抗氧化能力强，洋甘菊精油具有润泽肌肤、治疗蚊虫叮咬，祛痱功效，这两者原料配合可以取长补短，有效减少爽身粉在使用过程中洋甘菊精油被空气氧化，使功效更持久；

（3）茶梗粉的强吸附性还能使洋甘菊精油、苹婆种仁粉、竹原纤维充分复合在一起，起到缓释作用，使爽身粉功效更持久；

（4）由于苹婆原料的加入，爽身粉的性能稳定，不易被空气氧化变质，货架期长。

配方 16 抑菌爽身粉

原料配比

原料	配比(质量份)			
	1#	2#	3#	4#
氧化锌	15	6	10	12
二氧化钛	3	10	3	6
硼酸	0.5	0.5	0.8	0.4
玫瑰花粉	6	7	13	12
滑石粉	5	1	4	3
甘油	7	7	5	6
芦荟全叶粉	15	12	8	9
高岭土	3	4	10	6
乙醇	4	3	7	6
硫酸镁	0.2	0.8	0.2	0.8
珍珠粉	15	15	8	9
薄荷脑	0.4	0.4	0.15	0.3
去离子水	80	75	65	70

制备方法

（1）按照比例称取各原料，并将固体粉料混合；

（2）向混合后的固体粉料中加入甘油、水和乙醇，进行分散，混合均匀后静置。

产品特性　本品能消炎抑菌且性质温和，对婴幼儿湿疹、尿布性皮炎、红臀有很好的治疗作用。同时，本品的 pH 值适中，不会刺激皮肤，使用感觉更好。

配方 17 婴幼儿冬季吸湿保暖爽身粉

原料配比

原料	配比(质量份)		
	1#	2#	3#
蚕蛹蛋白肽粉	35	42	45
角鲨烷	5	6.5	8
角鲨烯	5	7	8
茶多酚	3	3.5	5
松花粉	5	6.25	8
桃叶	3	4.5	5
母菊花	4	5.25	6
甘草	1	1.58	2
芦荟	2	3.35	4
黄原胶	3	4.1	6

续表

原料	配比(质量份)		
	1#	2#	3#
尿囊素	1	1.7	2
乙二醇	2	3.5	4
液体石蜡	5	7	10

制备方法

(1) 将松花粉、桃叶、母菊花、甘草、芦荟进行超临界 CO_2 流体萃取提取，并加茶多酚得预制液；

(2) 将蚕蛹蛋白肽粉、角鲨烷、角鲨烯、黄原胶混合用文火烘焙，温度控制在 30～50℃，时间 10～20min 得预制粉末；

(3) 再将乙二醇、液体石蜡、尿囊素加入步骤 (2) 的预制粉末混合后，室温放置 12～24h 经粉碎机粉碎，过 500～800 目筛；

(4) 放入到喷雾干燥机中，将步骤 (1) 预制液对步骤 (3) 过筛后粉末进行减压喷雾干燥，形成球形微细颗粒即得爽身粉。

产品特性　本品采用全天然植物蚕蛹蛋白肽粉细腻柔滑，贴肤性好，有效吸汗爽滑肌肤，确保肌肤干爽，便于提高其保温性能；结合植物成分提取液，有效滋养婴儿肌肤，其中松花提取液富含氨基酸、维生素、微量元素等多种营养物质，进一步提高对肌肤的滋养，且对褶皱淹红、祛痱有改善效果；采用液体石蜡结合角鲨烷、角鲨烯，进一步确保保湿性能和柔滑成分，无香料、无刺激，粉尘不易扬起，从而避免进入婴儿呼吸道损害健康和发育，结合桃叶提取液成分修护肌肤，甘草提取液镇静舒缓婴儿肌肤异常痒痛、防叮咬，使用绿色安全。

配方 18　婴幼儿鸡蛋黄油爽身粉

原料配比

原料		配比(质量份)	
		1#	2#
去离子水		26.5	45.6
蛋黄油		5.3	11.4
改性玉米淀粉		56.92	84.02
乳化剂	双甘油脂肪酸酯	—	1.03
	D-甘露糖醇	0.47	—
	甘油	0.92	0.86
	癸酸甘油酯	—	1.29
防腐剂	苄索氯铵	0.05	0.1
去离子水		150	200
珍珠粉		1.52	4.77
硬脂酸锌		0.99	2.54
薄荷醇		0.07	0.19

制备方法

(1) 均质：将蛋黄油、改性玉米淀粉、乳化剂、防腐剂、去离子水加入真空均质乳化机中，转速为 2500～2800r/min，常温，均质 20～30min，获得乳化液；

(2) 干燥：喷雾干燥；

(3) 混合：使用高速混合机，将喷雾干燥粉与珍珠粉、硬脂酸锌、薄荷醇在 1000～

1500r/min 转速下混合 5～10min，获得混合粉料；

（4）研磨：将混合粉料加入超微粉碎机中，研磨后过 200～300 目网，即得婴幼儿鸡蛋黄油爽身粉。

原料介绍

所述的蛋黄油按以下步骤进行生产：

（1）鲜鸡蛋黄备料：挑选新鲜度≥72Ha 的鸡蛋使用设备进行蛋黄与蛋清分离，收集卵黄膜未破裂、形态完整的蛋黄；

（2）超声波预处理：将蛋黄进行超声波处理，处理频率 25～50kHz，处理时间 5～15min，以增加卵膜的通透性及破坏蛋黄中蛋白和脂类的乳化稳定性；

（3）热-冷处理：对超声波处理完的鸡蛋黄进行热-冷处理，采用热风加热，温度 45～55℃，保持 10～20min，后进行冷藏处理，处理温度 5～8℃，保持 20～30min，以进一步破坏蛋黄中蛋白和脂类的乳化稳定性；

（4）配置腌制液：将质量分数为 1%～40%的食品级渗透压调节剂、0.1%～10%食品级酸度调节剂、0.1%～5%食品级抗氧化剂、去离子水补齐至 100%，搅拌溶解后，进行煮沸灭菌，放凉至室温；

（5）腌制：将已处理过的鸡蛋黄置于腌制液中，二者质量比为(1∶3)～(1∶1)，向腌制液中加入终浓度为质量分数 4%～10%的食用盐，分次加入以形成盐梯度，保持洁净环境，温度 30～40℃腌制 36～48h，70℃熟化 2～5h；

（6）离心：清洗腌制后获得的鸡蛋黄并进行破碎，使用工业离心机离心后收集油液；

（7）除盐：向收集的油液中加入 2～5 倍质量的去离子水，可重复 2～5 次，轻轻搅拌后静置分层，保留上层油液；

（8）脱味：由于鸡蛋黄腌制过程中产生了挥发性风味物质，采用真空脱味以降低风味物质含量；

（9）脱色：加入一定量的活性炭，吸附鸡蛋黄油中的色素及未脱净的风味物质，使鸡蛋黄油色泽及味道更纯净，此成品即为鸡蛋黄油成品；

所述的渗透压调节剂包括但不限于蔗糖、D-甘露糖醇、甘油、卡拉胶、黄原胶中的一种或几种。

所述的酸度调节剂包括但不限于乙酸、磷酸、盐酸、苹果酸、柠檬酸、乳酸中的一种或几种。

所述的抗氧化剂包括但不限于维生素 C。

产品特性　由于蛋黄油的提取不经高温处理、不使用有机溶剂，因此提取的鸡蛋黄油中不含致癌物苯并芘，无有机溶剂残留，使用安全性更高；所使用的乳化剂为食品级原料，无毒害；本品不添加色素、不添加香精，无毒性、安全性高；含有一定量的蛋黄油，不扬尘，不油腻，肤感好，保持婴幼儿皮肤干爽的同时能加速各种皮损的痊愈。

配方 19　婴幼儿解毒祛湿爽身粉

原料配比

原料		配比(质量份)			
		1#	2#	3#	4#
A 组分	生牡蛎壳	25	25	20	—
	珍珠壳	25	20	20	20

续表

原料		配比(质量份)			
		1#	2#	3#	4#
B组分	黄丹	15	20	15	20
	枯矾	15	15	15	15
	龙骨	10	15	15	15
C组分	青黛	5	6	8	6
D组分	黄连	5	6	8	6

制备方法

(1) 将A组分的生牡蛎壳、珍珠壳洗净晒干，再将各组分的原料粉碎后备用；A组分的生牡蛎壳、珍珠壳，洗净晒干，均粉碎为120～150目；B组分的黄丹、枯矾、龙骨均粉碎为120～150目；C组分的青黛粉碎为150～200目；D组分的黄连粉碎为150～200目。

(2) 按配比依次将粉碎后的A组分、B组分、C组分和D组分的原料投入混合机中，混合均匀即可。依照以下顺序，将生牡蛎壳粉、珍珠壳粉、黄丹粉、枯矾粉、龙骨粉、青黛粉、黄连粉依次投入。混合机的转速为10～20r/min，搅拌时间为20～40min。

产品特性

(1) 本品不会对婴幼儿造成任何伤害，同时增加了传统的爽身粉所没有的解毒祛湿功效，对婴幼儿皮肤有更好的保护作用；

(2) 本品以生牡蛎壳、珍珠壳为主要原料，牡蛎敛阴、潜阳、止汗，珍珠壳潜阳、安神、定惊；壳类含有动物源碳酸钙、磷酸钙，多功能蛋白质多肽、多糖，还有多种其他微量元素，导致壳粉有强大吸附能力，能有效清除皮肤汗液和污垢，同时能增强其他组分与皮肤接触，加强功效；黄丹解毒、敛疮、舒肌；枯矾燥湿、解毒、杀虫；龙骨安神、定惊、除烦；青黛清热、解毒、消斑；黄连清热、燥湿、解毒；各种组分之间协同增效，对婴幼儿皮肤起到很好的保护作用。

配方20 婴幼儿夏日防蚊爽身粉

原料配比

原料	配比(质量份)		
	1#	2#	3#
玉米粉	35	42	45
角鲨烷	5	6.5	8
角鲨烯	5	7	8
茶多酚	3	3.5	5
松花粉	5	6.25	8
桃叶	3	4.5	5
母菊花	4	5.25	6
甘草	1	1.58	2
芦荟	2	3.35	4
黄原胶	3	4.1	6
尿囊素	1	1.7	2
乙二醇	2	3.5	4
液体石蜡	5	7	10

制备方法

(1) 将松花粉、桃叶、母菊花、甘草、芦荟进行超临界CO_2流体萃取提取，并加茶多酚得预制液；

（2）将玉米粉、角鲨烷、角鲨烯、黄原胶混合用文火烘焙，温度控制在30～50℃，时间10～20min得预制粉末；

（3）再将乙二醇、液体石蜡、尿囊素加入步骤（2）的预制粉末混合后，室温放置12～24h经粉碎机粉碎，过500～800目筛；

（4）放入到喷雾干燥机中，将步骤（1）预制液对步骤（3）过筛后粉末进行减压喷雾干燥，形成球形微细颗粒即得爽身粉。

产品特性

（1）本品采用全天然植物玉米粉细腻柔滑，贴肤性好，兼顾有效吸汗爽滑肌肤，结合植物成分提取液，有效滋养婴儿肌肤，其中松花提取液富含氨基酸、维生素、微量元素等多种营养物质，进一步提高对肌肤的滋养，且对褶皱淹红、祛痱有改善效果；采用液体石蜡结合角鲨烷、角鲨烯，进一步确保保湿性能和柔滑成分，无香料、无刺激，粉尘不易扬起，从而避免进入婴儿呼吸道损害健康和发育，结合桃叶提取液成分修护肌肤，甘草提取液镇静舒缓婴儿肌肤异常痒痛、防叮咬，使用绿色安全。

（2）本品具有优良的抑菌性，且有效时间较长；此外，本品还具有良好的吸湿性，可迅速吸附皮肤上的水分和汗液，保持皮肤干爽清洁，还可缓解肌肤上的红疹、蚊虫叮咬，兼顾止痒镇痛。

配方21 止痱驱蚊婴幼儿护肤爽身粉

原料配比

原料		配比(质量份)		
		1#	2#	3#
改性玉米淀粉	笼型倍半硅氧烷改性玉米淀粉,接枝率为5%	45	—	—
	笼型倍半硅氧烷改性玉米淀粉,接枝率为1%	—	30	—
	笼型倍半硅氧烷改性玉米淀粉,接枝率为10%	—	—	60
	笼型倍半硅氧烷改性玉米淀粉,接枝率为2%	—	—	—
改性松花粉	笼型倍半硅氧烷改性松花粉,接枝率为5%	20	—	—
	笼型倍半硅氧烷改性松花粉,接枝率为10%	—	10	—
	笼型倍半硅氧烷改性松花粉,接枝率为1%	—	—	30
	笼型倍半硅氧烷改性松花粉,接枝率为8%	—	—	—
驱蚊精油		0.3	0.05	0.6
氧化锌		0.5	0.3	0.8
薄荷脑		0.3	0.1	0.5
水杨酸		2.5	0.5	6
二甲基二烯丙基氯化铵-丙烯酸共聚物		4	1	8
缓释剂	八羟基笼型倍半硅氧烷/丙烯酸乙酯及其衍生聚合物复合材料	3	1	5
驱蚊精油	薰衣草精油	1	—	—
	肉桂叶精油	1	—	—
	香茅精油	—	1	—
	百里香精油	—	1	—
	欧薄荷精油	—	—	1
	芸香精油	—	—	1

制备方法　将改性玉米淀粉、改性松花粉、驱蚊精油、氧化锌、薄荷脑、水杨酸、二甲基二烯丙基氯化铵-丙烯酸共聚物和缓释剂复配混合均匀后，进行干燥、杀菌，并采用50～100目筛网过筛后，即可制得所述止痱驱蚊婴幼儿护肤爽身粉。

原料介绍

所述笼型倍半硅氧烷为单官能团POSS结构，其通式为$(RSiO_{3/2})_n$，其单个反应活性基团R为羧基及含有羧基官能团的衍生物。笼型倍半硅氧烷，简称POSS，是由Si—O交替连接的硅氧骨架组成的无机内核，通式$(RSiO_{3/2})_n$，其中R为八个顶角Si原子所连接的基团；单官能团POSS指的是八个顶角的基团中只有一个是反应活性基团，其余七个均为惰性基团。

所述丙烯酸乙酯及其衍生聚合物以丙烯酸乙酯、2-羟甲基丙烯酸乙酯、3,3-二甲基丙烯酸乙酯、2-(三甲基硅烷基甲基)丙烯酸乙酯、甲基丙烯酸乙酯中的至少一种为单体经共聚或均聚得到的聚合物。

产品特性

（1）本品的二甲基二烯丙基氯化铵-丙烯酸共聚物属于两性聚合物，电荷密度高，保湿性好，能使肌肤柔软，平滑，减少皮肤的干燥感。

（2）本品通过单官能团POSS与玉米淀粉和松花粉的接枝改性反应，一方面由于笼型结构的独特作用，可以提高爽身粉的吸湿性能，保证皮肤干燥爽滑，并且在深层吸收汗液的同时，由于无机内核笼型结构的存在，不会造成皮肤毛孔的堵塞现象；另外一方面，由于无机内核顶角所连接的惰性官能团的作用，可有效防止玉米淀粉和松花粉的结块现象；笼型倍半硅氧烷具有稳定的有机无机杂化结构，通过其改性玉米淀粉和松花粉，不会挥发出有机物，不会渗入到肌肤内，所得到的爽身粉具有环保、安全，爽滑不粘连的良好效果；非常适用于婴幼儿使用需求。

（3）本品的缓释剂为笼型倍半硅氧烷与丙烯酸乙酯聚合物的复合材料，所述复合材料使驱蚊精油具有良好的分散和抗粘连作用；通过功能缓释剂的作用，可使爽身粉中的驱蚊精油得以缓慢释放，从而持续长效地保护婴幼儿肌肤免受蚊虫叮咬。

（4）本品的爽身粉通过笼型倍半硅氧烷改性玉米淀粉和改性松花粉的复配，起到肌肤爽滑干燥，不堵塞毛孔的作用，有效预防婴幼儿肌肤出现痱子；通过功能缓释剂的作用，使爽身粉中的驱蚊精油得以缓慢释放，复配爽身粉中的其他成分，从而持续长效地保护婴幼儿肌肤免受蚊虫叮咬，给婴幼儿肌肤带来爽滑舒适、安全健康的良好体验。

配方 22　中药爽身痱子粉

原料配比

原料	配比(质量份)	原料	配比(质量份)
金银花粉	10～400	橡子粉	10～300
蒲黄粉	50～300	薄荷脑	0.8～20

制备方法　将各组分原料进行干燥粉碎，过800目筛，混合均匀即可。

产品特性　本品无任何副作用，适合任何人使用。具有吸汗、散热解毒、清洁干燥、防痱止痒等功效，男女老少均可以使用。

配方 23　紫草绿茶清凉爽身粉

原料配比

原料	配比（质量份）			
	1#	2#	3#	4#
松花粉	2	10	2	10
茶叶粉	5	30	30	5
忍冬花提取物	0.5	10	0.5	10
柠檬酸	0.05	0.15	0.08	0.12
氧化锌	2	4	2.5	3.5
硬脂酸锌	1	3	1.5	2.5
双（羟甲基）咪唑烷基脲	0.1	0.5	0.15	0.4
尿囊素	0.05	0.3	0.08	0.2
紫草提取物	0.05	0.5	0.08	0.4
马齿苋提取物	0.05	0.5	0.08	0.4
薰衣草提取物	0.05	0.5	0.08	0.4
薄荷脑	0.05	0.5	0.08	0.4
玉米淀粉	加至100	加至100	加至100	加至100

制备方法　将各组分原料进行干燥粉碎，过 800 目筛，混合均匀即可。

产品特性　本品主要以绿茶粉和松花粉以及玉米粉为主要原材料，绿茶和松花粉在各个中药药典上均有记载其功效；绿茶粉主要以清热抗病毒性为主，适合婴幼儿皮肤护理常规使用，治疗痱子和各种皮肤不适；松花粉以收敛止血收敛疮口为主要功效，对应的婴幼儿皮肤的痱子和湿疹的治疗功效；加上玉米粉全系植物来源，产品在安全性上得到保障。

配方 24　杜仲婴儿沐浴粉

原料配比

原料	配比（质量份）					
	1#	2#	3#	4#	5#	6#
皂角	40	35	37	39	43	45
茶枯	30	35	33	29	27	25
王不留行	10	5	7	9	11	13
茶叶籽	10	15	13	11	9	7
绞股蓝	10	7	9	11	13	15
杜仲叶	10	11	13	15	17	19
青盐	5	8	7	6	5	5
花椒	5	9	8	7	6	5
藿香	5	8	7	6	6	6
艾叶	5	8	7	6	6	6
黄荆叶	5	6	7	8	7	7
九里香	5	6	7	8	9	7
薄荷	5	9	7	6	7	7
苦参	5	6	7	8	6	7
地肤子	5	7	6	5	7	6
黄柏	5	6	7	8	9	7
黄芩	5	8	7	6	6	7

续表

原料	配比(质量份)					
	1#	2#	3#	4#	5#	6#
白鲜皮	5	7	6	7	6	6
驱蚊草	5	6	7	8	7	6
龙脑樟	5	8	8	6	5	4
蒲公英	5	6	7	8	6	7
柚子皮	5	4	6	7	5	6

制备方法

(1) 将皂角、茶枯、王不留行、茶叶籽、绞股蓝粉碎至30～50目，倒入提取罐，在提取罐底层铺上一层活性炭（脱色处理），用甲醇进行回流萃取脱色，温度控制在45～55℃；把萃取出来的原液经过分离，浓缩，脱色，喷雾干燥形成中药粉A；甲醇跟中药原料的质量比均为(0.5～3)∶1。

(2) 将杜仲叶、青盐、花椒、藿香、艾叶、黄荆叶、九里香、薄荷、苦参、地肤子、黄柏、黄芩、白鲜皮、驱蚊草、龙脑樟、蒲公英、柚子皮粉碎至30～50目，倒入提取罐在提取罐底层铺上一层活性炭（脱色处理），用甲醇进行回流萃取脱色，温度控制在45～55℃；把萃取出来的原液经过分离，浓缩，脱色，喷雾干燥形成中药粉B；甲醇跟中药原料的质量比均为(0.5～3)∶1。

(3) 将步骤(1)和步骤(2)的两种中药粉混合均匀，进行包装，每袋10～15g。

产品应用　本品主要是一种杜仲婴儿沐浴粉。使用方法如下：用纱布将本药粉一包，温水溶解就可给小孩子洗澡，0.5h后用温水冲净。

产品特性

(1) 本品主要通过除杀金黄色葡萄球菌、白色念珠菌和大肠杆菌来防止婴儿尿布疹，提升皮肤和身体免疫力，防治婴儿长痱子。

(2) 该沐浴粉为纯中药制剂，没有任何化学物，用中药对皮肤去污清洁，同时使用方便，还可驱蚊，防蚊子叮咬，防治小孩子尿布疹，提升皮肤和身体免疫力，防治婴儿长痱子。

配方25　儿童痱子粉

原料配比

原料	配比(质量份)	原料	配比(质量份)
冰片	15	升华硫	0.5
滑石粉	80	薄荷脑	0.5
高岭土	8.5	薄荷油	0.2
氧化锌	4.5	玫瑰油	0.3
硼酸	4		

制备方法　将冰片、滑石粉、高岭土、氧化锌、硼酸、升华硫和薄荷脑混合均匀，然后加入薄荷油和玫瑰油混合均匀。所述冰片、滑石粉、高岭土、氧化锌、硼酸、升华硫和薄荷脑按等量递增法混合均匀。

产品特性　本品利用了冰片能抑制皮肤致病菌、镇痛、抗炎、止痒的作用，制成的儿童痱子粉无刺激性，具有吸汗爽身、止痒、止痱的功效。

配方 26 儿童爽肤水

原料配比

原料		配比(质量份)		
		1#	2#	3#
保湿剂	1,3-丁二醇	15	2.5	2
	透明质酸钠	0.5	0.5	0.5
	PCA-Na	2	15	1
添加剂	黄芩粉	0.15	0.2	1
活性物	绿茶提取液	0.0015	—	—
	积雪草提取液	—	0.003	—
	迷迭香提取液	—	—	0.004
抗敏剂	甘草提取液	0.15	—	—
	虎杖提取液	—	0.8	—
	洋甘菊提取液	—	—	0.5
止痒剂	水解薯类淀粉	4.5	—	—
	水解大米淀粉	—	0.75	—
	水解玉米淀粉	—	—	1.5
防腐剂	羟苯甲酯	0.5	0.5	0.5
	甲基异噻唑啉酮	0.05	0.05	0.05
水		加至100	加至100	加至100

制备方法 将各组分原料溶于水混合均匀即可。

产品应用 本品主要是一种儿童爽肤水。使用方法：儿童清洁肌肤之后，使用本品均匀地涂在儿童皮肤表面，轻柔按摩 1min。

产品特性

(1) 本品添加剂优选芦荟粉，芦荟粉富含天然维生素 E、维生素 C、维生素 A、B 族维生素及矿物元素等，不仅能保持皮肤湿润、娇嫩，同时，还可以治疗皮肤炎症，对红点、抓伤、虫咬等亦有很好的疗效，保持皮肤湿润、娇嫩。

(2) 本品采用“预防为主，防治结合”的理念，使用天然、安全、温和且纯度高的化妆品原料，增强儿童皮肤抵抗力，从引起儿童皮肤敏感的各种原因出发，添加对应的保湿剂、添加剂、活性物、抗敏剂和止痒剂等功效性成分，对儿童皮肤保护起到天然的屏障作用，可使肌肤嫩滑、光泽、滋润、保湿，给肌肤很好的滋润与呵护。

配方 27 儿童外用解暑热青蒿泡浴组合物

原料配比

原料	配比(质量份)	
	1#	2#
青蒿提取物	0.5	1
艾叶提取物	1.0	0.5
藿香提取物	0.2	0.3
甘草提取物	0.5	0.8
1,3-丁二醇	0.8	1
PEG-40 氢化蓖麻油	0.8	1
去离子水	加至100	加至100

制备方法 按配比将青蒿提取物、艾叶提取物、藿香提取物、甘草提取物、1,3-丁二醇、PEG-40、氢化蓖麻油、去离子水混合搅拌灌装。

产品应用 本品主要是一种儿童外用解暑热青蒿泡浴组合物。使用方法是，将本组合物20mL添加到泡浴中，儿童浸泡时间为15min左右。

产品特性 本品使用安全的天然物作为有效成分，使产品具有特殊的琥珀香，同时有利于使用者的人身安全，具抑菌、去暑热、止痒去痱、抗过敏、舒肤作用。

配方 28 复方植物祛痱止痒液

原料配比

原料	配比(质量份)			
	1#	2#	3#	4#
薄荷脑	0.05	0.05	0.08	0.1
甘油	2	2	2	2
丙二醇	3	3	3	3
丁二醇	3	3	3	3
野菊花提取物	4	4.5	5	6
金黄洋甘菊提取物	2	3	3	4
山茶籽提取物	1.5	2	2.5	3
甘草提取物	1	1.5	2	2.5
草木犀提取物	0.8	1	1.2	1.5
忍冬花提取物	0.5	0.8	1	1.8
掌叶大黄根提取物	0.2	0.25	0.3	0.4
苦参根提取物	0.2	0.4	0.6	0.8
防腐剂和增溶剂	0.75	0.75	0.75	0.75
水	加至100	加至100	加至100	加至100

制备方法

(1) 将薄荷脑和增溶剂混合后搅拌溶解均匀，再依次加入水、甘油、丙二醇、丁二醇、野菊花提取物、金黄洋甘菊提取物、山茶籽提取物、甘草提取物、草木犀提取物、忍冬花提取物、掌叶大黄根提取物以及苦参根提取物，搅拌至均匀，得到混合物；

(2) 往混合物中加入防腐剂，搅拌10min左右至均匀，即可得到复方植物祛痱止痒液。

产品应用 本品主要是一种复方植物祛痱止痒液。使用方法：将制得的复方植物祛痱止痒液倒入普通喷头瓶子，对准需使用的部位，挤压出适量到身体上，轻轻涂抹按摩至吸收即可。

产品特性 本品集“祛痱、止痒、防蚊虫”三种功效为一体，婴幼儿及成人均可使用，不油腻，不含酒精和香精，所制得的产品无刺激，更适合婴幼儿娇嫩的肌肤。

配方 29 复方紫草驱蚊止痒膏

原料配比

原料	配比(质量份)		
	1#	2#	3#
紫草	20	15	10
金银花	10	15	10
丁香花	15	8	10
艾叶	12	8	10

续表

原料	配比(质量份)		
	1#	2#	3#
藿香	8	10	10
紫苏叶	8	8	10
当归	4	8	5
防风	3	8	5
地黄	3	3	5
白芷	4	4	5
蒲公英	3	3	5
乳香	3	3	5
没药	3	3	5
食用蜂蜡	40	50	45
冰片	2	4	3
小苏打	2	3	3
薄荷精油	0.3	0.4	0.25
夜来香精油	0.4	0.5	0.25
植物油	适量	适量	适量

制备方法

(1) 将紫草、金银花、丁香花、艾叶、藿香、紫苏叶粉碎后混合均匀,置于植物油中浸泡,过滤,取浸油备用;浸泡条件为75～85℃下浸泡36～48h,过滤使用的筛网为100～200目。所述的紫草、金银花、丁香花、艾叶、藿香、紫苏叶的粉碎粒径为50～100目。

(2) 将当归、防风、地黄、白芷、蒲公英、乳香、没药粉碎,置于步骤1所得浸油中浸泡,过滤,取浸油备用;当归、防风、地黄、白芷、蒲公英、乳香、没药粉碎的粉碎粒径为40～60目,浸泡条件为75～85℃浸泡36～48h,过滤使用的筛网为100～200目。

(3) 将食用蜂蜡置于步骤(2)所得浸油中,加热至蜂蜡完全融化后,加入冰片、小苏打搅拌至完全融化;加热至80～85℃。

(4) 将步骤(3)所得产物冷却后,加入薄荷精油和夜来香精油,搅拌均匀,冷却至25～35℃。

原料介绍　所述的植物油为橄榄油和麻油。

产品应用　本品主要用于婴幼儿驱蚊、预防蚊虫叮咬、湿疹、尿布疹、痱子。

产品特性　本品中,紫草性寒,味甘,有清热、凉血解毒之功效,紫草提取液能抑制金黄色葡萄球菌、灵杆菌、化脓菌、大肠杆菌等,能加速上皮生长、促进局部创伤愈合;金银花、蒲公英芳香透达又可祛邪,清热解毒,消痈散结;丁香花味甘辛,性大热,具有特殊芳香气味,用于疮、痈、疔、疖等的皮肤创伤,有消肿抗炎、促进愈合的作用;艾叶性温、味苦,具有抗菌及抗病毒作用,具有特殊香味用于驱蚊;藿香性辛微温,可化湿解暑;紫苏叶性辛微温,发表,散寒,理气,和营;当归、地黄补血滋阴,助生肌收口;防风可祛风止痛;白芷具有散结消肿、排脓的作用;乳香、没药活血散结、化腐生肌;冰片开窍醒神,清热止痛,防腐生肌;薄荷精油疏散风热,消炎止痛止痒;夜来香精油芳香浓郁,用于驱蚊。本品采用多种中药复配而成可用于婴幼儿驱蚊、蚊虫叮咬、湿疹、尿布疹、痱子,效果极佳。

配方 30　古法紫草膏

原料配比

原料	配比(质量份)		
	1#	2#	3#
紫草	50	45	58
当归	16	15	17
防风	16	15	17
地黄	16	15	17
白芷	16	15	17
乳香	16	15	17
没药	16	15	17
冷轧芝麻油	600	550	630
天然蜂蜡	160	130	190

制备方法

（1）将乳香、没药粉碎过筛后均匀混合，备用；乳香、没药的粉碎粒径为 50～150 目。

（2）将紫草剪碎，当归、防风、地黄、白芷酌予碎断，备用。

（3）将上述加工后的药材置于冷轧芝麻油中密封浸泡，每天进行均匀搅拌一次，后密封；密封浸泡室外温度为 15～30℃，每天进行的均匀搅拌一次并密封，是从密封开始的一周时间，一周后密封即可。

（4）将浸泡用的冷轧芝麻油和药材置入锅内加热煎制，至药材干枯为止，过滤去渣，取油备用；冷轧芝麻油和药材的浸泡时间为 180～200d，煎制时，要小火进行，煎至药材干枯，不发生焦煳时为止，过滤使用的筛网为 100～200 目。

（5）将加工后的油按比例与天然蜂蜡均匀搅拌混合，置入锅内加热，至蜂蜡全部融化为止，在混合油温冷却后进行灌瓶、入管，得呈紫红色膏状的古法紫草膏产品。加工后的油按 4：1 的比例与天然蜂蜡均匀搅拌混合，在混合油温降至 60℃以下时进行灌瓶、入管，得呈紫红色膏状的古法紫草膏产品。

产品特性　该紫草膏主要采用中草药和食材作为原材料，气味清新，具有清热凉血、消肿消炎、烫伤愈合、化腐生肌等功效，尤其对婴幼儿驱蚊、蚊虫叮咬、痱子湿疹有显著效果，无任何添加剂、防腐剂、芳香剂，对皮肤无刺激没有伤害，适用人群广泛，不易过敏，同时，本品紫草膏配方简单，制作方法简便，容易操作。

配方 31　含碰碰香提取物的婴幼儿用消肿止痒组合物

原料配比

原料	配比(质量份)			
	1#	2#	3#	4#
碰碰香萃取液	20	35	50	45
艾叶挥发油	0.1	1.6	3	2
中药萃取液	—	—	—	23
辅料	20	32	50	25

续表

原料		配比(质量份)			
		1#	2#	3#	4#
中药萃取液	蒲公英	—	—	—	3
	马齿苋	—	—	—	3
	金银花	—	—	—	6
	冬凌草	—	—	—	8
辅料	蜂蜡	20	25	27	26
	白凡士林	2	3	2	2
	单脂肪酸甘油酯	2	1	1	2
	硬脂酸	1	1	1	2

制备方法 分别制备并称取相应质量份的碰碰香萃取液、艾叶挥发油和中药萃取液，在80℃下，与辅料混合，充分搅拌，冷却至室温，即得。

原料介绍

所述碰碰香为新采摘的幼嫩、未木质化枝叶。

所述艾叶为当年新采摘的地上部分，阴干后备用。

所述蒲公英、马齿苋、金银花、冬凌草均为中药饮片。

所述碰碰香萃取液通过如下制备方法得到，具体步骤为：称取碰碰香，采用压榨机在1.0～2.0MPa压力下，保持3～9min，榨取新鲜汁液；取残渣，以30%～70%乙醇对所述残渣进行浸渍6～12h，过滤，回收溶剂至无乙醇味，所得溶液与所述新鲜汁液混匀，并使其最终料液比为（5～9）：1。

所述艾叶挥发油通过如下制备方法得到，具体步骤为：称取艾叶，以水蒸气蒸馏法提取艾叶挥发油，温度100℃，料液比1：（15～30），提取时间自沸腾起计时1.5～2.5h，提取完成后，以干燥至恒重的无水硫酸钠对其进行脱水处理，即得。

所述中药萃取液通过如下制备方法得到，具体步骤为：称取相应质量份的蒲公英、马齿苋、金银花和冬凌草，粉碎，以40%～60%乙醇煎煮提取1～3次，过滤，合并滤液，回收溶剂至料液比为（5～10）：1。

产品应用 本品主要用于婴幼儿蚊虫叮咬，湿疹排子，莫名痒肿等症。

产品特性

（1）本品消肿、止痒效果良好，一般蚊虫叮咬1min左右起效；除痒效果良好，特别适用于婴幼儿蚊虫叮咬、湿疹、莫名痒肿等症。

（2）本品的触感、气味以及涂抹舒适度易于被使用者接受，组合物气味清香怡人，无不适感；触感轻盈，柔和；涂抹后肌肤感觉舒服、光滑，使婴幼儿在使用中依从性更好，无抵触情绪。

配方 32 含植物成分的婴儿热痱粉

原料配比

原料	配比(质量份)	原料	配比(质量份)
云母粉	70	母菊花提取物	4
玉米淀粉	100	淀粉润滑剂	适量
薄荷脑	1.5	抗敏剂	适量
甜橙皮提取物	2	收敛剂	适量
忍冬花提取物	2	防腐剂	适量

制备方法

（1）将云母粉、玉米淀粉、薄荷脑、甜橙皮提取物、忍冬花提取物和母菊花提取物全部加入搅拌器内，进行充分的搅拌，使原材料之间能够均匀的混合；

（2）再在搅拌器内加入适量的淀粉润滑剂、抗敏剂、收敛剂和防腐剂，进行搅拌，待搅拌完成后将产物从搅拌器中取出，即可得到含有植物成分热痱粉的半成品；

（3）对含植物成分热痱粉的半成品进行粉状化处理：利用超声波处理器对含植物成分的热痱粉进行粉碎处理，将热痱粉碎成粉末状，并且在粉碎的同时利用电热恒温鼓风干燥箱对半成品的热痱粉进行烘干的处理，使热痱粉能够干燥完全并且让热痱粉成型。

原料介绍　所述淀粉润滑剂为洋甘菊精油。所述抗敏剂为蓝蓟油。所述收敛剂为薄荷醇。

产品特性

（1）本品用云母粉与玉米淀粉替换滑石粉，可以让热痱粉在擦拭在肌肤表面时，不会对肌肤产生刺激性的影响，不会堵塞毛孔。云母粉有助于汗液的吸收，使热痱粉的使用更加的舒适，从而提高了该热痱粉的实用性。

（2）通过忍冬花提取物和母菊花提取物的添加，可以让该热痱粉使用在婴儿的肌肤上时缓解婴儿肌肤的不适感，在该热痱粉中添加的蓝蓟油可以对肌肤的炎症进行抑制，增强对肌肤的表层保护，从而提高了该热痱粉的舒适性。

配方 33　具有消肿祛痱止痒功能的健肤水

原料配比

原料	配比(质量份)				
	1#	2#	3#	4#	5#
牡丹皮	1	3	1.8	2.5	2
金银花	3	1	1.5	2.6	2
洋甘菊	0.5	1.5	0.7	1.3	1
蒲公英	0.5	1.5	0.9	1.2	1
七叶一枝花	1.5	0.5	1.1	0.6	1
葎草	1.5	0.5	1.2	0.8	1
地锦草	1.5	0.5	1.3	1	0.8
酢浆草	1	2	1.4	1.8	1.5
天南星	0.5	0.1	0.3	0.4	0.3
半边莲	1	0.5	0.7	0.9	0.8
大蓟汁	0.5	1	0.8	0.6	0.7
黄开口汁	2	1	1.3	1.6	1.5
薄荷素油	0.5	2	1.0	1.5	1.2
冰片	2	0.5	1.5	0.9	1.2
甘油	4	6	4.8	5.6	5
95%的食用乙醇	70	60	64	68	66
去离子水	41	21	28	36	32
香精	0.2	0.5	0.3	0.4	0.3

制备方法

（1）按配方依次称取以下各组分：牡丹皮、金银花、洋甘菊、蒲公英、七叶一枝花、葎草、地锦草、酢浆草、天南星、半边莲、大蓟汁、黄开口汁、薄荷素油、冰片、甘油、95%的食用乙醇、去离子水、香精，人工挑选并去除其中的杂质；

（2）向95%的食用乙醇中添加去离子水将其配制成浓度为60%～70%的乙醇溶液；

（3）将已称取好的牡丹皮、金银花、洋甘菊、蒲公英、七叶一枝花、葎草、地锦草、酢浆草、天南星、半边莲、大蓟汁、黄开口汁依次加入配制好的乙醇溶液中，然后将得到的混合液在真空浓缩器内蒸汽煎煮浸提2～3次，每次1～2h，用滤网过滤得到滤液；

（4）将已称取好的薄荷素油、冰片、甘油、香精依次溶解于95%的食用乙醇中，并加入去离子水搅拌均匀，配制成混合溶液；

（5）将步骤（3）得到的滤液与步骤（4）得到的混合溶液混合，混合均匀后陈化24h以上，得到健肤水。

产品应用　本品使用方法为：在患处喷涂本产品适量，然后用纱布在患处按摩，将本产品抹匀即可。

产品特性

（1）本品采用多种绿色草本植物，不仅绿色环保，对皮肤的刺激性较小，而且具有较强的消肿止痒功效，更加实用，同时适合蚊虫较多的夏季、婴幼儿童及有皮肤病的人们使用，使用更加安全可靠。

（2）本品配方合理、取材方便、疗效确切，通过外敷喷涂即可达到祛痱止痒、消肿止痛的目的，不仅使用方法简单方便，无毒副作用及不良反应，而且见效快，可以实现快速止痛、消肿、祛痱、止痒的功效。

配方 34　婴儿用无刺激爽身粉

原料配比

原料		配比(质量份)		
		1#	2#	3#
碾磨混合物	地肤子	30	33	33
	益母草	22	23	23
	苍耳草	18	19	19
	葎草	11	13	12
	去离子水	适量	适量	适量
萃取液	碾磨混合物	1	1	1
	水	4	6	5
	1.8mol/L乙醇溶液	0.6	0.4	0.65
滤渣	丝瓜络水	4	4	4
	双氧水(质量分数20%)	6	6	6
	卵磷脂	1	1	1
风干物	滤渣	1	1	1
	去离子水	2	3	3

续表

原料		配比(质量份)		
		1#	2#	3#
过筛颗粒	风干物	4	4	4
	麦饭石	1	1	1
过筛颗粒		40	45	43
萃取液		43	46	44
冰片		6	9	7
700 目珍珠粉		4	7	5

制备方法

(1) 取地肤子、益母草、苍耳草及葎草放入 60℃干燥箱中干燥 4～6h，再放入药碾子中碾磨 1～2h，将碾磨混合物与碾磨混合物质量 4～6 倍的水混合均匀，放入陶瓷罐中，对陶瓷罐进行加热，加热至陶瓷罐中混合物沸腾，保持温度 8～10h；

(2) 在上述保温结束后，降温至 70～75℃，再向陶瓷罐中加入上述碾磨混合物质量 60%～70%的 1.8mol/L 乙醇溶液，继续保温 4～5h，随后将陶瓷罐中的混合物放入二氧化碳萃取仪中，设定压力为 23～25MPa，温度为 50～55℃，二氧化碳流量为 22～25L/h，萃取 1～2h，收集萃取液，备用；

(3) 将上述萃取液放入真空浓缩罐中浓缩至原体积的 50%～60%，收集浓缩液，按质量比 4∶6∶1，取丝瓜络、双氧水（质量分数 20%）和卵磷脂放入容器中混合均匀，并将容器置于水浴锅中，设定温度为 65～70℃，以 120r/min 搅拌加热 2～4h，再自然冷却至室温，进行过滤，使用滤渣质量 2～3 倍去离子水洗涤滤渣；

(4) 将上述洗涤后的滤渣放入风干机中风干，收集风干物，按质量比 4：1，将风干物与麦饭石放入球磨机中，以 300r/min 球磨 2～3h，过 600 目筛，收集过筛颗粒，按质量份数计，取 40～45 份过筛颗粒、43～46 份步骤（2）备用的萃取液、6～9 份冰片及 4～7 份 700 目珍珠粉，放入超声波振荡器中，振荡 30～40min，再静置 2～3h 后喷雾干燥，收集干燥物，即可得婴儿用无刺激爽身粉。

产品特性

(1) 本品采用独特的配方设计，不但可以保证婴儿的皮肤滑腻干爽，还能滋养皮肤，清凉杀菌，止痒防晒，使婴儿的皮肤得到多方位的呵护；

(2) 本品使用天然成分，粉质细腻、对人体皮肤无刺激性，可润滑肌肤、吸湿透气、提高机体免疫力。

配方 35 婴儿用无刺激云母爽身粉

原料配比

原料		配比(质量份)			
		1#	2#	3#	4#
填充剂	云母	60	99	80	60
	氧化锌	—	—	—	0.1

续表

原料		配比(质量份)			
		1#	2#	3#	4#
皮肤调理剂	改性玉米淀粉	10	5	0.1	10
	薄荷提取物	2	1	2	2
	甘草提取物	0.01	2	0.5	0.01
	蒲公英提取物	0.01	2	0.3	0.01
	粉防己提取物	0.001	0.5	2	0.001
	炉甘石	—	—	—	5
保湿剂	辛甘醇	2.5	0.05	5	2.5
防腐剂	苯氧乙醇	0.1	0.05	0.075	—
苄索氯铵		—	—	—	0.1

制备方法

（1）分别称取填充剂、改性玉米淀粉加入高速搅粉机，开启均质0.5～3min，混合均匀形成A相混合原料；高速搅粉机中还按比例添加炉甘石。

（2）分别称取保湿剂、防腐剂，30～45℃溶解均匀，加入到喷油锅中形成B相原料；开启高速搅粉机，边搅拌边缓缓地喷入A相原料；

（3）分别称取薄荷提取物、甘草提取物、蒲公英提取物、粉防己提取物到喷油锅形成C相原料；开启高速搅粉机，边搅拌边缓缓地喷入C相原料；

（4）将混合好的粉体转入振动筛粉机过筛、灭菌，取样检验合格后灌装、包装。

原料介绍

所述的薄荷提取物：棕黄色精细粉末，溶于水、苯氧乙醇的混合溶剂中。薄荷提取物粉末、水、苯氧乙醇的质量比为1∶30∶10。

所述的甘草提取物：微黄色粉末，溶于水、苯氧乙醇的混合溶剂中。甘草提取物粉末、水、苯氧乙醇的质量比为1∶30∶10。

所述的粉防己提取物：棕色粉末，溶于水、1,2-己二醇的混合溶剂中。粉防己提取物粉末、水、1,2-己二醇的质量比为1∶30∶10。

所述的蒲公英提取物：棕色粉末，溶于水、1,2-己二醇的混合溶剂中。蒲公英提取物粉末、水、1,2-己二醇的质量比为1∶30∶10。

产品特性　本品使用的云母、改性玉米淀粉和甘草提取物复配能显著屏蔽紫外线和红外线，避免紫外线对婴儿皮肤的伤害；爽身粉中添加的粉防己提取物和薄荷提取物能提高婴儿皮肤的抵抗力，改善皮肤湿疹、红肿状况；爽身粉中添加的薄荷提取物和蒲公英提取物能有效预防细菌感染，并维持皮肤滋润幼滑。

配方 36　沁原草痒痒水

原料配比

原料	配比(质量份)	原料	配比(质量份)
复合溶菌酶	10.0～12.0	芦荟精华	3.0～6.0
溶葡萄球菌酶	6.0～8.0	忍冬花提取物	3.0～4.0
金盏花精华水	2.0～3.0	大黄提取精华	4.0～6.0
桃叶精华	1.0～2.0	葡萄籽提取物	1.0～2.0
洋甘菊精油	2.0～5.0	去离子水	加至 100

制备方法

（1）采用乙醇提取法，提取新鲜的金盏花、洋甘菊精华、葡萄籽成分；

（2）采用细胞破壁、压榨法提取芦荟、忍冬花、桃叶的干细胞液；

（3）采用浸泡法得到大黄的提取物；

（4）搅拌罐中按照比例加入去离子水，加热至 20℃；

（5）将金盏花精华水、桃叶精华、芦荟精华、忍冬花提取物、大黄提取精华按照比例加入至搅拌罐中，搅拌均匀；

（6）按照比例将洋甘菊精油、葡萄籽提取物加入至搅拌罐中，停止加热，搅拌均匀；

（7）将复合溶菌酶、溶葡萄球菌酶按照比例加入至搅拌罐中，搅拌均匀，使用天然柠檬酸调节 pH 值为 6.5～7；

（8）停止搅拌，冷却后分装。

产品应用　本品主要用于人们日常生活中的蚊虫叮咬、痱子及各种皮肤干燥、过敏等现象，特别适用于由细菌和真菌引起的毛囊炎、痤疮以及皮肤瘙痒等皮肤问题。

产品特性　本品为纯植物成分，对皮肤没有刺激、无损害，孕妇、儿童都可使用；可有效缓解皮肤干燥、瘙痒、湿疹、过敏的现象；本品含天然保湿成分，具有高效镇定、止痒、收敛的作用，有效缓解婴幼儿的“红屁股”现象。

配方 37　祛痱、驱蚊用婴幼儿护肤爽身粉

原料配比

原料	配比(质量份)			
	1#	2#	3#	4#
玉米粒	22	25	25	27
莲藕	15	16	18	21
马铃薯	15	17	18	19
莲子	3	5	6	7
檀香木	3	3	4	5
艾叶	3	4	4	4
地丁草	3	3	4	4
薄荷	5	5	6	7
紫苏子	5	7	7	7
橄榄果	5	7	7	8
橘子皮	4	5	6	6
珍珠粉	15	18	21	22

续表

原料	配比(质量份)			
	1#	2#	3#	4#
松花粉	3	5	8	8
去离子水	适量	适量	适量	适量
去离子水	270	350	420	490

制备方法

(1) 将玉米粒、莲藕、马铃薯、莲子、檀香木混合后捣碎，加适量去离子水后研磨40～120min得到浆料，搅拌浆料并过滤，过滤过程中持续向浆料中注去离子水直到滤出清水为止，收集过滤后的浆料；过滤过程采用孔径为1～80目的过滤器进行过滤。

(2) 将过滤后的浆料静置沉淀，排除沉淀物上层的水与浮于水面上的杂质，然后加入适量去离子水搅动并进行二次过滤，之后重复沉淀、清洗、排水3～10次，直到沉淀后上层水质澄清且无杂质，最后排水得到粉浆；二次过滤过程采用孔径为115～125目的过滤器进行过滤。

(3) 将艾叶、地丁草、薄荷、紫苏子、橄榄果、橘子皮混合后捣碎，在120～160℃下以135～150kg/h的蒸汽量进行蒸馏，取去离子水待用。

(4) 将步骤(2)得到的粉浆与步骤(3)得到的去离子水混合并以120～250r/min的速率搅拌，搅拌过程中依次加入珍珠粉、松花粉得到粉泥，将粉泥进行喷雾干燥处理得到祛痱、驱蚊用婴幼儿护肤爽身粉。

产品特性　本品质地细腻，能吸收汗液，滑爽皮肤，也可减少痱子发生，清凉止痒，浴后或理发后给婴幼儿扑散在身上或头部，能让婴幼儿的身体保持干爽，从而减少痱子的产生，还能有效防止蚊虫对婴幼儿的叮咬。

配方 38　天然草本婴幼儿专用止痒祛痱水

原料配比

原料	配比(质量份)	原料	配比(质量份)
洋甘菊精油	2.0～6.0	人参干细胞萃取物	1.0～3.0
桃叶精华	2.0～6.0	复合溶菌酶	2.0～6.0
芦荟精华	2.0～6.0	金盏花精华水	加至100
忍冬花提取物	2.0～6.0		

制备方法

(1) 制备油相组分：分别将洋甘菊精油、桃叶精华、忍冬花提取物、人参干细胞萃取物、按比例配制，混合均匀；

(2) 制备水相组分：芦荟精华、复合溶菌酶按比例加入部分金盏花精华水中，溶解搅拌；

(3) 将水相组分加热至40℃，缓慢地加入油相组分，乳化均匀；

(4) 金盏花精华水加至100；

(5) 随机抽检，检验合格后，分装、贴标、密封。

产品特性　本品祛痱止痒效果好，并且抗菌消毒效果显著，对细菌、真菌、病毒都有杀灭抑制作用；保湿效果显著，无毒、无刺激、无腐蚀性，对皮肤无损伤、对环境无污染。

配方 39　天然婴儿爽身粉

原料配比

原料		配比(质量份)			
		1#	2#	3#	4#
马铃薯淀粉		50	—	—	—
改性马铃薯淀粉		—	50	50	50
珍珠粉		40	40	40	40
金银花粉		6	6	6	6
野菊花粉		10	10	10	10
桑叶粉		10	10	10	10
黄芪粉		3	3	3	3
抗菌肽	乳铁蛋白抗菌肽	0.8	0.8	—	0.64
	虫草抗菌肽	—	—	0.8	0.16

制备方法

(1) 将新鲜采挖的黄芪根在温度为 35～45℃干燥至恒重，粉碎过 50～150 目筛，得到黄芪粉；

(2) 将新鲜采摘的桑叶在温度为 35～45℃干燥至恒重，粉碎过 50～150 目筛，得到桑叶粉；

(3) 将新鲜采摘的野菊花在温度为 35～45℃干燥至恒重，粉碎过 50～150 目筛，得到野菊花粉；

(4) 将新鲜采摘的金银花在温度为 35～45℃干燥至恒重，粉碎过 50～150 目筛，得到金银花粉；

(5) 取改性马铃薯淀粉、珍珠粉、金银花粉、野菊花粉、桑叶粉、黄芪粉、抗菌肽混合均匀，即得。

原料介绍

所述改性马铃薯淀粉由下述方法制备：将马铃薯淀粉 5～15g 加入密封袋内，充满氮气后密封，然后放置到辐照剂量率为 0.5～1.5kGy/h 的 Co-60γ 射线辐照装置中辐照 1～4h，γ 射线辐照的环境温度为 20～30℃，得到辐照后的马铃薯淀粉；将辐照后的马铃薯淀粉、水按质量比为 1∶(4～6) 以转速为 200～500r/min 搅拌混合 5～15min，再加入马铃薯淀粉质量 3%～7%的分散剂、马铃薯淀粉质量 2%～5%的聚乙二醇、马铃薯淀粉质量 1%～3%的聚乙烯吡咯烷酮升温至 40～60℃转速为 200～500r/min 搅拌混合 40～80min，得到混合液；将混合液喷雾干燥即得。所述喷雾干燥的进口温度为 175～185℃，出口温度为 70～90℃，热风风速为 3～5m^3/min，供料速度为 40～60mL/min，雾化机转速为 200～400r/min。

所述分散剂为六偏磷酸钠。

所述聚乙二醇为聚乙二醇 2000 或聚乙二醇 4000。

产品特性　本品安全无刺激，配方合理，成分天然，对婴儿皮肤没有伤害，具有清热解毒、散寒止痛、细腻柔滑、滋润肌肤、抗过敏和止痒作用，让婴儿的肌肤干爽柔嫩，预防痱子的生成。

配方 40 婴儿痱子粉

原料配比

原料	配比(质量份)			
	1#	2#	3#	4#
改性玉米淀粉	26	16.5	30	10
珍珠粉	6	10	5	10
蓝桉叶提取物	12	17.5	10	20
芦荟提取物	6	8	10	5
丝瓜叶提取物	7	9	10	5
硬脂酸镁	8	6	10	5

制备方法

(1) 蓝桉叶提取物的制备：将蓝桉叶经超微粉碎得 60～100 目的超微粉，加入 4～8 倍体积的水，采用水煎法或水蒸气蒸馏法提取，得到的提取液浓缩后，喷雾干燥，制得提取物颗粒；

(2) 芦荟提取物的制备：取库拉索芦荟叶，洗净、捣碎，加入 3 倍质量的去离子水，均质机均质，滤过，经干燥，制得提取物颗粒；

(3) 丝瓜叶提取物的制备：将丝瓜叶经超微粉碎得 60～100 目的超微粉，加入 4～6 倍体积的水，采用水蒸气蒸馏法或水煎法提取，得到的提取液浓缩后，喷雾干燥，制得提取物颗粒；

(4) 蓝桉叶提取物、芦荟提取物、丝瓜叶提取物混合，经气流粉碎机超微粉碎，加入改性玉米淀粉、珍珠粉、硬脂酸镁，粉碎、过筛，得粒径在 10～50μm 的婴儿痱子粉，120～130℃高温杀菌，按生产要求装袋，即可。

原料介绍 所述改性玉米淀粉水分含量 8%～10%、淀粉平均粒径 10～20μm。

产品特性 本品采用了天然植物提取成分为主要原料，天然、安全，有助于保护婴幼儿娇嫩的皮肤，粉体细腻性质温和，能帮助吸收皮肤上的水分，保持皮肤滋润，有助于减少衣物与皮肤的摩擦；添加的丝瓜叶提取物有清热解毒、祛暑的功效，芦荟提取物可起到滋润皮肤、杀菌舒缓的作用；蓝桉叶提取物清热止痒，可有效消除皮肤炎症，避免夏季湿疹、过敏现象。

配方 41 婴儿驱蚊膏

原料配比

原料	配比(质量份)		
	1#	2#	3#
薰衣草	7	5	20
金银花	7	5	20
丁香花	8	5	20
艾纳香	8	5	20
冰片	2	1	5
小苏打	2	1	5
玫瑰精油	0.3	0.1	1

续表

原料	配比(质量份)		
	1#	2#	3#
桉树油	0.3	0.1	0.1
甘油	2	1	5
芦荟凝胶	13	2	30
去离子水	适量	适量	适量

制备方法

（1）将薰衣草、金银花、丁香花和艾纳香用去离子水熬煮18～24h；

（2）将熬煮过后的汤浓缩，并加入冰片、小苏打、玫瑰精油、桉树油和甘油混合搅拌；

（3）将芦荟凝胶加入上述混合物中，搅拌均匀制成驱蚊膏；

（4）利用灌装装置对驱蚊膏进行包装。

产品特性　本品用于驱蚊、蚊虫叮咬、湿疹、尿布疹、痱子效果较好，气味温和，不仅不含酒精，而且所用原料均为天然提取，不刺激皮肤。涂抹后可保持清凉。

配方 42　婴儿去湿疹止痒软膏

原料配比

原料	配比(质量份)	原料	配比(质量份)
紫草	50	麻油	500
地黄	30	防风	15
地榆	30	蜂蜡	150
当归	30		

制备方法

（1）取紫草、地黄、地榆、当归、防风切片，备用；

（2）取麻油250份加热至200℃后，加入地黄、地榆、当归、防风炸枯，除去药渣；

（3）另取麻油250份加入紫草，加热至160℃炸至油呈紫红色，除去药渣；

（4）步骤（2）和步骤（3）中除去药渣后的两种油趁热混合后加蜂蜡，搅匀，放至室温，即得。

产品特性　本品活血解毒，去除湿热。可用于婴儿红屁屁、红脖子、奶癣、湿疹、头痂、痱子等。

配方 43　婴儿爽身粉

原料配比

原料	配比(质量份)		
	1#	2#	3#
玉米淀粉	25	35	30
马尾松花粉	25	30	28
氧化锌	5	10	8
冰片	10	15	12
苯氧乙醇	10	20	15

续表

原料	配比(质量份)		
	1#	2#	3#
珍珠粉	40	50	45
忍冬花提取物	1	5	4
贝壳粉	40	50	45
氧化锌	3	8	7
硬脂酸锌	3	8	7
薄荷脑	0.1	0.5	0.4
尼泊金酯	0.05	0.5	0.45
珍珠粉	8	10	9
金银花	15	25	20
蒲公英	15	25	20
野菊花	25	35	30
荆芥	15	20	18
蝉蜕	5	15	10
徐长卿	5	15	10
香料	5	8	7

制备方法　将各组分原料混合均匀即可。各原料要研磨至不少于200目的粒度。

产品特性　本品采用天然植物为原料，避免了添加滑石粉对人体的伤害，并且其爽身效果较好，使用舒适、清爽，同时添加金银花、野菊花，具有杀菌止痒的作用，添加珍珠粉、贝壳粉具有保护婴儿皮肤的作用，添加徐长卿和蝉蜕可以有效去痱子。

配方 44　婴儿桃叶爽身露

原料配比

原料		配比(质量份)			
		1#	2#	3#	4#
A相组分	水	80	60	40	50
	聚丙烯酸酯交联聚合物-6	0.1	1.6	3	2
	透明汉生胶	0.1	1.6	3	2
	1,3-丁二醇	2	3.5	5	4
B相组分	金缕梅	10	8	6	8
	甘草酸二钾	0.1	1.6	3	2
C相组分	硅粉	5	3.5	2	4
D相组分	母菊花提取物	1	2	3	2
	欧锦簇提取物	1	2	3	3
	芍药根提取物	3	2	1	2
	忍冬花提取物	1	2	3	1
	欧蒲公英根茎提取物	3	2	1	2
	紫花地丁提取物	1	2	3	1
	桃叶提取物	3	2	1	3
E相组分	辛酰羟肟酸	0.06	0.09	0.12	0.08
	乙基己基甘油	0.08	0.05	0.03	0.05
	1,2-己二醇	0.2	0.35	0.5	0.4

制备方法

(1) 清洗消毒生产设备，准确称量所述A相组分、B相组分、C相组分、D相组分和E

相组分中各种物料，并用洁净并消毒好的器皿盛放好。

（2）将称量好的所述A相组分中的水、聚丙烯酸酯交联聚合物-6、透明汉生胶、1,3-丁二醇加入乳化锅中，搅拌升温至80～85℃，搅拌均匀并保温消泡；将A相组分各组分加入乳化锅中后，温升速度为2～4℃/min。消泡采用真空消泡，且真空度为60～100kPa，时间为10～30min。

（3）采用冷却水循环降温至40～50℃，加入称量好的所述B相组分中的金缕梅、甘草酸二钾，搅拌均匀后加入C相组分中的硅粉并保温消泡30～60min。

（4）采用冷却水循环降温至40～45℃，加入称量好的所述D相组分中的母菊花提取物、欧锦簇提取物、芍药根提取物、忍冬花提取物、欧蒲公英根茎提取物、紫花地丁提取物、桃叶提取物，搅拌均匀后加入E相组分中的辛酰羟肟酸、乙基己基甘油、1,2-己二醇，并保温消泡40～80min；然后冷却至35～40℃。

（5）将步骤（4）所得物过200～300目筛。

（6）取小样检验合格后出料。

搅拌均采用正反交替搅拌法进行搅拌，每隔2～3min交替一次搅拌方向。

产品特性　本品选用天然多功效植物原料，温和不刺激，且利用植物防晒机理，起到防止紫外线对皮肤损伤的防护作用。同时具备防痱子的功效。具有收敛毛孔、补湿、静肌作用。

配方45　婴儿有机痱子粉

原料配比

原料	配比(质量份)	
	1#	2#
艾叶粉	25	35
木满天星粉	6	6
松花粉	7	7
千里光提取液	15	15
苦瓜提取液	15	5
苍耳子	8	4
紫草	5	2
辛夷花	4	4
小麦胚芽	3	1
桃叶提取液	17	12
生姜提取液	45	35
玉米淀粉、丁香	2	5
鲜马齿苋	5	5
鱼腥草	5	2
虎耳草	5	25

制备方法　将上述材料按配比均匀混合后，烘干制成粉末即可。

产品特性　本品将植物原料进行科学合理的组配，协同作用，对各种痱子去痱效率高，见效快，无毒副作用，气味芬芳。

配方 46 婴儿止痒膏

原料配比

原料	配比(质量份)			
	1#	2#	3#	4#
金银花	50	50	50	50
黄芩	50	50	50	50
白鲜皮	50	50	50	50
苦参粉末	50	50	50	50
薄荷	200	20	20	200
茶树油	80	80	80	80
植物甾醇	200	200	200	200
鲸蜡硬脂醇橄榄油酸酯	300	200	200	200
米糠油	500	500	500	500
鲸蜡硬脂醇	150	150	150	150
桉叶油	80	80	80	80
琉璃苣	500	500	500	500
甘草酸二钾	30	30	300	300
尿囊素	30	30	30	30
蜂蜜	200	200	200	200
维生素 E	30	30	30	30
丹皮酚	30	30	30	30
冰片	70	70	70	70
汉生胶	30	30	30	30
卡波姆	30	30	30	30
水	7520	7620	7350	7170

制备方法 将配方量的黄芩，白鲜皮，苦参，金银花，薄荷，茶树油，植物甾醇，乳化剂，米糠油，鲸蜡硬脂醇，桉叶油，琉璃苣，甘草酸二钾，尿囊素、蜂蜜、维生素 E、丹皮酚、冰片，汉生胶以及卡波姆慢慢倒入配方量的水，边加入边搅拌，混匀成膏状，制成婴幼儿止痒膏。

产品特性 该止痒膏由多种高品质草本植物（金银花、黄芩、白鲜皮和苦参）和其他辅料配置而成，温和有效，能有效缓解婴幼儿各种肌肤不适，包括热痱、皮肤瘙痒、蚊虫叮咬、皮炎等。

配方 47 婴童松花爽身痱子粉

原料配比

原料	配比(质量份)		
	1#	2#	3#
改性玉米淀粉	50	60	55
玉米淀粉	25	35	30
松花粉	8	16	12
月见草籽提取物	1.0	3	2
刺阿干树仁提取物	0.5	2	1
鳄梨油	0.5	2	1
羟苯甲酯	0.05	0.2	0.1

制备方法

(1) 将改性玉米淀粉、玉米淀粉和松花粉加入主锅中，旋转搅拌，混合均匀，得到物料 A；

(2) 将月见草籽提取物、鳄梨油、刺阿干树仁提取物和羟苯甲酯混合，搅拌均匀，得到物料 B；

(3) 从主锅中取出 1/4 物料 A，加入物料 B 中，搅拌至混合均匀，得到物料 C；

(4) 将物料 C 加入主锅中，与另外的 3/4 物料 A 混合，再次旋转搅拌至均匀，抽样检测，检验合格后出料，制得婴童松花爽身痱子粉。所述旋转搅拌的速度为 60～70r/min。

产品特性　本品肤感爽滑、细腻，且吸水性强，能快速吸收皮肤表面水分，祛痱止痒，防治尿布性皮痒，对皮肤无刺激、无过敏等副作用，时刻保持婴幼儿皮肤干爽舒适。

配方 48　婴幼儿清凉祛痱组合物

原料配比

原料	配比(质量份)		
	1#	2#	3#
透明质酸	15	25	10
丝瓜叶提取液	15	20	10
库拉索芦荟叶提取物	12	20	12
冬青叶提取液	7	10	6
甘油	26	30	10
炉甘石洗剂	2	3	1
卡波姆	0.5	1.5	0.5
硅胶微粉	8	12	5
去离子水	适量	适量	适量

制备方法

(1) 将丝瓜叶提取液、库拉索芦荟叶提取物、冬青叶提取液与 6～8 倍质量的去离子水混合搅拌后，置于高速搅拌机中，依次加入透明质酸、甘油，搅拌均匀；调节体系 pH 至 3.0～5.0；

(2) 将卡波姆加入 5～8 倍质量的去离子水中，分散均匀后均匀滴入步骤 (1) 的混合物料中，保持高速搅拌 10～30min，调节 pH 至中性，保持搅拌，加入炉甘石、硅胶微粉，搅拌均匀，灭菌，制得。

原料介绍

所述库拉索芦荟叶提取物的制备方法是：取库拉索芦荟叶，去皮，洗净、捣碎，得芦荟黏液，加入 2～4 倍质量的去离子水，均质机均质，制得。

所述冬青叶提取液、丝瓜叶提取液是分别以冬青叶、丝瓜叶为原料，用质量分数为 15%～45%的食用酒精浸提后，经除溶剂，再以 3～4 倍质量的去离子水经二次提取，浓缩至质量分数 20%～35%。

所述微粉硅胶选用食品级的微粉硅胶。

产品特性　所采用的冬青具有广谱抗菌作用，利用冬青叶提取液含有的原儿茶酸、挥发油、黄酮类的天然抑菌功能，可有效达到抑菌抗菌、消除皮肤炎症的目的，并且抑菌时间长达 8h 以上；丝瓜叶提取液清热解毒，祛暑之功效，透明质酸清热、消肿，库拉索芦荟叶提取物杀菌、抗炎、清爽止痒、滋润护肤，清热活血、消除皮肤炎症的功能，给予婴幼儿娇嫩的皮肤以保护；炉甘石具有良好的消炎、散热、吸湿、止痒、收敛和保护作用，应用于潮红、肿胀、灼热、瘙痒而无渗出的急性皮炎以及荨麻疹、夏季皮炎、日晒伤等；食品级的微粉硅胶起抗结剂和疏松剂的作用，在体系中起到疏通通道、保持水分的作用。在平时，透明质酸、丝瓜叶提取液、库拉索芦荟叶提取物、冬青叶提取液等有效成分较好的保持在通道中，使用时，当组合物接触皮肤后，微粉硅胶还起到吸附水分的作用，迅速将皮肤表面水分吸附后，将有效成分释放，迅速渗至皮肤表层及内部，活性成分发挥功效，肌肤表面形成保护膜，达到保湿、防护的双层功效。

配方 49　婴幼儿祛痱止痒香膏

原料配比

原料		配比(质量份)		
		1#	2#	3#
A相	白蜂蜡	10	11.5	9.5
	地蜡	3	2.5	4
	丁羟甲苯	0.05	0.04	0.06
B相	冰片	9	7.5	8
C相	羟苯丙酯	0.05	0.04	0.06
	矿脂	69	60	65
	生育酚乙酸酯	1	0.7	0.9
D相	薄荷醇	1.3	0.7	1
E相	野菊花挥发油微胶囊	6	5	6.8
	红没药醇	0.3	0.5	0.1

制备方法

将A相中的各成分混合，搅拌加热到85～90℃至固体蜡完全熔成液体；接着降温到83～86℃加入B相，搅拌至固体完全熔成液体；继续降温至75～80℃，加入C相各成分，充分搅拌至固体完全熔成液体；继续降温至72～75℃，加入D相，充分搅拌至固体完全熔解；继续降温至60～70℃，加入E相各成分，充分搅拌均匀，得到野菊花挥发油的微胶囊香膏。

原料介绍

野菊花挥发油微胶囊的制备。

（1）野菊花挥发油油膏的制备：将野菊花粉末置于亚临界萃取釜中，以亚临界流体在一定温度、一定压力下萃取一定时间，得到野菊花亚临界初提物；溶剂经循环压缩机回收至溶剂罐，循环使用；萃取至少一次，得到初提物；将初提物中的溶剂去除，得到野菊花挥发油油膏。所述的亚临界流体为二甲醚。所述的亚临界流体的用量为按料液比1g∶(6～10)mL计算；温度为10～30℃；压力为0.4～0.8MPa；时间为4～6h；所述的将初提物中的溶剂去除是通过旋转蒸发仪去除。

（2）野菊花挥发油的精制：将步骤（1）获得的野菊花挥发油油膏分散于油脂中，于5～10℃冷却，过滤，得到精制的野菊花挥发油。冷却的温度为6～9℃。过滤为中性定性滤纸抽滤。

（3）野菊花挥发油微胶囊的制备：取一定量的β-环糊精加入水中，溶解，得到β-环糊精溶液；然后滴加精制的野菊花挥发油，滴加完后进行振荡，冷却，于0～10℃静置，待沉淀析出后抽滤，用95%乙醇洗涤包合物，最后将洗涤干净的包合物干燥，得到野菊花挥发油微胶囊。所述的水为去离子水。溶解为加热溶解。温度为70℃。所述的滴加精制的野菊花挥发油时的温度为70℃。振荡的条件为40～60℃振荡2～5h；所述的野菊花挥发油的用量为按芯壁比1∶(4～8)计算；芯材为野菊花挥发油，壁材为β-环糊精。静置的温度为2～8℃；干燥的温度为45℃。

所述的野菊花粉末通过如下步骤制备得到：将野菊花洗净，干燥，粉碎，得到野菊花粉末。所述的干燥的程度优选为以获得含水率≤0.3%的野菊花为基准。所述的粉碎的方法，包括但不限于研磨、剪切、压轧、冲击等。所述的干燥的方法，包括但不限于晒干、烘干、真空干燥等。

所述的油脂可以采用本领域中常用植物油脂，包括但不限于椰子油、棕榈油、棕榈仁油、小麦胚芽油、橄榄油、蓖麻油、大豆油、葡萄籽油、甜杏仁油、山茶油等；亦可以采用本领域常见的合成油脂，包括但不限于肉豆蔻酸异丙酯、棕榈酸异丙酯、硬脂酸异丙酯、肉豆蔻酸异辛酯、棕榈酸异辛酯、三辛酸/癸酸甘油酯、肉豆蔻酸肉豆蔻醇酯、异壬酸异壬酯等；优选对野菊花挥发油油膏分散能力好的油脂，如橄榄油、山茶油、棕榈酸异丙酯、三辛酸/癸酸甘油酯等；更优选为营养丰富的天然油脂山茶油。

所述的油脂的用量按所述的野菊花挥发油油膏与油脂的质量比为1∶(5～10)进行计算；

所述的β-环糊精溶液的浓度为质量分数0.5%～2.5%。

产品特性

(1) 本品主要功效成分为野菊花挥发油，温和无刺激，不额外添加香精，适用于婴幼儿娇嫩的皮肤。

(2) 本品将野菊花挥发油微胶囊化，芯材通过半透性囊壁逐步渗透挥发，延长芯材的使用时间，解决了植物精油易挥发的问题，又能提高植物精油的利用率和稳定性。当作用于婴幼儿皮肤时，能长久释放有效成分，起到持续保护作用，无需反复涂抹，减少婴幼儿在反复涂抹过程中产生的抵抗情绪。

配方 50 婴幼儿用液体痱子露

原料配比

原料		配比(质量份)
A相	乳化剂鲸蜡硬脂醇聚醚-6橄榄油酸酯	3
	十六/十八醇	1
	单硬脂酸甘油酯	1.5
	葵花籽油	5
	异构十六烷	3
	粒径小于40nm纳米氧化锌	2
	聚二甲基硅氧烷DC200硅油	2
	冰片	0.2
	薄荷	0.5
B相	水	62.15
	汉生胶	0.3
	1,3-丁二醇	5
	EDTA-2Na	0.05
	中草药	10
	洋金花+茉莉花根提取液	3
C相	苯氧乙醇	0.6
	马齿苋提取液	0.7

续表

原料		配比(质量份)
中草药	苦参	10
	蛇床子	60
	黄柏	10
	黄芩	10
	白鲜皮	10
	水	1000

制备方法

（1）将称量好的A相组分加热至80～90℃，溶解完全后保持20min，灭菌；称量好的B相组分均质20～30min，并不断搅拌35～40r/min，待B相组分完全溶胀后加热到80～85℃，维持20min，灭菌；

（2）开启乳化锅，先加入B相组分，再将A相组分加入B相组分中，开启搅拌和均质，均质时间设定12～18min，刮壁调速为35～40r/min，均质到8min时开启冷凝水，冷却至60～65℃时，再次开启均质8min；均质完成后，开启真空泵，设定真空度为0.05～0.07MPa，搅拌速度调至20～40r/min，等乳化锅锅内温度降到48～53℃时关闭冷凝水，继续降温和搅拌，维持真空不低于30min；

（3）乳化锅内物料温度降至40～45℃时加入C相组分，抽真空0.05～0.07MPa，搅拌20～40r/min，搅拌时间控制1～3h，搅拌均匀。

产品特性　本品刺激性低，针对婴幼儿夏天痱子的出现具有很好的缓解、预防和修复作用，相比痱子粉等粉剂产品，有效物通过膏霜的涂抹，贴肤性好，不会出现粉尘。

第五章　儿童沐浴用品

配方 1　艾草儿童沐浴露

原料配比

原料	配比(质量份)				
	1#	2#	3#	4#	5#
去离子水	160	165	170	175	180
PEG-80 失水山梨醇月桂酸酯	1.5	2	2.5	3	3.5
椰油酰胺丙基甜菜碱	3	4	5	6	7
癸基葡糖苷	7	7.5	8	8.5	9
月桂酰乳酰乳酸钠	6	6	10	14	14
月桂醇聚醚硫酸酯钠	0.5	1.5	2	3.5	4.5
聚季铵盐-7	55	65	70	85	95
PEG-150 二硬脂酸酯	3	4	5	5	6
PEG-50 牛油树脂	4	5	6	7	8
艾叶提取物	5	6	7	8	9
尿素	2.5	2.9	3.2	3.4	3.8
甘油	5	6	6	8	9
乳酸	4	4.7	5.5	5.6	7
PCA 钠	0.3	0.4	0.6	0.6	8
金银花萃取液	2.8	3.4	3.5	4.2	4.9

制备方法　将各组分加入均质混合装置中，在 70～80℃混合均质得到产品。

产品特性

（1）本品添加了艾叶提取物，满足现代消费者对除菌功效性和安全性的双重需求。

（2）本品添加了金银花萃取物，具有抗病原微生物作用。

配方 2　氨基酸洗护二合一婴幼儿洗发沐浴液

原料配比

原料		配比(质量份)				
		1#	2#	3#	4#	5#
草棉籽提取物		2	1	1.5	1	2
皮肤调理剂	水解羽扇豆蛋白	0.1	0.1	0.1	0.1	0.1
保湿剂	甘油	11.5	16.5	11.5	9.5	14.5
pH 调节剂	柠檬酸钠	0.05	0.05	0.05	0.05	0.08
	柠檬酸	0.05	0.05	0.05	0.05	0.08
	乳酸	0.05	0.05	0.05	0.05	0.05
	精氨酸	0.1	0.1	0.1	0.1	0.1
螯合剂	EDTA 二钠	0.05	0.05	0.05	0.05	0.05

续表

原料		配比(质量份)				
		1#	2#	3#	4#	5#
表面活性剂	PEG-80 失水山梨醇月桂酸酯	17	15	17	22	25
	椰油酰胺丙基甜菜碱	0.32	0.32	0.32	0.32	0.32
增稠渗透剂	氯化钠	0.5	1.5	2.5	1.5	2.5
氨基酸表面活性剂	月桂酰肌氨酸钠	0.05	0.05	0.05	0.05	0.05
对羟基苯乙酮		0.4	0.5	0.6	0.6	0.5
保湿剂	己二醇	2	1.9	1.5	1.7	1.8
芳香剂	香柠檬果油	0.15	0.15	0.15	0.15	0.15
水		69	65.1	66.4	65	55.5

制备方法

（1）按配方称取原料，将 0.3～3 份表面活性剂（其中可含 0.2～2.5 份所述盐类）、10～15 份水混合得到 A，将 0.5～3 份草棉籽提取物、4～6 份水、1～2 份保湿剂混合得到 B，将 0.01～2 份表面活性剂、3～8 份水混合得到 C，然后将 A、B 和 C 预混合，密封静置 12h 以上得到 D；

（2）将 30～50 份水、15～25 份表面活性剂投入真空乳化反应釜中，搅拌并且乳化均质 5～30min，同时加热，搅拌下至 80～90℃，保温 10～60min；

（3）降温至 65～75℃，加入剩余的保湿剂，搅拌并且乳化均质 5～30min；

（4）在 10～60min 之内将 D 加入其中，搅拌并且乳化均质 1～10min；

（5）用 0.05～0.2 份 pH 调节剂调节 pH 至 6.5～7.5，搅拌 10～60min；

（6）加入螯合剂、剩余的 pH 调节剂、芳香剂、皮肤调理剂，混合，降温至室温，搅拌下抽真空至 15KPa 以下，保持一定时间（例如 1～2min）排除料液中的空气；

（7）灌装，密封，静置 24h 以上，即可。

产品特性　本品质地柔和、温和洁净，亲和宝宝肌肤，模拟新生儿皮脂成分，提高对皮肤屏障的保护和水分保持，是不刺激的无泪配方，不添加防腐剂，并且可以产生绵密的泡泡；本品清洁力好。

配方 3　氨基酸婴儿洗发沐浴泡泡

原料配比

原料	配比(质量份)			
	1#	2#	3#	4#
浓度(质量分数)为 98%以上的 *N*-月桂酰-L-丙氨酸钠	—	6	5	4
食用级椰油酰胺基丙酸钠	8	—	3	4
月桂酰谷氨酸钠	—	—	1	2
椰油酰甘氨酸钠	—	—	1	1
浓度为 96%的氢氧化钠	1.15	1.2	1.2	1.15
水	81.04888	81.54788	79.89999	77.04888
食用级甘油	7	8	6	8
食用级胶原蛋白粉	0.00001	0.00001	0.00001	0.00001
食用级泛醇	1.5	1.4	1.6	1.5
食用级山羊奶提取物	0.001	0.002	0.001	0.001
食用级脱氢乙酸钠	0.1	0.15	0.2	0.1
食用级天然维生素 E	0.0001	0.0001	0.0001	0.0001

续表

原料	配比(质量份)			
	1#	2#	3#	4#
乙基己基甘油复配的化妆品用液体防腐剂 PE9010	1	1.5	1	1
食用级透明质酸	0.00001	0.00001	0.00001	0.00001
山梨酸钾	0.2	0.2	0.2	0.2

制备方法　将各组分原料混合均匀即可。所述氨基酸婴儿洗发沐浴泡泡的 pH 范围在 5.5～7 之间。

产品特性　本品采用氨基酸表面活性剂替代传统的 AES、十二烷基苯磺酸钠等有潜在危害婴儿的表面活性剂，作为主要活性物，使得婴幼儿洗发沐浴更加安全、舒适；氨基酸配方不含致敏成分，易冲洗；清除细菌，去味除臭，无化学伤害，冲洗后具有明显的止痒效果，有效预防婴幼儿皮肤过敏，红点等皮肤疾病。

配方 4　宝宝洗发沐浴露

原料配比

原料	配比(质量份)			
	1#	2#	3#	4#
水	加至 100	加至 100	加至 100	加至 100
月桂基葡糖苷	18	20	22	21.5
月桂酰肌氨酸钠	8	10	—	8
月桂酰两性基乙酸钠	4	—	6	4
月桂醇聚醚-6 羧酸钠	3	3	3	
PEG-7 橄榄油酸酯	0.5	0.5	0.5	0.5
泛醇	0.5	0.5	0.5	0.5
蜂蜜提取物	0.2	0.2	0.2	0.2
PEG-120 甲基葡糖二油酸酯	0.5	0.5	0.5	0.5
苯氧乙醇	0.25	0.25	0.25	0.25
聚季铵盐-10	0.2	0.2	0.2	0.2
水解胶原	0.1	0.1	0.1	0.1
尿囊素	0.2	0.2	0.2	0.2
香精	0.2	0.2	0.2	0.2
柠檬酸	0.6	0.6	0.6	0.6
EDTA 二钠	0.05	0.05	0.05	0.05
山梨酸钾	0.15	0.15	0.15	0.15
苯甲酸钠	0.15	0.15	0.15	0.15

制备方法　在反应器中加入水和表面活性剂，搅拌混合 10～30min，然后加入其余组分，搅拌混合均匀即得。

原料介绍　所述表面活性剂包括月桂基葡糖苷、月桂酰肌氨酸钠和月桂酰两性基乙酸钠。月桂醇聚醚-6 羧酸钠和 PEG-7 橄榄油酸酯。

产品特性　本品可以有效改善婴幼儿皮肤舒适度，对皮肤干燥改善效果也非常好。具有保护组织、亲水、吸水和防止水分散发等作用；本品对头发有保护作用，可使头发不分叉、不断，还能促进组织生长，细胞新陈代谢，软化角质层蛋白。

配方 5　保湿杀菌婴幼儿用活性炭沐浴露

原料配比

原料	配比(质量份)		
	1#	2#	3#
金银花	5	15	25
大腹皮	6	12	18
苍术	2	10	18
牛蒡根	6	14	22
广藿香	2	10	18
磨盘草	3	10	17
桑叶	4	10	16
山姜花	1	5	9
玄参	2	7	12
双咪唑烷基脲	2	6	5
甘油	5	10	15
十二烷基硫酸钠	2	10	18
聚丙二醇	3	5	7
尿囊素	1	3	5
洋甘菊萃取物	2	5	8
改性活性炭	3	10	17
特丁基羟基甲苯	1	4	7
特丁基羟基小茴香脑	1	4	7
没食子酸丙酯	2	5	8
丁基羟基茴香醚	2	5	8
2,6-二叔丁基-4-甲基苯酚	3	5	7
去离子水	适量	适量	适量

制备方法

（1）将金银花、大腹皮、苍术、牛蒡根、广藿香、磨盘草、桑叶、山姜花和玄参加水煎煮，第一次加水为物料总质量的6～10倍，煎煮时间为1.5～3.5h，第二次加水为物料总质量的5～9倍，煎煮时间为1.5～3.5h，合并第一次和第二次得到的煎液并加入乙醇溶液，进行浓缩处理，得到相对密度为1.1～1.2的浸膏；

（2）将双咪唑烷基脲、甘油、十二烷基硫酸钠、聚丙二醇、尿囊素、洋甘菊萃取物、改性活性炭、特丁基羟基甲苯、特丁基羟基小茴香脑、没食子酸丙酯、丁基羟基茴香醚和2,6-二叔丁基-4-甲基苯酚放入搅拌装置中进行搅拌处理，加热温度为60～80℃，搅拌时间为40min；

（3）将步骤（1）和步骤（2）中得到的物料混合，同时进行搅拌处理，搅拌速度为60r/min，搅拌时间为70min，加热温度为55～75℃，搅拌完成后冷却至40℃，即可得到成品。

原料介绍

所述改性活性炭的制备方法如下：

（1）将活性炭放入粉碎装置中进行粉碎处理，粉碎时间为180min，将粉碎后的活性炭过50目筛，得到粉碎物；

（2）将步骤（1）中得到的粉碎物放入2%～10%的氢氧化钾溶液中浸泡，在100～

140℃温度条件下进行搅拌处理，搅拌时间为60min，搅拌完成后通过去离子水进行洗涤，调节其pH值为7；

（3）将步骤（2）中得到的物料放置在湿法研磨机中，调节研磨机转速为2500～3000r/min，研磨6～9h，研磨完成后对其进行加热处理，加热温度为90～120℃，加热时间为2～4h，得到改性活性炭。

产品特性 本品具有保湿效果好、杀菌彻底以及使用方便等优点，所添加的中药提取物能够起到滋润婴幼儿皮肤的作用，对于常见的婴幼儿皮肤病有着较好的疗效，且对于蚊虫叮咬不仅能起到预防的效果，同时对于受损皮肤也能加快其愈合，方便婴幼儿的长期使用。

配方 6 保湿婴儿沐浴露

原料配比

原料			配比(质量份)				
			1#	2#	3#	4#	5#
十二烷基葡糖苷			3	3	3	3	3
椰油酰胺丙基甜菜碱			0.7	0.7	0.7	0.7	0.7
壳寡糖			2	—	—	—	—
改性壳寡糖			—	2	2	2	2
蔗糖脂肪酸酯	蔗糖十二烷酸酯		0.8	0.8	0.8	0.8	0.8
山梨醇			1.5	1.5	1.5	1.5	1.5
保湿剂	羧甲基透明质酸		1.5	1.5	1.5	—	1
	羧甲基海藻糖		—	—	—	1.5	0.5
甘油			3	3	3	3	3
去离子水			75	75	75	75	75
植物提取液			16	16	16	16	16
柠檬酸			0.5	0.5	0.5	0.5	0.5
植物提取液	金银花		1	1	1	1	1
	无患子		0.3	0.3	0.3	0.3	0.3
	夏枯草		0.6	0.6	0.6	0.6	0.6
	水		16	16	16	16	16
改性壳寡糖	壳寡糖溶液	壳寡糖	—	5	5	5	5
		0.3%的柠檬酸钠水溶液	—	95	95	95	95
	胶原蛋白溶液	胶原蛋白	—	5	5	5	5
		0.3%的柠檬酸钠水溶液	—	95	95	95	95
	胶原蛋白溶液		—	1	1	1	1
	茶多酚		—	0.0015	—	0.0015	0.0015
	壳寡糖溶液		—	3	3	3	3
	转谷氨酰胺酶		—	0.004	0.004	0.004	0.004

制备方法 将十二烷基葡糖苷、椰油酰胺丙基甜菜碱、改性壳寡糖、蔗糖脂肪酸酯、山梨醇、保湿剂、甘油加入水中在温度为45～65℃搅拌10～30min，降温至25～40℃加入植物提取液、柠檬酸搅拌10～30min，即得。搅拌转速为200～500r/min。

原料介绍

所述改性壳寡糖的制备方法是：将壳寡糖与质量分数为0.2%～0.4%的柠檬酸钠水溶液按质量比为（4～6）∶（94～96）混合得到壳寡糖溶液；将胶原蛋白与质量分数为0.2%～0.4%的柠檬酸钠水溶液按质量比为（4～6）∶（94～96）混合得到胶原蛋白溶液；然后将胶原蛋白溶液、茶多酚、壳寡糖溶液按质量比为1∶（0.001～0.004）∶（2～4）混合，再加入胶原蛋白溶液质量0.1%～0.5%的转谷氨酰胺酶混合均匀，在40～50℃恒温水浴反应2～5h后于75～85℃水浴灭酶4～7min，得到反应液；将反应液浓缩、冷冻干燥即得。

所述植物提取液的制备方法是：将金银花、无患子、夏枯草分别粉碎过10～20目筛，将粉碎后的金银花、粉碎后的无患子、粉碎后的夏枯草与水混合后超声提取50～90min，过滤，即得。

所述超声提取的超声功率为250～450W、超声频率为30～45kHz。

所过滤的滤布孔径为300～600目。

产品特性　本品以植物提取物为主要活性成分，有保湿和滋润肌肤的功能，有效改善肌肤缺水情况，防止身体肌肤水分流失，添加的表面活性剂的成分安全无刺激，稳定性好，具有清洁、止痒和保湿等效果，适合婴幼儿使用。

配方 7　茶籽油沐浴露

原料配比

原料		配比(质量份)		
		1#	2#	3#
植物精油		7	10	13
非离子型表面活性剂	烷基葡萄糖苷、三异硬脂酸PEG-120甲基葡萄糖的混合物	13	15	17
离子型表面活性剂		5.0	4	5
水		加至100	加至100	加至100
植物精油	茶籽油	15	1	5
	辣木籽油	2	1	7
	乳木果油	3	—	1
	葡萄籽油	2	—	5
	玛咖籽油	6	1	2
	迷迭香精油	1	—	3
离子型表面活性剂	椰油两性二醋酸二钠盐	1	1	1
	月桂酰基两性醋酸钠	1	1	1
	脂肪醇琥珀酸酯二钠	1	1	—

制备方法　将各组分原料混合均匀即可。所述沐浴露的pH值为5.5～6.5。

产品特性　本品添加了植物精油，具有护肤除菌的效果，对一些蚊虫叮咬也有一定的效果，采用烷基葡萄糖苷、脂肪醇琥珀酸酯二钠、三异硬脂酸PEG-120甲基葡萄糖等温和的表面活性成分，这些温和的表面活性成分比大多数化工合成原料更安全，毒副作用和刺激性更小、不易引起皮肤过敏、发炎等皮肤微生态系统失调的状况，天然植物成分护理，安全可靠，制作简便，特别适用于皮肤敏感人群和婴幼儿。

配方 8　除螨沐浴露

原料配比

原料		配比(质量份)			
		1#	2#	3#	4#
表面活性剂	椰油酰谷氨酸二钠	4	4	6	5
	月桂酰两性基乙酸钠	4	4	4	5
	椰油酰胺丙基羟基磺基甜菜碱	2	2	2	1.5

续表

原料		配比(质量份)			
		1#	2#	3#	4#
保湿剂	甘油	2	2	4	2.5
	1,2-己二醇	0.5	0.5	0.5	1
抗静电剂	丙烯酸(酯)类共聚物	2.4	2.4	1.5	2
抗氧化剂	对羟基苯乙酮	0.5	0.5	0.4	0.2
肉桂树皮提取物		0.075	0.05	0.08	0.065
无患子果皮提取物		0.015	0.04	0.01	0.025
迷迭香提取物		0.005	0.003	0.002	0.004
黄檗树皮提取物		0.003	0.006	0.004	0.003
薄荷提取物		0.002	0.001	0.004	0.003
去离子水		加至100	加至100	加至100	加至100

制备方法

（1）预处理：将抗静电剂加入去离子水中，在室温下搅拌溶解至分散均匀，为A相；

（2）乳化锅中加入去离子水、表面活性剂和保湿剂；搅拌，升温至（85±1)℃，保温至溶解均匀后，开启冷凝水，搅拌降温，为B相；

（3）待B相降温至（65±1)℃，加入步骤（1）的A相，搅拌，保温消泡；继续降温至(45±1)℃，加入剩余组分，搅拌溶解至分散均匀，制得除螨沐浴露。

原料介绍

所述肉桂树皮提取物可采用以下方法制备得到：将肉桂树皮干燥后研磨粉碎至60～100目粉末状，加入肉桂树皮质量3～5倍的去离子水，加热回流，冷凝收集馏出液，冷却后将馏出液再次加热回流，冷凝收集馏出液，再加入有机溶剂萃取馏出液2～3次（馏出液与有机溶剂体积比为2∶1)，收集合并有机层，干燥，加热蒸除有机溶剂，制备得到肉桂树皮提取物。

所述无患子果皮提取物可以采用以下方法制备得到：将无患子果皮干燥后研磨粉碎至60～100目粉末状，加入70%乙醇水溶液，料液比为1g∶(20～30)mL，在（80～85)℃、超声波频率为35kHz、超声功率400W下提取1.5～3h，结束后进行抽滤，收集滤液，旋蒸干燥，制备得到无患子果皮提取物。

所述迷迭香提取物可以采用超临界CO_2萃取法制备得到迷迭香提取物：将迷迭香干燥后粉碎至40～60目粉末状，将迷迭香粉末置于萃取釜中，加热至25～55℃，通过高压泵调节萃取釜压力至20～50MPa、分离釜压力至2～8MPa后，开始循环萃取，调节CO_2动态流量，待系统稳定后，萃取2～3h，制备得到迷迭香提取物。

所述黄檗树皮提取物可以采用以下方法制备得到：将黄檗树皮干燥后粉碎成60～100目粉末状，加入70%乙醇水溶液，料液比为1g∶(10～15)mL，在（50～60)℃、超声波频率为35kHz、超声功率400W下提取1.5～3h，结束后进行抽滤，收集滤液，旋蒸干燥，制备得到黄檗树皮提取物。

所述薄荷提取物可以采用以下方法制备得到：将薄荷干燥后粉碎成10～40目粉末状，加入50%乙醇水溶液，料液比为1g∶(60～80)mL，在（40～55)℃、超声波频率为35kHz、超声功率400W下提取1.5～3h，结束后进行抽滤，收集滤液，浓缩，旋蒸干燥，制备得到薄荷提取物。

产品特性　本品通过加入五种天然植物提取物，其配伍性好，多种活性成分协同作用，具有高效杀灭螨虫的功效，且使用后肌肤滋润不紧绷，安全性高，温和不刺激，特别适合儿童使用。

配方 9　鳄梨果应用于婴幼儿洗发沐浴乳

原料配比

原料	配比(质量份)		
	1#	2#	3#
鳄梨提取物	30	40	20
黑蜂蜜	20	25	15
皂角提取物	18	20	15
无患子提取物	15	18	10
山茶籽提取物	22	30	20
香橼提取物	15	18	10
黄果皮提取物	30	30	20
光果甘草提取物	15	20	10
椰子油提取物	10	15	10
薄荷叶提取物	22	30	20
甘油	6	10	6
维生素 B_5	8	12	8
辅料:活性剂、稳定剂和顺滑剂、去离子水	适量	适量	适量
75%的乙醇水溶液	适量	适量	适量
pH 调节剂	适量	适量	适量

制备方法

(1) 将鳄梨、皂角、无患子、山茶籽、香橼、黄果皮、光果甘草、薄荷叶分别加入所述单个原料质量 3 倍的体积浓度为 75% 的乙醇水溶液，置 85kHz 的超声波清洗仪器中超声 4min，再分别加入所述单个原料质量 7 倍的体积浓度为 75% 的乙醇水溶液，常压加热回流 3h，滤过，浓缩滤液，所得鳄梨提取物、皂角提取物、无患子提取物、山茶籽提取物、香橼提取物、黄果皮提取物、光果甘草提取物、薄荷叶提取物；

(2) 然后将辅料：活性剂、稳定剂和顺滑剂、去离子水置于反应锅内，加热至 75～80℃溶解并充分混合；

(3) 待步骤 (2) 所得的混合物降温至 45～50℃时，添加鳄梨提取物、黑蜂蜜、皂角提取物、无患子提取物、山茶籽提取物、香橼提取物、黄果皮提取物、光果甘草提取物、椰子油提取物、薄荷叶提取物、甘油、维生素 B_5 与混合物充分混合后加入 pH 调节剂，搅拌均匀，调节 pH 至 6～6.5，即得成品。

原料介绍　所述活性剂为十二烷基硫酸钠或十二醇硫酸乙醇胺盐。

产品特性　本品温和滋润柔顺，持久养护宝宝柔软的头发，吸收滋养肌肤，瞬透吸收形成无形保护膜，性质温和纯正、抗菌抗炎，保护头皮和皮肤，柔软皮肤，缓解刺激，呵护敏感，保持弹性，提供更多营养，亲柔滋润宝宝幼嫩的头皮和发根，焕发健康粉嫩的光彩，温柔呵护宝宝发毛。

配方 10　儿童芳香修护沐浴露

原料配比

<table>
<tr><td colspan="2" rowspan="2">原料</td><td colspan="3">配比(质量份)</td></tr>
<tr><td>1#</td><td>2#</td><td>3#</td></tr>
<tr><td colspan="2">椰油酰胺丙基甜菜碱</td><td>6</td><td>3</td><td>9</td></tr>
<tr><td colspan="2">月桂醇聚醚硫酸酯钠</td><td>5.5</td><td>4</td><td>7</td></tr>
<tr><td colspan="2">月桂酰两性基乙酸钠</td><td>2</td><td>1</td><td>3</td></tr>
<tr><td colspan="2">透明质酸钠</td><td>2</td><td>1</td><td>3</td></tr>
<tr><td colspan="2">牛奶蛋白提取物</td><td>9</td><td>6</td><td>12</td></tr>
<tr><td colspan="2">乳清蛋白</td><td>7</td><td>5</td><td>9</td></tr>
<tr><td colspan="2">维生素 E</td><td>3.5</td><td>2</td><td>5</td></tr>
<tr><td colspan="2">植物提取物组合物</td><td>4</td><td>2</td><td>6</td></tr>
<tr><td colspan="2">植物油脂</td><td>2</td><td>1</td><td>3</td></tr>
<tr><td colspan="2">pH 调节剂</td><td>0.75</td><td>0.5</td><td>1</td></tr>
<tr><td colspan="2">丁二醇</td><td>0.2</td><td>0.1</td><td>0.3</td></tr>
<tr><td colspan="2">去离子水</td><td>60</td><td>50</td><td>70</td></tr>
<tr><td rowspan="7">植物提取物组合物</td><td>艾草提取物</td><td>5</td><td>3</td><td>7</td></tr>
<tr><td>薰衣草提取物</td><td>4</td><td>3</td><td>5</td></tr>
<tr><td>积雪草提取物</td><td>3.5</td><td>2</td><td>5</td></tr>
<tr><td>虎杖提取物</td><td>2.5</td><td>1</td><td>4</td></tr>
<tr><td>燕麦仁提取物</td><td>2.5</td><td>1</td><td>4</td></tr>
<tr><td>葡萄提取物</td><td>2</td><td>1</td><td>3</td></tr>
<tr><td>母菊提取物</td><td>3.5</td><td>2</td><td>5</td></tr>
<tr><td rowspan="2">植物油脂</td><td>沙棘果油</td><td>1</td><td>1</td><td>1</td></tr>
<tr><td>罗勒籽油</td><td>1</td><td>1</td><td>1</td></tr>
<tr><td rowspan="2">pH 调节剂</td><td>天然柠檬酸</td><td>3</td><td>2</td><td>3</td></tr>
<tr><td>酒石酸</td><td>1</td><td>1</td><td>1</td></tr>
</table>

制备方法

（1）将椰油酰胺丙基甜菜碱、月桂醇聚醚硫酸酯钠、月桂酰两性基乙酸钠、丁二醇和去离子水加入混合搅拌罐中，在 60～75℃条件下缓慢搅拌 20～30min，得到混合基液。

（2）将透明质酸钠、牛奶蛋白提取物、乳清蛋白和植物提取物组合物置入反应罐中，常温条件下采用超声波处理以促进混合，得到功能性混合液；所述超声波处理的参数如下：超声波频率为 20～30kHz，功率为 500～800W，超声波处理时间为 7～10min。

（3）待混合搅拌罐的温度降至 35℃时，将功能性混合液加入混合搅拌罐中与混合基液混合，搅拌 20～35min 后加入维生素 E、植物油脂和 pH 调节剂，继续搅拌 20～40min，即可制得儿童芳香修护沐浴露。

产品特性　本品通过添加透明质酸钠、牛奶蛋白提取物、乳清蛋白和维生素 E，实现了沐浴露的修护功能，并有效建立起了皮肤防护屏障，抵抗外界环境对儿童皮肤的损伤；同时，通过植物提取物组合物中多种天然植物的添加，在对儿童皮肤养护的同时，使沐浴露味道更加温和且具有天然植物的芳香，同时具有对皮肤的舒缓功效；并通过天然的 pH 调节剂的添加，使沐浴露呈弱酸性，更适合儿童娇嫩肌肤。

配方 11 儿童沐浴露（1）

原料配比

<table>
<tr><th colspan="2" rowspan="2">原料</th><th colspan="4">配比(质量份)</th></tr>
<tr><th>1#</th><th>2#</th><th>3#</th><th>4#</th></tr>
<tr><td colspan="2">月桂醇聚醚硫酸酯钠</td><td>50</td><td>50</td><td>50</td><td>50</td></tr>
<tr><td colspan="2">甜菜碱类表面活性剂</td><td>51</td><td>51</td><td>51</td><td>51</td></tr>
<tr><td colspan="2">丙烯酸(酯)类共聚物</td><td>10</td><td>10</td><td>10</td><td>10</td></tr>
<tr><td colspan="2">椰油酰胺 MEA</td><td>40</td><td>40</td><td>40</td><td>40</td></tr>
<tr><td colspan="2">齿缘墨角藻提取物</td><td>4</td><td>6</td><td>6</td><td>—</td></tr>
<tr><td colspan="2">泡叶藻提取物</td><td>4</td><td>6</td><td>—</td><td>6</td></tr>
<tr><td colspan="2">刺海门冬提取物</td><td>4</td><td>—</td><td>6</td><td>6</td></tr>
<tr><td colspan="2">山梨醇</td><td>10</td><td>10</td><td>10</td><td>10</td></tr>
<tr><td colspan="2">燕麦麸皮提取物</td><td>5</td><td>5</td><td>5</td><td>5</td></tr>
<tr><td colspan="2">EDTA 四钠</td><td>1.2</td><td>1.2</td><td>1.2</td><td>1.2</td></tr>
<tr><td colspan="2">云母</td><td>3</td><td>3</td><td>3</td><td>3</td></tr>
<tr><td colspan="2">氯化钠</td><td>5</td><td>5</td><td>5</td><td>5</td></tr>
<tr><td colspan="2">柠檬酸</td><td>4</td><td>4</td><td>4</td><td>4</td></tr>
<tr><td colspan="2">氢氧化钠</td><td>1.5</td><td>1.5</td><td>1.5</td><td>1.5</td></tr>
<tr><td colspan="2">聚丙二醇</td><td>4</td><td>4</td><td>4</td><td>4</td></tr>
<tr><td colspan="2">甲基氯异噻唑啉酮</td><td>0.15</td><td>0.15</td><td>0.15</td><td>0.15</td></tr>
<tr><td colspan="2">甲基异噻唑啉酮</td><td>0.15</td><td>0.15</td><td>0.15</td><td>0.15</td></tr>
<tr><td colspan="2">硅石</td><td>3</td><td>3</td><td>3</td><td>3</td></tr>
<tr><td colspan="2">PEG-40 氢化蓖麻油</td><td>3</td><td>3</td><td>3</td><td>3</td></tr>
<tr><td colspan="2">甘油</td><td>80</td><td>80</td><td>80</td><td>80</td></tr>
<tr><td colspan="2">柠檬香精</td><td>0.18</td><td>0.18</td><td>0.18</td><td>0.18</td></tr>
<tr><td colspan="2">去离子水</td><td>800</td><td>800</td><td>800</td><td>800</td></tr>
<tr><td rowspan="3">甜菜碱类表面活性剂</td><td>椰油酰胺丙基甜菜碱</td><td>1</td><td>1</td><td>1</td><td>1</td></tr>
<tr><td>3-磺丙基十六烷基二甲甜菜碱</td><td>1</td><td>1</td><td>1</td><td>1</td></tr>
<tr><td>油酰胺丙基甜菜碱</td><td>1</td><td>1</td><td>1</td><td>1</td></tr>
</table>

制备方法 将去离子水加热至 65～85℃，搅拌条件下依次加入月桂醇聚醚硫酸酯钠、甜菜碱类表面活性剂、丙烯酸（酯）类共聚物、椰油酰胺 MEA、山梨醇搅拌混合均匀，降温至 45～55℃，再依次加入 EDTA 四钠、云母、氯化钠、柠檬酸、氢氧化钠、聚丙二醇、甲基氯异噻唑啉酮、甲基异噻唑啉酮、硅石、PEG-40 氢化蓖麻油、香精、齿缘墨角藻提取物、泡叶藻提取物、刺海门冬提取物、燕麦麸皮提取物搅拌混合均匀即得。

原料介绍

所述的香精为香兰素、柠檬香精、薄荷香精、薰衣草香精、玫瑰香精等。

所述的齿缘墨角藻提取物可使用常规的水提法或醇提法，比如将齿缘墨角藻清洗粉碎后按照固液比（g/mL）（1∶10）～(1∶30) 浸入质量分数为 95%乙醇中，浸泡 8～12h，加热回流 4～6h，冷却，过滤，将滤液浓缩后，冻干成粉末。本品中所使用的齿缘墨角藻提取物是购买自南京泽朗医药科技有限公司，规格为 10∶1，即 10g 齿缘墨角藻提取出的 1g 齿缘墨角藻提取物。

所述的泡叶藻提取物可使用常规的水提法或醇提法，比如将泡叶藻清洗粉碎后按照固液比（g/mL）（1∶10）～（1∶30）浸入质量分数为95%乙醇中，浸泡8～12h，加热回流4～6h，冷却，过滤，将滤液浓缩后，冻干成粉末。本品中所使用的泡叶藻提取物是购买自西安万方生物科技有限公司，规格为10∶1，即10g泡叶藻提取出的1g泡叶藻提取物。

所述的刺海门冬海藻提取物可使用常规的水提法或醇提法，比如将刺海门冬海藻清洗粉碎后按照固液比（g/mL）（1∶10）～（1∶30）浸入质量分数为95%乙醇中，浸泡8～12h，加热回流4～6h，冷却，过滤，将滤液浓缩后，冻干成粉末。

产品特性　本品蕴含多种天然成分，给予三重爱护：舒柔、滋润、保护，可有效洗去肌肤污垢和尘埃，同时水润肌肤，舒缓干燥，令肌肤洁净，舒爽，柔嫩。

配方 12　儿童沐浴露（2）

原料配比

原料	配比(质量份)		
	1#	2#	3#
癸基葡糖苷	3	7	10
甘油椰油酸酯	5	11	15
月桂醇聚醚磺基琥珀酸酯二钠	7	14	20
乳酸钠	2	4	5
植物提取物	2	5	7
尿囊素	1	2	4
角鲨烷	1	3	4
山梨酸钾	1	2	3
苯甲醇	2	3	4
聚季铵盐-7	1	2.5	3
苯氧乙醇	1	2	3
苯甲酸钠	2	3	4
柠檬酸	1	2	3
香精	0.5	1.2	2
水	20	32	40

制备方法　将癸基葡糖苷、甘油椰油酸酯、月桂醇聚醚磺基琥珀酸酯二钠和水搅拌混合均匀，加热至70～80℃；再加入乳酸钠、苯甲醇、聚季铵盐-7、苯氧乙醇和苯甲酸钠，搅拌10～30min，降温至45～50℃；加入植物提取物、尿囊素和角鲨烷，搅拌10～30min；再加入山梨酸钾和香精，搅拌均匀，最后加入柠檬酸调剂pH值。

原料介绍　所述植物提取物选自桃果、积雪草、母菊花和迷迭香叶，干燥，粉碎，混合，加混合物质量8～12倍水，进行微波提取，然后过滤，得滤液，滤液浓缩至0.1～1g/mL，得到植物提取物。

产品特性

（1）本品添加了植物提取物，可以有效地滋润肌肤，缓解肌肤干燥、泛红等问题，角烷鲨有助于保持皮肤的滋润、柔滑细腻。

（2）本品成分性质温和，酸碱度适中，泡沫细腻，易冲洗无残留，不伤害皮脂膜，能够有效地清洁皮肤污物，还能有效地滋润肌肤，缓解肌肤干燥，保持肌肤的柔滑细腻。

配方 13 儿童沐浴露（3）

原料配比

原料	配比(质量份)	原料	配比(质量份)
月桂酰肌氨酸钠	3	柠檬酸	0.2
月桂酰胺丙基羟磺基甜菜碱	4	防腐剂	0.2
月桂基两性醋酸钠	5	丙烯酸酯类交联聚合物	0.5
椰油酰氨基丙酸钠	1	洋甘菊提取液	1
月桂酰甲基牛磺酸钠	3	盐藻提取物	2
PPG-2羟乙基椰油酰胺	1.5	香精	0.3
润肤保湿剂	1	去离子水	加至100

制备方法

（1）将月桂酰肌氨酸钠、月桂酰胺丙基羟磺基甜菜碱、月桂基两性醋酸钠、椰油酰氨基丙酸钠、月桂酰甲基牛磺酸钠、去离子水（加入97%，预留3%的去离子水，备用）加热至85℃，充分溶解并搅拌均匀；

（2）将步骤（1）物料温度降至50℃，加入PPG-2羟乙基椰油酰胺、润肤保湿剂，搅拌均匀；

（3）将丙烯酸酯类交联聚合物与预留的去离子水混合，搅拌均匀；

（4）将步骤（2）物料温度降至40℃，加入步骤三物料，搅拌均匀；

（5）在步骤（4）物料中加入洋甘菊提取液、盐藻提取物、防腐剂、香精，充分搅拌至均匀；

（6）在步骤（5）物料中加入柠檬酸，调pH值至5.5～6.5，即得上述儿童沐浴露。

产品特性

（1）使用氨基酸表面活性剂，以天然原料为基础，性能极其温和，抗硬水能力强，极易生物降解，泡沫丰富、稳定且有弹性。

（2）本品属于弱酸性配方，与人体皮肤酸碱度相似。各原料协调作用良好，使用后皮肤舒适、光滑，具有温和清洁、长效保湿、增强皮肤免疫力、持续滋养肌肤的作用。

配方 14 儿童沐浴露（4）

原料配比

<table>
<tr><th colspan="2">原料</th><th>配比(质量份)</th></tr>
<tr><td rowspan="3">混合液A</td><td>天然脂肪醇硫酸铵</td><td>1</td></tr>
<tr><td>月桂醇硫酸铵</td><td>5</td></tr>
<tr><td>天然脂肪醇硫酸钠</td><td>15</td></tr>
<tr><td rowspan="2">混合液B</td><td>杏仁</td><td>1</td></tr>
<tr><td>鲜花精油</td><td>2</td></tr>
<tr><td colspan="2">天然脂肪醇硫酸钠</td><td>2</td></tr>
<tr><td colspan="2">乳化硅油</td><td>3</td></tr>
<tr><td colspan="2">二丁基羟基甲苯</td><td>1</td></tr>
<tr><td colspan="2">脂肪醇酰胺</td><td>1</td></tr>
<tr><td colspan="2">椰油酸单乙醇酰胺</td><td>3</td></tr>
<tr><td colspan="2">消毒软化水</td><td>适量</td></tr>
</table>

制备方法

（1）将鲜花扎成花束后放置到鲜花处理装置上，通过鲜花处理装置对鲜花花束进行清洗 10min；

（2）剪掉清洗后的鲜花花束的根茎，将鲜花均匀平铺到蒸馏装置内，对鲜花进行水蒸气蒸馏 2 次共 50min，取出蒸馏产物的上层鲜花精油；

（3）按质量称取天然脂肪醇硫酸铵和月桂醇硫酸铵，用 100 倍消毒软化水溶解，添加天然脂肪醇硫酸钠，在常温下在搅拌速度为 200～300r/min 的条件下搅拌 3h，最终得到混合液 A；

（4）按质量称取杏仁，将杏仁粉碎后和鲜花精油一同添加到混合液 A 内，在常温下在搅拌速度为 500～600/min 的条件下搅拌 1h，最终得到混合液 B；

（5）按质量称取天然脂肪醇硫酸钠、乳化硅油、二丁基羟基甲苯、脂肪醇酰胺和椰油酸单乙醇酰胺加入混合液 B 中，在常温下以搅拌速度为 500～600/min 的条件下搅拌 30min 得到沐浴露成品；

（6）将加工出的沐浴露静置 12～24h，在静置过程中对成品进行抽样检查。

配方 15　儿童沐浴液（1）

原料配比

原料	配比(质量份)		
	1#	2#	3#
陈艾	5	15	10
五皮风	3	8	5
金银花	5	15	10
绿茶	3	8	5
水	1000	1000	1000

制备方法　将各组分加入水中，煎煮 3 次，过滤回收，装瓶后高压灭菌待用。

产品应用　本品主要是一种儿童沐浴液。使用时取本品 250g，兑 6000g 干净温水，洗浴儿童。

产品特性

（1）绿茶所含的抗氧化剂有助于抵抗老化。因为人体新陈代谢的过程，如果过氧化，会产生大量自由基，容易老化，也会使细胞受伤。SOD（超氧化物歧化）是自由基清除剂，能有效清除过剩自由基，阻止自由基对人体的损伤。绿茶中的儿茶素能显著提高 SOD 的活性，清除自由基。

（2）本品能够增强儿童皮肤抵抗力、防治儿童皮肤痒痛、生疮、长痱子。本品是提炼天然植物的精华，具有安全、使用方便等特点。

配方 16　儿童沐浴液（2）

原料配比

原料	配比(质量份)		
	1#	2#	3#
皂荚	30	35	40
无患子	30	35	40

续表

原料	配比(质量份)		
	1#	2#	3#
烷基聚葡萄糖苷	20	25	30
芦荟	10	15	20
艾叶	5	10	15
茶叶	4	5	6
薄荷	4	5	6
玫瑰精油	4	5	6
水	100	150	200

制备方法

(1) 称取皂荚、无患子、烷基聚葡萄糖苷、芦荟、艾叶、茶叶、薄荷，备用；

(2) 将上述原料分别粉碎成300～400目的粉状；

(3) 将上述原料加入水中，加热至60～70℃，搅拌，混匀；

(4) 加入玫瑰精油，搅拌，混匀，过滤，即得。

产品特性　本品天然、安全、无毒。所用表面活性剂均为纯天然物质，刺激性低、溶解性好，泡沫丰富细腻，去污、去角质性能好。安全无毒，对儿童身体健康无任何影响。

配方 17　儿童沐浴用抑菌液体皂

原料配比

原料	配比(质量份)				
	1#	2#	3#	4#	5#
植物油	20	35	25	28	33
月桂酸	4	2	2.5	3	3.5
氢氧化钠	6	12	7	9	11
N-酰基氨基酸型阴离子表面活性剂	10	5	8	7	6
黄瓜	1	3	1.5	2	3
豆芽	5	2	3	4	3
芦荟	1	3	1.5	1	2
白芷	2	1	1.5	2	1
淡竹叶	2	5	3	3	4
蛇虫子	3	1	1.5	2	1
甜杏仁油	2	5	3	3.5	4
聚乙二醇	1	2	1	1.5	2
泡沫稳定剂	0.2	1	0.4	0.5	0.6
水	适量	适量	适量	适量	适量

制备方法

(1) 将植物油加热至40～50℃，然后加入月桂酸和氢氧化钠，搅拌3～5h，静置20～24h，通入蒸汽1～2h，同时搅拌，完成皂化，得皂化液；

(2) 将黄瓜去皮、和豆芽混合进行碾磨榨汁，过滤，得蔬菜汁；

(3) 将芦荟、白芷、淡竹叶、蛇虫子混合，粉碎，加水煎煮提取，过滤，得水提液和滤渣，向滤渣中加入65%～70%的乙醇溶液，回流提取，过滤，得醇提液，将水提液和醇提液混合，减压浓缩，得相对密度为1.13～1.18的浸膏；

(4) 将蔬菜汁、浸膏加入皂化液中，然后加入甜杏仁油、聚乙二醇、N-酰基氨基酸型阴离子表面活性剂、泡沫稳定剂，调节 pH 至弱酸性，加水调节浓度，均质处理，真空脱气，冷却灌装。均质压力为 8～12MPa。在 40～50℃、5～10kPa 条件下真空脱气。

原料介绍

所述植物油是由椰子油、棕榈油、橄榄油按照质量比(3～5)∶(3～5)∶(2～3)组成的。

所述 *N*-酰基氨基酸型阴离子表面活性剂是由 *N*-酰基谷氨酸、*N*-酰基肌氨酸按照质量比 1∶(2～3) 组成的。

产品特性　本品对皮肤温和，泡沫细腻持久，能够柔和清洁儿童脸部及身体娇嫩的肌肤，清洁的同时有效避免水洗后皮肤的干燥，为儿童肌肤提供更多的保护。

配方 18　婴幼儿洗发露

原料配比

原料			配比(质量份)	
			1#	2#
A 组分	去屑剂	苦参碱、丁香酚和吡啶硫酮锌的混合物	3	—
		氧化苦参碱	—	3
	苦参		5	5
	白鲜皮		12	12
	蛇床子		8	8
	十二烷基硫酸钠		6	10
	香精		4	4
B 组分	异胡薄荷醇		1.2	0.2
	十二烷基硫酸钠		8	8
	月桂酰两性基二丙酸二钠		7	7
	檀香油		0.5	1.2
	乳化硅油		1	3
	去离子水		10	15
表面活性剂	甜菜碱类表面活性剂		10	—
	氨基酸类表面活性剂		—	25

制备方法

(1) 取二分之一的去离子水，将去离子水加热至 60～70℃，加入檀香油和乳化硅油，搅拌均匀，然后常温下冷却至 35～40℃，然后继续搅拌，边搅拌边依次加入异胡薄荷醇、十二烷基硫酸钠和月桂酰两性基二丙酸二钠，搅拌混合均匀，冷却至常温，获得混合物 B；

(2) 选取清洗干净的苦参、白鲜皮和蛇床子，采用冷水浸泡 30～60min，夏天气温高，浸泡时间不宜过长，以免腐败变质，忌用高温水、沸水浸泡药物，将冷水过滤，加入剩下的去离子水，煎药时，未沸前用武火，沸后用文火保持微沸状态，以免药汁溢出或过快熬干，减慢水分蒸发，有利于有效成分的溶出，在煎煮过程中，尽量少开锅盖，以免药味挥发，煮沸后，用文火维持 30～40min，使有效成分充分溶出，冷却至室温后，获得混合物；

(3) 向混合物中加入去屑剂、十二烷基硫酸钠和香精搅拌均匀，获得混合物 A；

(4) 将混合物 A 与混合物 B 混合搅拌均匀后，再加入表面活性剂搅拌均匀后进行分装，检验，合格后入库。

产品特性

(1) 本品专门针对秃发所引起的毛发脱落等症，促进头皮血液循环，激活毛囊、巩固毛根的坚实度；促使发根涨大、促进黑色素合成；修护发质，增强头发弹性；彻底清除毛孔内的各皮脂沉积的垢物，抑制毛发脱落，促进毛发再生，培育改善生发细胞活性和毛囊内环境。

(2) 本品采用天然植物成分，不仅能清洁头发上的污物，而且对头皮表层的湿疹、瘙痒、痱子均有消除的功效。外用起到止痒、去皮癣、除污垢等作用。

配方 19 儿童泡泡洗发沐浴露

原料配比

原料		配比(质量份)			
		1#	2#	3#	4#
氨基酸表面活性剂	椰油酰甘氨酸钠	10	20	15	15
	月桂酰小麦氨基酸钾	8	12	9	10
发泡剂	椰油酰胺丙基甜菜碱	8	12	9	10
稳泡剂	椰油酰胺甲基 MEA	0.5	2	1	1
保湿剂	甘油	1	3	2	2
	甜菜碱	0.5	2	1.5	1
螯合剂	EDTA 二钠	0.01	0.03	0.02	0.02
乳化剂	癸基葡糖苷	1	3	2	2
pH 调节剂	柠檬酸	0.10	0.18	0.15	0.14
对羟基苯乙酮		0.2	0.4	0.2	0.3
防腐组合物		0.2	0.4	0.3	0.3
水解原花青素		0.05	0.15	0.1	0.1
金盏花提取物		0.2	0.5	0.3	0.3
库拉索芦荟提取物		0.2	0.2～0.5	0.3	0.3
去离子水		加至 100	加至 100	加至 100	加至 100
防腐组合物	辛酰羟肟酸	10	12	11	12
	甘油辛酸酯	1	3	2	2
	丙二醇	85	87	86	85

制备方法　将椰油酰甘氨酸钠、月桂酰小麦氨基酸钾、椰油酰胺丙基甜菜碱、椰油酰胺甲基 MEA、甘油、甜菜碱组分、水解原花青素、金盏花花椇取物、库拉索芦荟提取物升温至 75～78℃搅拌均匀，然后降温；待降温至 46～48℃，将 EDTA 二钠、癸基葡糖苷、柠檬酸羟基苯乙酮、防腐组合物加入上述混合物，搅拌均匀即可得到儿童沐浴泡泡。

产品特性　本品中采用的水解原花青素、金盏花提取物和库拉索芦荟提取物属于天然提取成分，能够有效地减少皮肤过敏反应；其中采用氨基酸表面活性剂，对人体皮肤刺激性小，从而可以有效避免儿童使用过程中产生过敏反应；并且使用防腐有效成分代替传统的防腐剂，避免使用传统防腐剂，从而可以避免对儿童皮肤产生刺激。

配方 20 儿童无泪洗发沐浴泡沫组合物

原料配比

原料		配比(质量份)			
		1#	2#	3#	4#
脂酰氨基酸类阴离子表面活性剂	椰油基谷氨酸钠	3	5	7	9
	月桂酰丙基氨基-丙氨酸钠	3	2	2	—
咪唑啉型两性表面活性剂	月桂基两性醋酸钠	1	2	3	4
	月桂基葡萄糖苷	5	4	3	2

续表

原料		配比(质量份)			
		1#	2#	3#	4#
$C_{8\sim14}$醇醚羧酸盐类阴离子表面活性剂	十三醇醚(7EO)羧酸钾	5	4	3	2
甘油酯类赋脂剂	油酸甘油酯	3	2	1.5	1.5
氧化胺助泡剂	椰油酰丙基氧化胺	3	2	1.5	1.5
柠檬酸		适量	适量	适量	适量
防腐剂	苯甲酸钠	0.4	0.4	0.4	0.4
苯甲醇		0.2	0.2	0.2	0.2
氯化钠		适量	适量	适量	适量
植物提取物	马齿苋提取物	适量	适量	适量	适量
去离子水		适量	适量	适量	适量

制备方法　将适量水加入反应罐中，加入水加热至70～80℃，加入脂酰氨基酸类阴离子表面活性剂、咪唑啉型两性表面活性剂、椰油基谷氨酸钠、$C_{8\sim14}$醇醚羧酸盐类阴离子表面活性剂、油酸甘油酯等，使这些物质充分搅拌均匀；温度降至45℃以下，再加入防腐剂、苯甲醇、氯化钠和植物提取物继续搅拌，确保得到均匀的混合物，根据防腐体系要求调节pH至中性偏酸性。

产品特性　本品以天然温和表面活性剂和植物提取物为配方主体，配方表活为无硫酸酯盐表活体系。本品的优越处在于采用有效的助泡、消泡泡沫调节体系，改善了其作为儿童沐浴产品的使用性能：首先突出了易冲洗、低残留氨基酸表活的特征优势；同时来源于饱和碳链的醇醚羧酸钾类表面活性剂不仅用于改善体系的起泡效果，而且提供皂基的易漂洗、减滑的洗浴效果；再次，氧化胺类表面活性剂与氨基酸表面活性剂、烷基糖苷类表面活性剂复配产生乳脂状泡沫，适用于儿童洗浴。

配方 21　儿童洗发沐浴露

原料配比

原料	配比(质量份)	
	1#	2#
椰油酰胺丙基甜菜碱	6	8
椰油酰胺丙基羟基磺基甜菜碱	6	8
月桂酰肌氨酸钠	7	9
癸基葡糖苷	4	7
甘油月桂酸酯	3	6
二甲基椰油胺	5	8
油橄榄果提取物	2	3
马齿苋提取物	2	3
水解小麦蛋白	3	6
香精	1	2
氢氧化钠	4	6
甲基异噻唑啉酮	3	5
薄荷	3	5
去离子水	加至100	加至100

制备方法　将椰油酰胺丙基甜菜碱、椰油酰胺丙基羟基磺基甜菜碱、月桂酰肌氨酸钠、癸基葡糖苷、甘油月桂酸酯、二甲基椰油胺、油橄榄果提取物、马齿苋提取物、水解小麦蛋白、

香精、氢氧化钠、甲基异噻唑啉酮和薄荷加入水中，在容器中进行搅拌；混合均匀得到洗发沐浴露。

产品特性　本品采用甲基异噻唑啉酮起到杀菌作用，采用薄荷实现驱蚊作用，采用油橄榄果提取物、马齿苋提取物、水解小麦蛋白等对宝宝的皮肤进行保护，洗护效果好，且实现了杀菌驱蚊的效果。

配方 22　儿童修复保湿洗发沐浴二合一组合物

原料配比

原料		配比(质量份)	
		1#	2#
A 相	水	78	加至 100
	月桂基聚氧乙烯醚硫酸钠(AES)	7	6
	月桂基硫酸钠(K12A)	4	2
	椰油酸单乙醇酰胺(CEMA)	1.5	1
	乙二胺四乙酸二钠盐(EDTA-2Na)	0.05	0.03
	甲酯	0.1	0.05
A1 相	维生素 E	0.3	0.4
B 相	燕麦浓缩液	2	4
	椰油酰胺丙基甜菜碱(CAB-35)	4	6
	羟丙基三甲基氯化铵水解蚕丝蛋白(S1000Q)	2	3
C 相	苯氧乙醇	0.2	0.1
	甲基氯赛唑啉酮(N950)	0.07	0.1
D 相	氯化钠	0.5	0.8
	甘油	1	1.2
E 相	白花春黄菊花油	0.05	0.1

制备方法

（1）将 A 相中的组分混合，搅拌升温至 90℃溶解完全，消泡完全后降温至 45℃；

（2）加入 A1 相、B 相，搅拌均匀；

（3）加入 C 相、D 相、E 相，搅拌均匀；

（4）检测样品的 pH 和黏度，合格后过滤出料静置待检。

产品特性

（1）本品富含燕麦和蚕丝水解蛋白成分，深入滋润肌肤，不油腻，高度保湿及修复皮肤屏障，有效安全地滋润宝宝的肌肤和毛发；

（2）本品提供的儿童洗发沐浴二合一组合物属于清爽弱酸性配方、泡沫轻柔细腻、易冲洗，清洁皮肤的同时又可清洁头发。

配方 23　儿童修复保湿洗发沐浴二合一组合物

原料配比

原料	配比(质量份)
水	77
水解蚕丝	2
甘油	1

续表

原料		配比(质量份)
氯化钠		0.7
生育酚乙酸酯		0.3
苯氧乙醇		0.2
羟苯甲酯		0.1
素馨花提取物		0.08
EDTA 二钠		0.05
组合物 1 号原料	月桂醇聚醚硫酸酯钠	4.9
	水	2.1
组合物 2 号原料	月桂酰胺丙基甜菜碱	0.8
	氯化钠	0.5
	水	2.7
组合物 3 号原料	月桂醇硫酸酯铵	2.8
	水	1.2
组合物 4 号原料	燕麦麸皮提取物	0.8
	β-葡聚糖	0.008
	苯氧乙醇	0.018
	乙基己基甘油	0.002
组合物 5 号原料	椰油酰胺 MEA	1.35
	水	0.015
	甘油	0.135
组合物 6 号原料	甲基异噻唑啉酮	0.0066
	水	0.0633

制备方法

(1) 将适量水、水解蚕丝、组合物 1 号原料、组合物 5 号原料、羟苯甲酯、EDTA 二钠搅拌升温至 90℃，搅拌变频 25，检查分散完全溶解后，再加入生育酚乙酸酯搅拌，保温 10min 后降温；

(2) 降温至 45℃，依次加入组合物 2 号原料、组合物 3 号原料、组合物 4 号原料，溶解好的甘油、苯氧乙醇、组合物 6 号原料、素馨花提取物适量水、氯化钠搅拌均匀；

(3) 取样检测，灌装（成品）。

产品特性 本品洗涤皮肤和头发污垢的同时使得皮肤，变得水润、柔嫩，头发光泽有弹性，具有滋养、保湿、护发、修复皮肤屏障的功能。

配方 24 儿童用沐浴露

原料配比

原料		配比(质量份)		
		1#	2#	3#
脂肪醇聚氧乙烯醚硫酸盐	脂肪醇聚氧乙烯醚硫酸钠	7.56	—	4.44
	脂肪醇聚氧乙烯醚硫酸铵	—	8.33	3.33
月桂酰胺丙基氧化胺		1.28	1.33	1.29
烷基二甲基羟丙基磷酸酯甜菜碱	十四烷基二甲基羟丙基磷酸酯甜菜碱	1.36	—	1.38
	十六烷基二甲基羟丙基磷酸酯甜菜碱	—	1.36	—
蔗糖脂肪酸酯		1.68	1.68	1.58
脂肪酸甲酯乙氧基氧化物		1.38	1.38	1.26
α-烯基磺酸钠		1.48	1.63	1.58

续表

原料		配比(质量份)		
		1#	2#	3#
硫酸钠		1.36	1.23	1.27
丙二醇		3.52	3.52	3.47
增稠剂	阳离子瓜尔胶	0.54	0.58	0.55
稳泡剂	羧甲基纤维素	0.35		0.16
	羟丙基甲基纤维		0.42	0.24
pH 调节剂	硼酸	0.21	0.17	0.19
柠檬油		0.23	0.33	0.27
水		65	73	69

制备方法

(1) 将脂肪醇聚氧乙烯醚硫酸盐、蔗糖脂肪酸酯、α-烯基磺酸钠、硫酸钠溶于水中，搅拌均匀；

(2) 将步骤 (1) 所得溶液加热至 50～55℃，加入脂肪酸甲酯乙氧基氧化物并搅拌均匀，冷却至室温；

(3) 向步骤 (2) 所得混合物中依次加入烷基二甲基羟丙基磷酸酯甜菜碱、月桂酰胺丙基氧化胺、稳泡剂、增稠剂、pH 调节剂、丙二醇和柠檬油；搅拌均匀。

产品特性　所述脂肪酸甲酯乙氧基化物与传统的脂肪醇乙氧基化物 (AEO) 相比，具有低泡沫、高浊点，冷水溶速度快，除油除蜡效果好，在冬季仍具有很好的流动性等优点。本品味道清香，无异味，稳定性好，性质温和、不刺激皮肤和眼睛。

配方 25　儿童用洗发沐浴二合一洗护露

原料配比

原料		配比(质量份)		
		1#	2#	3#
A	甲基椰油酰基牛磺酸钠	75	85	80
	月桂醇聚醚硫酸酯钠	45	55	50
	十三烷醇聚醚硫酸钠	45	55	50
	PEG-80 失水山梨醇月桂酸酯	35	45	40
	PEG-150 二硬脂酸酯	15	25	20
	椰油酰胺丙基甜菜碱	45	55	50
	月桂酰燕麦氨基酸钠	35	45	40
	椰油酰基苹果氨基酸钠	35	45	40
	去离子水	550	560	552
B	聚季铵盐-10	0.8	1.2	1
C	支链淀粉	15	25	20
	无患子果皮提取物	10	20	15
	茶籽提取物	10	20	15
	二椰油基二甲基氯化铵	8	12	10
	丁二醇	2.5	3.5	3
	黄檗树皮提取物	0.4	0.5	0.475
	黄连根提取物	0.3	0.4	0.325
	苦参根提取物	0.2	0.3	0.275

续表

原料		配比(质量份)		
		1#	2#	3#
C	盐肤木虫瘿提取物	0.1	0.2	0.175
	蛇床籽提取物	0.1	0.2	0.15
	花椒果皮提取物	0.1	0.2	0.15
	樟树根茎提取物	0.1	0.2	0.125
	氯化钠	2.5	3.5	3
	苯氧乙醇	3.5	4.5	4
	乙基己基甘油	3.5	4.5	4
	香精	0.8	1.2	1
	水	0.2	0.3	0.275

制备方法

(1) 将组分A中所有原料加热溶解，再加入组分B搅拌保温，得混合组分；所述加热的温度为80～90℃，所述保温的时间为30～45min。

(2) 待混合组分冷却后加入组分C搅拌均匀，即得儿童用洗发沐浴二合一洗护露。所述冷却的温度为35～40℃。

原料介绍

所述无患子果皮提取物的制备方法包括如下步骤：

(1) 将无患子果皮进行烘干、粉碎，得无患子果皮粉；所述粉碎至粒度为80～100目。

(2) 将步骤(1)所得无患子果皮粉与去离子水混合，进行加热回流提取，完毕后过滤得一次滤渣和一次提取液；所述无患子果皮粉与去离子水的质量比为1∶(3～5)；所述加热回流的温度为90～94℃，提取的时间为1～2h。

(3) 将步骤(2)所得一次滤渣与乙醇混合，进行加热回流提取，完毕后过滤得二次滤渣和二次提取液；所述一次滤渣与乙醇的质量比为1∶(1～3)；所述加热回流的温度为68～72℃，提取的时间为2～4h。

(4) 合并一次提取液和二次提取液得合并液，浓缩、烘干后得无患子果皮提取物。所述浓缩至原体积的1/4～1/3；所述烘干的温度为40～50℃。

产品特性　本品将多种天然植物提取物作为皮肤调理剂，减少了对肌肤的刺激，同时又具有较强的清洁功能；制备方法，操作简单，工艺易控，有利于规模化生产。

配方26　儿童植物沐浴液

原料配比

原料	配比(质量份)				
	1#	2#	3#	4#	5#
皂荚粉	1.0	1.5	1	1	1.5
艾叶提取物	1.5	2	1.5	1.5	2
金银花提取物	2.0	2.5	2	2.5	3
苍术挥发油	1.0	1	1	1	1
桂枝挥发油	0.8	0.8	0.8	0.8	0.8
柠檬酸钠	0.1	0.1	0.1	0.1	0.1
烷基聚葡萄糖苷	15	15	15	15	15
甘油	2	2	2	2	2

续表

原料	配比(质量份)				
	1#	2#	3#	4#	5#
薄荷	1	1	1	1	1
去离子水	加至100	加至100	加至100	加至100	加至100

制备方法

（1）将去离子水和柠檬酸钠混合均匀；

（2）再分别加入烷基聚葡萄糖苷、薄荷、甘油，皂荚粉、艾叶提取物和金银花提取物，搅拌使其充分溶解；

（3）最后再加入苍术油和桂枝油，搅拌均匀后灌装。搅拌采用常温机械搅拌，时间15～20min，速度200r/min左右。

原料介绍

所述的艾叶提取物和/或金银花提取物通过下述方式获得：

（1）将金银花和/或艾叶粉碎成药材粉末后装入萃取釜中；

（2）将从CO_2钢瓶流出的CO_2气体冷却成液态后输入加压泵进行压缩；

（3）从加压泵流出的CO_2经预热器预热后进入萃取釜达到超临界流体状态；

（4）使CO_2超临界流体与药材粉末直接接触进行传质；

（5）使从萃取釜流出的CO_2超临界流体减压后依次进入分离釜Ⅰ和分离釜Ⅱ，其中：在分离釜Ⅰ中保持温度为60℃、压力为6MPa；分离釜Ⅱ中保持温度为55℃、压力为5MPa；

（6）使从分离釜Ⅱ中流出的CO_2与从CO_2钢瓶流出的CO_2汇合以重复上述步骤。

所述的苍术挥发油和桂枝挥发油可以采用水蒸气蒸馏法制得：

（1）苍术油：将苍术根茎粉碎成干粉，装入盛有10倍量水的水蒸气蒸馏提取器中，温度控制在100℃附近(±5℃)，待提取器支管中流下的液体为无色时，约6h，即停止提取，用分液漏斗去除下部去离子水即得油状粗提物，密封后置于4℃冰箱保存备用。

（2）桂枝油：将桂枝粉碎成干粉，装入盛有12倍量水的水蒸气蒸馏提取器中，温度控制在100℃(±5℃）附近，待提取器支管中流下的液体为无色时，约6h，即停止提取，用分液漏斗去除下部去离子水即得油状粗提物，密封后置于4℃冰箱保存备用。

产品特性　本品能够祛湿除痱并兼具抗菌消炎功效，安全去污，绿色环保，对儿童身体无任何刺激和副作用。

配方 27　二合一洗发沐浴组合物

原料配比

原料			配比(质量份)				
			1#	2#	3#	4#	5#
N-酰基氨基酸表面活性剂	椰油酰甲基牛磺酸钠		15	15	15	—	—
	椰油酰丙氨酸钠		—	—	—	25	25
辅助表面活性剂	磺酸盐型阴离子表面活性剂	月桂酰甲基羟乙磺酸钠	5	5	5	—	—
	甜菜碱型两性表面活性剂	椰油酰胺丙基甜菜碱	8	8	8	10	10
	烷基糖苷型非离子表面活性剂	月桂基葡糖苷	2	2	2	2	2

续表

<table>
<tr><td colspan="3" rowspan="2">原料</td><td colspan="5">配比(质量份)</td></tr>
<tr><td>1#</td><td>2#</td><td>3#</td><td>4#</td><td>5#</td></tr>
<tr><td rowspan="5">植物油脂乳状液</td><td rowspan="3">表面活性剂</td><td>聚甘油-10-月桂酸酯</td><td>2</td><td>2</td><td>4</td><td>4</td><td>4</td></tr>
<tr><td>聚甘油-6-硬脂酸酯</td><td>1</td><td>1</td><td>2</td><td>2</td><td>2</td></tr>
<tr><td>甘油月桂酸酯</td><td>0.5</td><td>0.5</td><td>1</td><td>1</td><td>1</td></tr>
<tr><td colspan="2">山茶油</td><td>0.5</td><td>0.5</td><td>1</td><td>1</td><td>1</td></tr>
<tr><td colspan="2">甘油</td><td>2</td><td>2</td><td>2</td><td>2</td><td>2</td></tr>
<tr><td>阳离子调理剂</td><td colspan="2">瓜尔胶羟丙基三甲基氯化铵</td><td>0.2</td><td>0.2</td><td>0.2</td><td>0.2</td><td>0.2</td></tr>
<tr><td colspan="3">水溶性橄榄油</td><td>0.5</td><td>1</td><td>0.5</td><td>1</td><td>0.5</td></tr>
<tr><td colspan="3">海藻糖</td><td>0.5</td><td>0.5</td><td>0.5</td><td>0.5</td><td>0.5</td></tr>
<tr><td>增稠悬浮剂</td><td colspan="2">丙烯酸(酯)类/$C_{10\sim30}$烷醇丙烯酸酯交联聚合物</td><td>0.6</td><td>0.6</td><td>0.6</td><td>0.6</td><td>0.6</td></tr>
<tr><td>防腐剂</td><td colspan="2">山梨酸钾</td><td>0.4</td><td>0.6</td><td>0.7</td><td>0.45</td><td>0.6</td></tr>
<tr><td colspan="3">去离子水</td><td>加至100</td><td>加至100</td><td>加至100</td><td>加至100</td><td>加至100</td></tr>
</table>

制备方法　将各组分原料混合均匀即可。

产品特性　本品在良好安全性的基础上，提高了养护调理头发与肌肤的效果；实现对头发进行清洁与调理、对身体进行清洁与滋润、使产品兼具多重功效的目的；原料均对人体头发与肌肤亲和性好，安全、温和。

配方 28　防蚊的儿童沐浴露

原料配比

原料	配比(质量份)
柠檬草	12
丁香	10
维生素 B_2	24
表面活性剂	30
甘油	3
山梨醇	3
防腐剂	0.2
丁香或者柠檬草精油	0.2
乳化剂	1
pH 调节剂柠檬酸	0.1
去离子水	36.5

制备方法

(1) 称取相应的柠檬草、丁香、植物干药材与水的比例分别为 1∶6，采用粉碎、过滤、低压蒸发等工序，浓缩至含 5%～8%的中药提取液；

(2) 将表面活性剂按照上述质量份称好，加适量水，加热至 85～95℃溶解，按比例加入柠檬草提取液、丁香提取液、甘油、山梨醇、防腐剂，最后加余下的水，搅拌均匀；

(3) 温度降至 50℃，按比例加入天然精油，维生素 B_2，调节酸度在 pH 值 6.5～6.8；

(4) 待降至室温之后，即可出料包装使用。

原料介绍

所述的表面活性剂包括：阴离子型表面活性剂 5～10，非离子型表面活性剂 5～10 份，两性离子型表面活性剂 5～10，氨基酸表面活性剂 5～10；

所述防腐剂为山梨酸钾；

所述乳化剂为聚甘油-10 油酸酯；

所述阴离子型表面活性剂为磺基琥珀酸单酯二钠盐；

所述非离子型表面活性剂为椰油基葡糖苷；

所述两性离子型表面活性剂为椰油酰胺丙基甜菜碱；

所述氨基酸型表面活性剂为椰油酰甘氨酸钠、椰油酰谷氨酸二钠、月桂酰基胶原氨基酸 TEA 盐和月桂酰肌氨酸钠的一种或者多种。

产品特性

(1) 柠檬草和丁香都含有丰富的挥发性精油，气味芬芳，用在沐浴露中对皮肤有益，可以杀菌抑菌，并且可以驱赶蚊虫。

(2) 本品加入草本植物和天然维生素，把柠檬草和丁香提取液应用到儿童沐浴露中，使得儿童使用后具有清洁皮肤、护肤、杀菌抗菌、防蚊驱虫功效。

配方 29 妇女、儿童用沐浴盐膏

原料配比

原料	配比(质量份)
盐	15～60
表面活性剂	15～25
植物提取物	0.1～2
香料精油	0.1～2
保湿润肤剂	0.3～3.5
珠光剂	1.0～3.0
富脂剂	0.1～2
pH 值调节剂	0.2～2
去离子水	加至 100

制备方法　将各组分原料混合均匀即可。

原料介绍

所述的表面活性剂是指以阴离子型、非离子型或两性离子型表面活性剂，保湿润肤剂是指 6501、甘油、羊毛脂、高分子乳化硅油、苯基硅油、环状硅油，珠光剂是指乙二醇硬脂酸酯，pH 值调节剂是指柠檬酸，富脂剂是指聚甘油-3-癸酯或癸酸聚甘油-4 酯。植物提取物是指人参皂苷。

所述的阴离子型表面活性剂是指脂肪醇聚氧乙烯醚硫酸钠，非离子型表面活性剂是指烷基葡萄糖苷 APG、氧化胺 30%或羟乙基纤维素，两性离子型是指酰胺丙基甜菜碱。

产品特性

(1) 本品不刺激皮肤，适合妇女、儿童使用，在清除身体污物的同时，促进身体血液循环，净化体味，有益健康；增加中药植物有效成分提取物，增强其护肤、润肤的效果，洗后令皮肤柔软、光滑、富有弹性。

(2) 本品不仅具有杀菌止痒，抑制皮肤表面细菌生长的一般功能，还能保持皮肤光滑、柔软而有弹性，在清除身体污物的同时，促进身体血液循环，净化体味，洗后令皮肤柔软、光滑、舒爽、富有弹性。

配方 30　含有机酸温和防腐剂的儿童洗发沐浴露

原料配比

原料	配比(质量份)
月桂酰肌氨酸钠	5～15
有机酸	4～12
金银花提取精华	10～15
艾草提取精华	8～12
椰油酰氨基丙酸钠	2～5
月桂酰甲基牛磺酸钠	3～5
PPG-2 羟乙基椰油酰胺	2～6
润肤保湿剂	1～3
防腐剂	1～1.5
丙烯酸酯类交联聚合物	1～2
洋甘菊提取液	1～3
盐藻提取物	2～3
橘皮香精	1～2
去离子水	加至 100

制备方法

(1) 将月桂酰肌氨酸钠、金银花提取精华、艾草提取精华、防腐剂月桂酰精氨酸乙酯盐酸盐和月桂酰甲基牛磺酸钠加热至 70℃，充分溶解并搅拌均匀，搅拌时间控制在 45min 以内；

(2) 将步骤 (1) 中的物料降温至 40℃，然后将润肤保湿剂、洋甘菊提取液、盐藻提取物、橘皮香精加入聚合釜内进行充分搅拌；

(3) 将步骤 (2) 中所得物料内加入 PPG-2 羟乙基椰油酰胺和丙烯酸酯类交联聚合物继续搅拌混合均匀；

(4) 将步骤 (3) 中的物料加入去离子水和有机酸加热至 80℃，搅拌 30min 后搅拌均匀；

(5) 将步骤 (4) 中的物料降温至常温后进行灌装。

原料介绍

所述有机酸可以为一元、二元、多元羧酸，如酒石酸、草酸、苹果酸、枸橼酸和抗坏血酸其中的一种或多种。

所述金银花提取精华和艾草提取精华均为经蒸馏萃取制得。

所述润肤保湿剂为异硬酯酰乳酰乳酸钠、PEG-7 甘油椰油酸酯、甘油、丁二醇、牛奶蛋白、水解米糠蛋白中的一种或多种。

所述防腐剂为月桂酰精氨酸乙酯盐酸盐、碘丙炔醇丁基氨甲酸酯中的一种或几种。

产品特性　本品中加入了艾草提取精华和金银花提取精华可以针对儿童皮肤常见的湿疹有着显著的治疗效果，无刺激，不会产生副作用。

配方 31 浒苔婴幼儿沐浴液

原料配比

原料	配比(质量份)
浒苔	10.0～15.0
莲花	5.0～6.0
郁金香	3.0～4.0
金银花	3.0～4.0
芝麻花	3.0～4.0
椰油酰胺丙基甜菜碱	3.0～4.0
月桂醇醚硫酸钠	3.0～4.0
去离子水	加至 100

制备方法

(1) 按配比将所述组分浒苔、莲花、郁金香、金银花、芝麻花经净化、干燥、粉碎、搅拌混合、煎制、过滤、萃取;

(2) 在置于乳化罐中的萃取液中依次加入、椰油酰胺丙基甜菜碱、月桂醇醚硫酸钠，并同时搅拌以避免产生大量的气泡;

(3) 在 45℃，不断搅拌条件下，进行乳化反应 40min;

(4) 冷却后，取样检验合格，分装，入库。

产品特性

(1) 浒苔及植物纯天然产品，性能柔和，安全性好;

(2) 保持了 90%本草活性和香气，无毒、无刺激、无腐蚀性，功能多，效果好。

配方 32 具有改善皮肤功效的婴幼儿沐浴露

原料配比

原料	配比(质量份)		
	1#	2#	3#
天然植物香精	2.5	4	2
月桂醇聚醚硫酸酯钠	6	4	8
甘油	5	7	4
椰油酰甘氨酸钠	1.5	1	3
月桂酸	2.5	3	1
氯化钠	4	3	5
椰油酸	1.5	2	1
EDTA 四钠	2	1	3
柠檬酸	3.5	5	3
稻糠油	2.5	2	4
维生素 E	0.03	0.05	0.02
苯甲酸钠	0.08	0.05	0.1
芦荟叶提取物	4.5	6	4
朝鲜蓟根提取物	6	5	8
水	加至 100	加至 100	加至 100

制备方法　将各组分原料混合均匀即可。

原料介绍

所述的芦荟叶提取物的制备方法，包括以下步骤：沿芦荟叶根部切取芦荟叶，用流动的水冲洗干净，擦干表面水分；将清洗干净后的芦荟叶投入榨汁机中，以1800～2000r/min的转速搅拌2～3min，采用80～200目的滤布过滤，取滤液，得到芦荟叶汁；将芦荟叶汁真空冷冻干燥，即可得到芦荟叶提取物。

所述的朝鲜蓟根提取物的制备方法，包括以下步骤：

(1) 将含泥的朝鲜蓟根干燥至含水率低于5%，去除变质失效的部分。

(2) 用饮用水将朝鲜蓟根表面的泥土、灰尘、霉斑或其他不洁物质洗去，沥干水。

(3) 将朝鲜蓟根用食盐水浸泡5～8h至润透，取出，切成1～2mm的薄片，晒干；所述的食盐水中，氯化钠的含量为4%～6%。晒干后的朝鲜蓟根的含水量低于3%。

(4) 先将菊花和甘草用6～8倍质量的水煮沸20～30min，然后加入朝鲜蓟根，调整压力至0.8～1MPa，闷润30～40min，取出菊花和甘草；所述的菊花与朝鲜蓟根的质量比为1∶(8～12)；所述的甘草与朝鲜蓟根的质量比为1∶(20～30)。

(5) 加水煎煮3～4次，每次2～3h，每次加水量为8～20倍量，滤过，合并提取液，减压浓缩阴干，喷雾干燥，即可。

产品特性　本品含有天然植物提取物，不但质地温和，能有效地滋润皮肤，而且还对破损或瘙痒的皮肤具有改善效果，婴幼儿使用后具有理想的清洁防菌能力，气味芬芳，洗后肌肤光滑、润泽，对宝宝的皮肤没有刺激性，可有效保护宝宝肌肤。

配方 33　迷迭香氨基酸沐浴露

原料配比

原料	配比(质量份)				
	1#	2#	3#	4#	5#
水	70	71	71.5	72	73
月桂醇聚醚硫酸酯钠	9	8	9	10	8
椰油酰胺丙基甜菜碱	5.5	6	5	4	6
甲基椰油酰基牛磺酸钠	7	5	6	7	4
椰油酰胺 MEA	1	1.5	1	0.5	0.8
氯化钠	4.5	5	4.4	4	5
胶原氨基酸类	0.3	0.5	0.4	0.32	0.5
异硬脂醇乙酰谷氨酰胺酯	0.4	0.35	0.35	0.3	0.4
迷迭香提取物	0.6	0.5	0.5	0.3	0.4
迷迭香叶提取物	0.5	0.6	0.5	0.6	0.3
羟丙基甲基纤维素	0.7	1	0.8	0.6	0.9
甘油	0.08	0.05	0.1	0.12	0.1
迷迭叶油	0.08	0.12	0.1	0.05	0.15
EDTA 二钠	0.12	0.08	0.1	0.05	0.15
1,2-己二醇	0.05	0.06	0.05	0.03	0.04
辛酰羟肟酸	0.12	0.15	0.1	0.11	0.11
柠檬酸	0.05	0.09	0.1	0.15	0.15

制备方法

(1) 将水、月桂醇聚醚硫酸酯钠、椰油酰胺丙基甜菜碱、甲基椰油酰基牛磺酸钠、椰油酰胺 MEA、异硬脂醇乙酰谷氨酰胺酯、EDTA 二钠加入搅拌锅内，加热至 80℃搅拌 3～5min 使其完全溶解，搅拌 20min 后继续搅拌使之降温；搅拌速度为 750～850r/min。

（2）降温至 40℃以下时，再依次加入氯化钠、胶原氨基酸类、迷迭香提取物、迷迭香叶提取物、羟丙基甲基纤维素、甘油、迷迭香叶油、1,2-己二醇、辛酰羟肟酸、柠檬酸，搅拌至均匀后，继续搅拌 20min；搅拌速度均为 450～550r/min。

（3）取样送检，待检验合格后出锅静置，得到迷迭香氨基酸沐浴露。

原料介绍

所述月桂醇聚醚硫酸酯钠的质量浓度为 70%。

所述椰油酰胺丙基甜菜碱的质量浓度为 65%。

所述迷迭香氨基酸沐浴露的 pH 值为 5.5～6.5。

产品特性

（1）本品是氨基酸无皂基配方，亲近肌肤 pH 值，温和洁净无刺激，婴儿、孕产妇可以安全使用；起泡快，强效去油，易冲洗不黏腻，清爽而舒适；不添加酒精、防腐剂、激素、荧光剂、重金属和矿物油，安全无刺激。

（2）本品添加迷迭香植萃精华和氨基酸，清爽怡人，泡沫细腻，易冲洗，让肌肤体验清爽舒适，令肌肤自然滑嫩。

配方 34　母乳香氛沐浴露

原料配比

原料	配比（质量份）			
	1#	2#	3#	4#
椰油酸甘油酯	10	22	10	22
水	5	7	7	5
母乳香氛提取物	1	15	1	15

制备方法　将各组分原料混合均匀即可。

原料介绍

所述母乳香氛提取物的制备方法为将新鲜牛奶与芒果按照质量比 100∶（1～1.5）混合后搅拌加热 1～2min，添加氯化钙溶液，搅拌均匀后静置 7～15min 滴加氯化钠溶液继续搅拌 8～12min，低温过滤去除滤渣，将牛奶混合物减压浓缩除去 10%～30%的水分后添加羧甲基纤维素钠搅拌混合，冷冻干燥后将冷冻干燥粉末用甘油溶解，即为母乳香氛提取物。

所述氯化钙溶液为质量浓度为 15%～20%的氯化钙水溶液。

所述氯化钠溶液为质量浓度为 7%～10%的氯化钠水溶液。

所述氯化钙溶液的添加质量为混合物液体质量的 1%；

所述氯化钠溶液的滴加质量为混合液体质量的 0.1%。

所述减压浓缩除去牛奶混合物中 20%～30%的水分。

所述羧甲基纤维素钠的添加量为椰油酸甘油酯添加量的 50%～55%。

所述冷冻干燥粉末用 5～10 倍质量甘油溶解，制备得到母乳香氛提取物。

产品特性

（1）本品香气清淡接近母乳，使用后在婴幼儿身体周围保留时间长，能够赋予婴幼儿安全感，提高婴幼儿的舒适性。

（2）本品香氛具有较高的持久性，洗浴后 6h 后仍然存在，可以长时间赋予婴幼儿较为舒适的体验感受，提高婴幼儿的安全感。

配方 35　儿童用保湿沐浴露（1）

原料配比

原料			配比（质量份）			
			1#	2#	3#	4#
第一组分	水		110	110	110	110
	月桂醇聚醚硫酸酯钠		21	21	21	21
	丙烯酸（酯）类/$C_{10\sim30}$烷醇丙烯酸酯交联聚合物		0.3	0.3	0.3	0.3
第二组分	苯乙烯/丙烯酰胺共聚物		0.4	0.4	0.4	0.4
	氢氧化钠		0.09	0.09	0.09	0.09
第三组分	着色剂	CI 42090	0.03	—	—	—
		CI 19140	—	0.03	—	—
		CI 17200	—	—	0.03	0.05
	保湿剂	丙二醇	0.5	0.5	0.5	0.5
第四组分	香精		0.08	0.08	0.08	0.08
	防腐剂	苯氧乙醇	0.007	0.007	0.007	0.007
		甲基氯异噻唑啉酮	0.002	0.002	0.002	0.002
		甲基异噻唑啉酮	0.0002	0.0002	0.0002	0.0002

制备方法

（1）将第一组分中的各原料按相应的质量份数混合，搅拌至完全溶解，得到分散均匀的第一混合物；

（2）先将苯乙烯/丙烯酰胺共聚物加入第一混合物中完全溶解后，再加入氢氧化钠，均质，得到分散均匀的第二混合物；

（3）将第三组分中的各原料按相应的质量份数分散于第二混合物中，得到分散均匀、色彩鲜艳的第三混合物；

（4）将第四组分中的各原料按相应的质量份数投入第三混合物中，均质至完全溶解，得到沐浴露。

产品特性　本品的月桂醇聚醚硫酸酯钠有优良的洗涤性、易产生大量泡沫，大量的泡沫能够快速地带走儿童身体上的污垢，且儿童在洗澡时易对泡沫产生兴趣，有助于增加儿童洗澡时的趣味性。丙烯酸（酯）类/$C_{10\sim30}$烷醇丙烯酸酯交联聚合物，在沐浴露中起到保湿的作用，与醇类保湿剂结合，起到较好的保湿效果。苯乙烯/丙烯酰胺共聚物起到吸收紫外线的作用，有助于减少紫外线对沐浴露的影响，从而增强沐浴露的稳定性。防腐剂苯氧乙醇与甲基氯异噻唑啉酮、甲基异噻唑啉酮配合起到较好的防腐的效果，且苯氧乙醇具有灭菌的效果，有助于提高沐浴露的综合性能。保湿剂丙二醇起到保湿的同时有助于增强沐浴露的润滑性，从而提高了使用沐浴露时的触感。

配方 36　儿童用保湿沐浴露（2）

原料配比

原料		配比（质量份）			
		1#	2#	3#	4#
主表面活性剂	月桂醇聚醚硫酸酯钠	12	—	—	8
	月桂醇硫酸酯钠	2	—	—	—
	月桂醇聚醚硫酸酯铵	—	14	—	—
	月桂醇硫酸酯铵	—	7.5	—	—
	$C_{14\sim16}$-烯烃磺酸钠	—	—	30	—
辅表面活性剂	月桂酰胺丙基甜菜碱	14	—	—	16
	椰油酰胺丙基羟基磺基甜菜碱	—	18.5	—	—
	椰油酰胺丙基甜菜碱	—	—	18	—
	椰油酰胺二乙醇胺	0.85	1.5	1.4	1.2
增稠剂	羟丙基瓜尔胶羟丙基三甲基氯化铵	0.2	—	—	0.1
	氯化钠	2	—	2.5	1.5
	氯化铵	—	2	—	—
保湿剂	透明质酸	0.05	0.15	—	0.1
	甘油	0.5	—	—	—
	海藻糖	—	0.5	—	—
	甲壳素	—	—	0.05	—
	山梨醇	—	—	—	0.5
	丁二醇	—	—	0.5	—
皮肤调理剂	甘草酸二钾	0.3	—	0.1	0.1
	洋甘菊提取物	—	0.5	—	—
EDTA 二钠		0.1	0.1	0.1	0.1
防腐剂	卡松	0.1	—	—	0.1
	DMDM 乙内酰脲	—	0.3	—	—
	苯氧乙醇	—	—	0.5	—
柠檬酸		0.1	0.1	0.2	0.1
香精	玫瑰香精	0.2	—	—	—
	蜜桃香精	—	0.8	—	—
	香橙香精	—	—	0.6	0.3
色素	胭脂红 CI 75470	0.01	0.005	—	—
	柠檬黄 CI 19140	—	—	0.01	0.01
水		加至 100	加至 100	加至 100	加至 100

制备方法

（1）将主表面活性剂与水混合，在 80～85℃溶解均匀；

（2）加入增稠剂，混合均匀；

（3）降温至 55～65℃，加入辅表面活性剂、保湿剂、皮肤调理剂和 pH 调节剂，混合均匀；

（4）降温至 35～45℃，加入 EDTA 二钠、防腐剂、香精、色素，混合均匀，即得。

产品特性

（1）本品对皮肤无刺激，使用后能够使皮肤保持清爽、保湿且不干燥，达到养护肌肤的作用。

（2）本品具有非常好的保湿效果，可以深层滋养肌肤，具有保护脆弱易过敏肌肤的作用。

配方 37　山茶油洗发沐浴露

原料配比

原料		配比(质量份)		
		1#	2#	3#
氨基酸表面活性剂	甲基椰油酰基牛磺酸钠	10	20	30
两性表面活性剂	椰油酰胺丙基甜菜碱	5	8	12
茶皂素		1	3	5
山茶油		0.5	1	2
卡波姆		3	5	7
瓜尔胶羟丙基三甲基氯化铵		0.1	0.4	0.8
乳化剂		1.5	3	7.5
柠檬酸		0.1	0.3	0.5
脱氢乙酸钠		0.1	0.4	0.6
水		加至100	加至100	加至100

制备方法

（1）将卡波姆、瓜尔胶羟丙基三甲基氯化铵、柠檬酸、脱氢乙酸钠配置成溶液，将瓜尔胶羟丙基三甲基氯化铵溶液和柠檬酸溶液混合，将乳化剂和山茶油混合，加热溶解，保持恒温，待用；

（2）在反应釜中加入卡波姆溶液和氨基酸表面活性剂，充分混合，以 80～400r/min 的转速搅拌，升温至 45～50℃，再加入两性表面活性剂，恒温搅拌溶解均匀；

（3）而后加入茶皂素，升温至 70～75℃，以 600～800r/min 转速搅拌 5～10min，使其充分溶解，加入步骤(1) 中的加热溶解的乳化剂和山茶油的混合液，以 800～1000r/min 转速搅拌 10～15min；

（4）继续搅拌，加入瓜儿胶羟丙基三甲基氯化铵溶液和柠檬酸混合液，温度降至 45～50℃；

（5）最后加入脱氢乙酸钠溶液，以 80～400r/min 的转速搅拌 15～20min。停止搅拌，出料即可。

产品特性　本品采用温和的表面活性剂，泡沫丰富，低脱脂力，不会造成头皮发痒，并采用山茶油做赋脂剂，让头发有更好的梳理性、顺滑性，不会造成脱发，具有洁发、生发、去屑、止痒、保湿、滋润、乌发的作用，集天然、安全、温和于一体。在清洗头发的同时，有效护理头发，清洗后头发顺滑、柔软，本产品不仅适合成人也适合婴幼儿。

配方 38　升级型儿童沐浴露

原料配比

原料	配比(质量份)		
	1#	2#	3#
透明质酸钠	0.005	0.06	0.1
氢化淀粉水解物	0.2	0.3	0.5
乳清蛋白	0.01	2	5
甘油	0.8	1.5	2

续表

原料	配比(质量份)		
	1#	2#	3#
椰油酰胺甲基 MEA(CMMEA)	0.8	1.5	2
生育酚乙酸酯	0.1	2	5
椰油酰两性基二乙酸二钠	2	6	10
椰油酰胺丙基甜菜碱	2	6	10
丙烯酸(酯)类共聚物	1	1.5	2
葡庚糖酸钠	0.02	0.03	0.05
柠檬酸	0.3	0.7	1
月桂醇硫酸酯钠	0.6	0.8	1
苯氧乙醇	0.2	0.8	1
草本植物香精	0.01	0.3	0.5
水	加至 100	加至 100	加至 100

制备方法

(1) 相同类型试剂混合：按照配方表比例依次称取透明质酸钠、甘油、氢化淀粉水解物和乳清蛋白，然后将该四种保湿剂进行充分混合，待用；按照配方表比例依次称取椰油酰胺丙基甜菜碱、椰油酰两性基二乙酸二钠、柠檬酸和生育酚乙酸酯，然后将该四种皮肤调理剂进行充分混合，待用；按照配方表比例依次称取丙烯酸(酯)类共聚物、苯氧乙醇、椰油酰胺甲基 MEA 和月桂醇硫酸酯钠，然后将该四种清洁剂进行充分混合，待用。

(2) 将步骤(1) 中的混合后的保湿剂、皮肤调理剂和清洁剂放入混料器中进行混合成混合剂，并升温至 150～180℃，转动搅拌 0.5～2h。混料器为搅拌釜，其搅拌速度为 100～200r/min。混料器为散热金属材质。

(3) 将混料器中的混合剂放凉至 40～60℃。

(4) 将按照配方表比例依次称取葡庚糖酸钠和水，并将葡庚糖酸钠和水加入混料器中并搅拌 0.5～1h，使混合剂放凉至常温状态。

(5) 将按照配方表比例称取草本植物香精，并将草本植物香精加入混合物，搅拌 0.2～0.8h。

(6) 将经步骤(5) 得到的混合物放入振动除泡机中，进行除泡。

产品特性　本品通过多种温和低刺激的成分组合，保证了沐浴露本身的温和性能，并通过椰油酰胺丙基甜菜碱、椰油酰两性基二乙酸二钠、柠檬酸的添加，实现了沐浴露的皮肤调理功能；通过生育酚乙酸酯具有抗氧化和舒缓作用，温和不刺激；本品具有对皮肤调理、滋润保湿和温和不刺激的特点，更适用于儿童使用。

配方 39　适用于儿童使用的无硅洗发沐浴组合物

原料配比

原料		配比(质量份)		
		1#	2#	3#
去离子水		加至 100	加至 100	加至 100
无硅调理成分	瓜尔胶羟丙基三甲基氯化铵	0.2	0.3	0.3
	油醇聚醚-5 磷酸酯	1	2	3
	菊粉	0.5	0.5	0.5
温和表面活性剂	月桂基两性乙酸钠	15	15	15
	椰油酰甘氨酸钠	10	10	10
	椰油酰胺丙基甜菜碱	10	10	10

续表

原料		配比(质量份)		
		1#	2#	3#
甘油		5	5	5
增稠剂	椰油酰胺 DEA	0.8	0.8	0.8
	丙烯酸酯/山嵛醇聚醚-25 甲基丙烯酸酯	3	3	3
	水	3	3	3
赋脂剂	PEG-7 椰油酸甘油酯	1	1	1
酸碱调节剂	氢氧化钠水溶液调节 pH 值	6～7	6～7	6～7
防腐剂	乙内酰脲 DMDA	0.2	0.2	0.2
	甲基异噻唑啉酮和甲基氯异噻唑啉酮	0.03	0.03	0.03
香精		0.3	0.3	0.3

制备方法

(1) 将瓜尔胶羟丙基三甲基氯化铵与水按 1∶10 比例分散均匀，加入油醇聚醚—5 磷酸酯搅拌均匀，并加热至 75～80℃；

(2) 搅拌溶解后，加入全部原料组分总质量 30%～40%的水，体系温度降低到 70～75℃加入温和表面活性剂、保湿剂搅拌至完全溶解，然后加入增稠剂搅拌至溶解均匀；

(3) 搅拌均匀后开始降温，等温度降至 50℃，加入赋脂剂、酸碱调节剂、菊粉、防腐剂、香精；

(4) 补足剩余的水分，混合均匀，即得所述的无硅洗发沐浴组合物。

产品特性　本品中添加的无硅调理成分瓜尔胶羟丙基三甲基氯化铵，是合成的阳离子聚合物，在配方中表现出极佳的湿梳理性和干梳理性，来源于可再生的天然瓜尔胶，其低分子量及最优化电荷密度的特性，可提供极佳的肤感；菊粉是白色到黄色的粉末，可以代替阳离子聚合物，无刺激，无毒性，可生物降解。

配方 40　适用于婴幼儿的洗发沐浴露

原料配比

原料		配比(质量份)	
		1#	2#
辛酸/癸酸甘油酯类聚甘油-10 酯类		5.6	—
月桂酰肌氨酸钠		—	5
PEG-80 失水山梨醇月桂酸酯		—	3
月桂基葡糖苷		5	2
月桂醇聚醚硫酸酯钠		2.5	3
月桂醇聚醚磺基琥珀酸酯二钠		—	3
椰油酰胺丙基甜菜碱		2.0	3
PE-150 二硬脂酸酯		2.3	—
赋脂剂	椰油基葡糖苷	0.4	—
	甘油油酸酯	0.4	—
络合剂	EDTA 二钠	0.05	0.05
pH 调节剂	柠檬酸	0.05	—
防腐剂	苯氧乙醇	0.5	—
	羟苯甲酯	0.2	—
防腐增效剂	山梨醇酐辛酸酯	0.3	—
甲基异噻唑啉酮		—	0.002

续表

原料	配比(质量份)	
	1#	2#
甲基氯异噻唑啉酮	—	0.006
乙内酰脲 DMDM	—	0.3
香精	0.2	0.2
去离子水	加至 100	加至 100

制备方法 将辛酸/癸酸甘油酯类聚甘油-10 酯类、月桂基葡糖苷、月桂醇聚醚硫酸酯钠、椰油酰胺丙基甜菜碱、PEG-150 二硬脂酸酯、赋脂剂、络合剂、pH 调节剂、防腐剂、防腐增效剂加入去离子水中，搅拌加热至 90～100℃使之完全溶解，保温搅拌 10～20min，降温至 40～45℃；然后加入香精，搅拌均匀，降温至 38℃以下，出料，得到所述的洗发沐浴露。

产品特性 本品具有性质温和、无皮肤刺激性、无眼刺激性、洁净度好等优点，可适用于婴幼儿的长期使用。

配方 41 天然有机植物婴幼儿沐浴露

原料配比

原料	配比(质量份)	
	1#	2#
脂肪醇聚氧乙烯醚硫酸钠	7	10
椰油酰胺丙基甜菜碱	15	5
十二烷基甜菜碱	8	3
百合精油	0.4	0.1
穿心莲提取物	0.4	0.3
青蒿提取物	0.6	0.5
小麦胚芽油	3	3
白蜡	0.5	1.5
甘油	3	8
柑橘皮提取物	1	2
葡萄籽油	0.6	0.8
维生素 E	0.2	0.05
去离子水	加至 100	加至 100

制备方法 将各组分原料混合均匀即可。

产品特性 本品使用全天然、全有机植物配方，婴幼儿使用后具有理想清洁防菌能力，气味芬芳，洗后肌肤光滑、润泽，并能祛除奶味，同时具有醒脾的功能；并且对宝宝的皮肤没有刺激性。

配方 42 温和的儿童护肤沐浴露

原料配比

原料	配比(质量份)			
	1#	2#	3#	4#
甘油酯基酰胺烷基甜菜碱	15	18	16	12
茶树精油	6	7	6	5
羊毛脂醇	5	6	6	5

续表

原料	配比(质量份)			
	1#	2#	3#	4#
生物抗菌剂	5	5	6	7
去离子水	加至 100	加至 100	加至 100	加至 100

制备方法 将甘油酯基酰胺烷基甜菜碱加入去离子水中，加热至 45～50℃，搅拌溶解，再加入羊毛脂醇、生物抗菌剂，搅拌溶解，冷却至 35～40℃，加入茶树精油，搅拌溶解，冷却，即得。

原料介绍

所述甘油酯基酰胺烷基甜菜碱的制备方法如下：将甘油酯、二甲氨基丙胺、氢氧化钾加入反应釜中，通入氮气，一次升温，回流搅拌反应，减压除去过量的二甲氨基丙胺，冷却，加入适量的水，加入氯乙酸钠溶液，二次升温，搅拌反应至 pH 稳定，冷却，干燥，即得。

所述甘油酯为甘油单月桂酸酯、甘油单肉豆蔻酸酯、甘油单硬脂酸酯、甘油单山嵛酸酯、甘油单棕榈酸酯、甘油单棕榈油酸酯、甘油单油酸酯、甘油单亚油酸酯中的至少一种。所述一次升温至 150～170℃，回流搅拌反应 5～6h。所述二次升温至 60～80℃，搅拌反应 20～30min。

产品特性 本品中采用的甘油酯酰胺烷基甜菜碱是将甘油酯基与酰胺烷基甜菜碱相连接，从而赋予其良好的温和性，减少对皮肤的刺激，能够产生丰富细腻的泡沫，拓展了儿童洗涤用品的原料的选择，且进一步配合茶树精油、羊毛脂醇、生物抗菌剂，制成的沐浴露兼具良好的温和清洁性、杀菌消毒性和护肤效果，能够有效洗去肌肤污垢和尘埃，同时水润肌肤，舒缓干燥，令肌肤洁净，舒爽，柔嫩，不伤害儿童娇嫩皮肤。

配方 43 温和舒缓型儿童洗发沐浴露

原料配比

原料		配比(质量份)		
		1#	2#	3#
月桂醇磷酸酯钾		12	8	16
月桂酰谷氨酸钠		9	6	12
$C_{12\sim20}$ 烷基葡糖苷		7.5	5	10
精氨酸		5	3	7
海藻糖		5	3	7
金黄洋甘菊提取物		7	4	10
库拉索芦荟提取物		6.5	4	9
成膜剂	羧甲基脱乙酰壳多糖	1.5	3	4
	聚季铵盐-10	4	—	4
增稠剂	黄原胶	4	2	6
pH 调节剂	柠檬酸	2	1	3
去离子水		47.5	40	55

制备方法

(1) 将月桂醇磷酸酯钾、月桂酰谷氨酸钠、$C_{12\sim20}$ 烷基葡糖苷加入均质机内，加热至 80～85℃，均质 5～8min，同时启用搅拌器进行搅拌，待其溶解完全；

(2) 将溶解完全的月桂醇磷酸酯钾、月桂酰谷氨酸钠、$C_{12\sim20}$烷基葡糖苷使用冷却的去离子水降温，降温至45～50℃，依次加入金黄洋甘菊提取物、库拉索芦荟提取物、精氨酸和海藻糖，搅拌均匀，搅拌过程中采用自然降温；

(3) 待温度降到40℃，加入成膜剂、增稠剂、pH调节剂和剩余的去离子水，搅拌均匀后，自然冷却至室温，静置2～3h，出料即可。

产品特性　本品通过多种温和低刺激的成分组合，保证了沐浴洗发露本身的温和性能，并通过金黄洋甘菊提取物、库拉索芦荟提取物和羧甲基脱乙酰壳多糖的添加，实现了洗发沐浴露的舒缓功能，本品具有皮肤调理功能，且具有抗炎、舒缓、抗敏、保湿作用。

配方 44　无添加儿童沐浴液

原料配比

原料	配比(质量份)		
	1#	2#	3#
皂角	120	100	150
油茶皂素粉	12	10	20
芦荟	170	150	200
紫锥菊	130	120	150
水溶性胶原蛋白粉	25.0	20	30
瓜儿胶	38.0	30	50
洋甘菊精油	2.5	2	3
茉莉精油	1.7	1.5	2
去离子水	适量	适量	适量

制备方法

(1) 中草药超声波法提取：把处方中皂角、芦荟、紫锥菊用10倍质量去离子水浸泡1.5h，然后在超声波提取器中以40kHz频率，在60℃下超声波提取40min，用200目滤布过滤得一次提取滤液；滤渣再用8倍质量去离子水在超声波提取器中以40kHz频率，在60℃下超声波提取40min，用200目滤布过滤得二次提取滤液；所述皂角、紫锥菊在浸泡前需粉碎，并通过40目筛孔；芦荟切成2～3.5mm的细丝。

(2) 浓缩：两次滤液合并，在常压下80℃浓缩到沐浴液配置规定体积总液量的70%～80%；

(3) 将步骤(2)所得提取液搅拌下升温到80℃，搅拌下加入油茶皂素粉、水溶性胶原蛋白粉和瓜尔胶粉，继续搅拌使其溶解，冷却到室温，搅拌下依次加入洋甘菊精油和茉莉精油，后用去离子水定容到规定体积，搅拌均匀，脱泡，灌装、灭菌即得。所述的灭菌为高压灭菌：在103.4kPa，1.05kg/cm^{2}蒸汽压下，温度达到120～121.3℃，维持15～20min。

产品特性　本品利用了珍贵天然植物精华与现代萃取技术。使用安全无添加的天然护肤原料，杜绝了通常由于诸多合成化学添加剂配制的护肤品所引起的肌肤受损问题；本品摒弃传统的中药提取工艺惯用的热回流法、煎煮法，采用现代超声波提取技术，用时短、能耗低、提取率高，有利于保护环境和节约成本。

配方 45 洗发沐浴剂

原料配比

原料		配比(质量份)			
		1#	2#	3#	4#
中药提取物		1	4	6	8
鱼肝油		0.1	1	1.5	2
羟乙基磺酸钠		10	15	20	25
羊毛脂		0.1	0.2	0.5	0.8
甘油		20	30	30	40
防腐剂		适量	适量	适量	适量
水		加至 100	加至 100	加至 100	加至 100
中药提取物	艾草提取物	1	1	1	1
	白鲜皮提取物	2	2	2	2
	野菊花提取物	2	2	2	2
	黄芩提取物	1	1	1	1
	仙人掌提取物	2	2	2	2

制备方法

(1) 搅拌器中加入水和羟乙基磺酸钠，边加热边搅拌，均质至充分溶解；

(2) 温度降至 50℃以下时，依次加入中药提取物、鱼肝油、羊毛脂、甘油，搅拌混合均匀即可。

产品特性 本品使用安全，刺激性和毒副作用更小，不易引起皮肤过敏、发炎，使用安全可靠且制作简便，特别适用于皮肤敏感人群和婴幼儿。能够帮助消除宝宝皮肤因为汗或尿浸引起尿疹和湿疹的过敏反应，同时还有助于缓解蚊虫叮咬和皮肤过敏带来的痛痒症状。

配方 46 洗发沐浴露（1）

原料配比

原料	配比(质量份)				
	1#	2#	3#	4#	5#
中药组合物	0.5	1	2	2.5	3
魔芋精粉	1	2	3	4	5
山茶籽油	1	2	2	1	2
脂肪醇琥珀酸酯二钠	2	4	6	8	10
去离子水	加至 100	加至 100	加至 100	加至 100	加至 100

制备方法 将中药组合物与山茶籽油混合均匀后，加入魔芋精粉，搅拌均匀，再加入脂肪醇琥珀酸酯二钠和去离子水，加热，再充分混合乳化，即可制成透明或珠光型的洗发沐浴露。

原料介绍

所述的中药成分为马齿苋提取物、防风提取物、栀子提取物和白芍提取物；这四种功效成分比例为马齿苋提取物：防风提取物：栀子提取物：白芍提取物为 1：2：3：2。

所述马齿苋、防风、栀子和白芍用乙醇按提取物：原药＝10：1 的比例提取。

产品应用 本品主要用于皮肤敏感人群和婴幼儿。

产品特性 由于本品采用马齿苋提取物、防风提取物、栀子提取物和白芍提取物复配作为中药组合物用在洗发沐浴露中，这四种中草药复配后，产生了协同作用，对金黄色葡萄球菌、大肠杆菌等均有抑制作用；山茶籽油能够滋养皮肤，对皮肤损伤具有消红退肿作用；同时采用脂肪醇琥珀酸酯二钠和魔芋精粉复配作为表面活性剂，对皮肤、眼睛无刺激，去污力度适中，脱脂力弱，泡沫柔松，易漂洗，且生物降解性好。

配方 47 洗发沐浴露（2）

原料配比

原料	配比(质量份)		
	1#	2#	3#
月桂醇聚醚硫酸酯钠	6.5	8	5
月桂醇硫酸酯铵	4.5	6	3
烷基糖苷	6	4.5	3
椰油酰水解燕麦蛋白钾	6	4.5	3
月桂酰两性基乙酸钠	4.5	3	5
月桂醇聚醚磺基琥珀酸酯二钠	5	3	2
椰油酰胺丙基甜菜碱	2	3	5
甘油	2.5	2	3
乙二醇二硬脂酸酯	0.8	1.3	2
椰油酰胺 MEA	1.3	0.6	2
聚甘油-10 油酸酯	0.2	1	0.5
鲸蜡硬脂醇	0.3	0.6	0.45
聚季铵盐	0.2	0.3	0.5
EDTA-2Na	0.05	0.15	0.2
PEG-75 牛油树脂甘油酯	0.5	0.7	1
甲基异噻唑啉酮	0.06	0.08	0.1
香精	0.15	0.2	0.1
去离子水	加至 100	加至 100	加至 100

制备方法

（1）将去离子水、月桂醇聚醚硫酸酯钠、月桂醇硫酸酯铵、烷基糖苷、聚季铵盐和 EDTA-2Na 加入搅拌锅内，充分混合；

（2）加入乙二醇二硬脂酸酯、椰油酰胺 MEA、聚甘油油酸酯和鲸蜡硬脂醇，边搅拌边升温至 75～80℃，保温至少 0.5h，且保持升温速率为 3℃/min；

（3）降温至 45℃，加入 PEG-75 牛油树脂甘油酯、甲基异噻唑啉酮和香精，充分搅拌混合；

（4）冷却包装。

产品特性　本品对婴幼儿皮肤刺激小、保湿效果好，达到了对婴幼儿皮肤的呵护，有利于婴幼儿皮肤的健康生长，同时也达到了对婴幼儿头发的柔顺效果。

配方 48 洗发沐浴露（3）

原料配比

原料	配比(质量份)	
	1#	2#
甘油	5	4
表面活性剂	20	18
植物提取液	18	15
纳米复合粉体	4	3

续表

原料		配比(质量份)	
		1#	2#
黄原胶		2	2
羟苯甲酯		0.5	0.2
香料		0.1	0.3
去离子水		加至100	加至100
表面活性剂	椰油基葡糖苷	42	40
	氨基酸表面活性剂月桂酰肌氨酸钠	24	25
	月桂醇硫酸酯钠	7	8
	椰油酰丙基甜菜碱	23	22
	十二烷基葡萄糖羧酸钠	4	5
植物提取液	桑叶提取液	1	1
	芦荟提取物	2	2
	黄瓜油	2	2
纳米复合粉体	纳米级二氧化钛	50～60	53
	纳米级氧化锌	30～40	38
	纳米银	5～10	9

制备方法　将各组分原料混合均匀即可。

原料介绍　桑叶中所含有的槲皮素、酚类化合物以及维生素C，能够通过抑制或清除自由基，防止氧化损伤；同时桑叶提取液可以防止脱发，并一定程度上促进头发生长，还能让头发乌黑亮丽；芦荟提取物可以为芦荟油、芦荟浓缩液或芦荟膏等，其具有使皮肤柔软化、保持皮肤湿润、防止小皱纹、皮肤松弛，而且对头发同样有效，能使头发保持湿润光滑，预防脱发。黄瓜油具有促进毛细血管扩张和血液循环，促进皮肤氧化还原，可是皮肤丰润、美白和减少色素沉着；作用于头发时，可调节头发根部皮囊，抑制头屑产生，防止头发枯黄，增加头发光泽和柔性。

产品特性

（1）本品具有去污、去油，保湿、润肤，洗发、护发等功效，实现了集洗发、护发、沐浴于一体的目的。

（2）本品表面活性剂中都采用了柔和性表面活性剂，并配有植物提取液作为助剂，大大降低了产品对头发、皮肤的伤害，可适用于儿童使用。

配方 49　洗护二合一婴幼儿沐浴露

原料配比

原料	配比(质量份)		
	1#	2#	3#
磺基琥珀酸单酯二钠盐	8	6	10
椰油基葡糖苷	8	10	6
椰油酰胺丙基甜菜碱	7	7	7
椰油酰甘氨酸钠	5	6	7
椰油酰谷氨酸二钠	5	5	5
月桂酰基胶原氨基酸TEA盐	4	3	2
月桂酰肌氨酸钠	2	2	2
聚甘油-10油酸酯	0.5	0.6	0.6
甘油	0.5	0.4	0.4

续表

原料	配比(质量份)		
	1#	2#	3#
刺阿干树仁提取物	0.4	0.6	0.4
牛油果树果脂油	0.5	0.4	0.6
柠檬酸	0.3	0.4	0.3
氯化钠	0.1	0.2	0.2
乙二胺四乙酸二钠	0.05	0.06	0.04
甲基异噻唑啉酮	0.1	0.1	0.1
洋甘菊香精	0.01	0.01	0.01
水	加至100	加至100	加至100

制备方法

(1) 往水中加入乙二胺四乙酸二钠、磺基琥珀酸单酯二钠盐，边搅拌边升温至85℃，保温30min，使其完全溶解。

(2) 冷却至65℃，加入椰油基葡糖苷、椰油酰胺丙基甜菜碱、椰油酰甘氨酸钠、椰油酰谷氨酸二钠、月桂酰肌氨酸钠和聚甘油-10油酸酯，保温搅拌20min至完全溶解。

(3) 降温至45℃，依次加入甘油、月桂酰基胶原氨基酸TEA盐，搅拌均匀，进行高压均质处理，即得溶液A；高压均质处理具体为：在40～45℃、60～80MPa的条件下均质3～6min。

(4) 往溶液A加入预先与水溶解完全的柠檬酸，搅拌均匀，依次加入刺阿干树仁提取物、牛油果树果脂油、甲基异噻唑啉酮、氯化钠和香精，搅拌均匀，进行低温高压均质处理，即得婴幼儿沐浴露。低温高压均质处理具体为：在15℃、40～50MPa的条件下均质5～10min；然后在15～20MPa的条件下均质2～4min。

产品特性　本品性质温和，对皮肤和眼睛的刺激性和敏感性极低，可有效地维持婴幼儿皮肤的柔软和光滑，滋润效果显著，并可有效地预防婴幼儿皮脂皮炎、痱子的发生，安全性高。

配方 50　养身沐浴露

原料配比

原料		配比(质量份)		
		1#	2#	3#
中药成分	当归	20	15	18
	桂枝	15	10	12
	芍药	15	10	12
	细辛	10	5	8
	通草	10	5	8
	大枣	15	10	18
	白芷	30	20	24
	人参	10	5	12
	卷柏	15	10	18
	川芎	15	10	18
	薄荷	10	5	12
	迷迭香	20	15	22
	接骨草	20	15	18
	豨签草	15	10	18
	海风藤	10	5	12

续表

原料		配比(质量份)		
		1#	2#	3#
中药成分	透骨草	15	10	18
	香茅草	15	10	12
	薰衣草	15	10	14
	炙甘草	15	10	16
	千年健	10	5	12
	清风藤	10	5	12
	忍冬藤	10	5	12
	千里光	25	20	26
	龙葵果	25	20	24
	灰灰菜	15	10	14
	马齿苋	20	15	22
	艾草	30	20	35
	路路通	20	10	15
	黑老虎	10	5	12
	山姜	10	5	8
	大血藤	15	10	12
	松针	20	15	22
	伸筋草	15	10	18
	鱼腥草	10	5	8
	去离子水	适量	适量	适量
中药成分		15	18	20
月桂醇聚醚硫酸酯钠		8	10	12
椰油酰胺丙基甜菜碱		2	5	6
山梨醇		1	3	5
氯化钠		0.1	0.4	0.5
柠檬酸钠		0.5	0.7	1
香精		0.1	0.2	0.5
乙二醇二硬脂酸酯		4	7	8
月桂醇硫酸酯钠		2	5	6
苯甲酸钠		1	2	5
二甲苯磺酸钠		0.1	0.3	0.5
甲基氯异噻唑啉酮		0.01	0.04	0.05
生育酚乙酸酯		0.1	0.2	0.5

制备方法 在搅拌条件下，将所述中药成分、月桂醇聚醚硫酸酯钠、椰油酰胺丙基甜菜碱、山梨醇、氯化钠、柠檬酸钠、香精、乙二醇二硬脂酸酯、月桂醇硫酸酯钠、苯甲酸钠、二甲苯磺酸钠、甲基氯异噻唑啉酮、生育酚乙酸酯混合均匀，制得。

原料介绍

所述的中药成分的制备方法如下：将中药原料混合后加水提取，得水提取液，然后浓缩至相对密度为 1.1；

所述炙甘草是用蜜烘制的甘草，俗称炮制，就是将蜂蜜置锅中炼成中蜜，改用文火加生甘草片拌炒均匀，3～5min 出锅，置烤房或烘箱 60℃烘至不粘手时取出，放凉即可。

产品特性 该沐浴露具有良好祛痱止痒以及改善手脚麻木、冰凉以及风湿等症状的养身效果。本品是一种集聚多种治疗功效的沐浴露，它对人体，特别是对眼睛等敏感部分无刺激性，安全性好，儿童和成人均可使用，且稳定性好，不仅具有显著的祛痱止痒功效，还具有舒经活络的功效，在具有去污垢、祛痱止痒功效的同时，还可明显改善手脚麻木、冰凉以及风湿等症状。

第六章　儿童花露水

配方 1　儿童用花露水（1）

原料配比

原料	配比(质量份)		
	1#	2#	3#
去离子水	80	85	90
氢氧化钠	0.5	0.7	1
前胡挥发油	0.2	0.3	0.4
水杨酸甲酯	0.2	0.3	0.4
柠檬酸钠	0.2	0.25	0.3
金银花	3	4	5
野菊花	4	5	6
芦荟	3	3.5	4
仙人掌	5	6	8

制备方法　将金银花、野菊花浸泡在去离子水中，浸泡 1～2h 后，进行加热，加热温度为 50～70℃，静置 3～5h，然后将芦荟和仙人掌加入进去，进行搅拌，最后加入酸碱调节剂、水杨酸甲酯和螯合剂柠檬酸钠，混合均匀后，进行冷冻过滤，得到成品。

原料介绍　所述酸碱调节剂为氢氧化钠、乳酸或柠檬酸。

产品特性　本品不添加香精、酒精，对儿童没有伤害，同时添加金银花、野菊花、芦荟和仙人掌护肤的同时又具有镇定消炎的作用，刺激小，制备工艺简单，大大降低了生产成本。

配方 2　儿童用花露水（2）

原料配比

原料	配比(质量份)	
	1#	2#
水	50	70
乙醇	10	20
香茅精油	8	10
柠檬草精油	7	9
香橙精油	6	8
丁香花蕾油	5	8
桉叶油素	5	7
薄荷醇	3	6
樟脑	3	5

制备方法　将各组分加入均质混合装置中，混合均质得到产品。

产品特性　本品采用天然精油稀释精制而成。精油本质可防传染病，对抗细菌、病毒、霉菌，可防发炎，防痉挛，促进细胞新陈代谢及细胞再生。所以，本品在驱蚊除菌的同时，还可以对儿童起到护肤的作用。

配方 3　儿童用花露水（3）

原料配比

原料	配比(质量份)		
	1#	2#	3#
对羟基苯甲酸甲酯	0.1	0.3	1
驱蚊酯	1.5	3	4
薄荷油	3	4	5
艾叶提取物	10	15	20
医用乙醇	1	3	5
无菌水	加至 100	加至 100	加至 100

制备方法

（1）将对羟基苯甲酸甲酯和艾叶提取物加入适量无菌水中并搅拌，直到得到澄清溶液；

（2）将驱蚊酯和薄荷油加入医用乙醇中，混匀；

（3）将步骤(1) 和步骤(2) 的混合物混合，并加水补足至 100%，搅拌均匀，即得成品。

产品特性　本品可制成喷雾剂或气雾剂，直接喷雾或涂抹于皮肤上，具有清凉、止痒、驱蚊的功效，对儿童皮肤无刺激性。

配方 4　荷花香草本精华花露水

原料配比

原料	配比(质量份)		
	1#	2#	3#
PEG-40 氢化蓖麻油	20	18	40
金银花提取物	3	3.5	3.5
野菊提取物	4	4	4
苦参根提取物	3	3	3
薄荷提取物	2	2	2
甘油	10	10	10
冰片	2	2	2
薄荷醇	10	10	10
乙二醇	10	10	10
荷花提取物	8	8	8
洋甘菊油	0.5	0.5	0.5
柠檬酸	0.5	0.5	0.5
去离子水	加至 100	加至 100	加至 100

制备方法　将各组分加入均质混合装置中，混合均质得到产品。

产品特性　本品具有绿色健康、温和不刺激肌肤等优点，具有淡淡的荷花香，容易被孕妇和儿童接受。

配方 5 护肤花露水

原料配比

原料	配比(质量份)		
	1#	2#	3#
PEG-40 氢化蓖麻油	20	18	10
金银花提取物	3	3.5	3.5
野菊提取物	4	4	4
苦参根提取物	3	2	2
迷迭香油	2	2	2
甘油	10	10	10
百里香油	2	2	2
避蚊胺	10	10	10
乙二醇	10	10	10
香茅提取液	8	8	8
橙花油	0.5	0.5	0.5
柠檬酸	0.5	0.5	0.5
去离子水	加至 100	加至 100	加至 100

制备方法 将各组分加入均质混合装置中，混合均质得到产品。

产品特性 本品具有绿色健康、温和不刺激肌肤等优点，具有淡淡的君子兰花香，容易被孕妇和儿童接受。

配方 6 君子兰花香草本花露水

原料配比

原料	配比(质量份)		
	1#	2#	3#
PEG-40 氢化蓖麻油	20	18	10
金银花提取物	3	3.5	3.5
野菊提取物	4	4	4
苦参根提取物	3	2	2
迷迭香油	2	2	2
甘油	10	10	10
冰片	2	2	2
避蚊胺	10	10	10
乙二醇	10	10	10
君子兰花提取物	8	8	8
洋甘菊油	0.5	0.5	0.5
柠檬酸	0.5	0.5	0.5
去离子水	加至 100	加至 100	加至 100

制备方法 将各组分加入均质混合装置中，混合均质得到产品。

产品特性 本品具有绿色健康、温和不刺激肌肤等优点，具有淡淡的君子兰花香，容易被孕妇和儿童接受。

配方 7　含植物活性成分的儿童花露水

原料配比

原料	配比(质量份)		
	1#	2#	3#
茶树油	5	8	6
冰片	3	5	4
薄荷脑	1	3	2
吐温 80	0.5	1	0.8
柚子皮提取物的脱醛乙醇溶液	300	600	500
甘油	40	60	50
芦荟萃取液	30	60	50
去离子水	200	300	200

制备方法

(1) 将茶树油、冰片、薄荷脑、吐温 80 充分溶解在柚子皮提取物的脱醛乙醇溶液，得到体系一；

(2) 将甘油、芦荟萃取液充分溶解在去离子水中，得到体系二；

(3) 将体系一加入装有滴定装置和搅拌装置的反应器中，在 80～120r/min 下，将体系二以 1 滴/10s 的滴定速率加入反应器中，体系二滴加完成之后，在 150～180r/min 下搅拌 30～60min，静置 3～5 天，之后采用 500 目的滤布过滤上述的混合溶液，取滤液，即得到儿童花露水。

原料介绍

所述的柚子皮提取物的脱醛乙醇溶液的制备方法包括：将柚子皮浸泡在石油醚中进行脱脂，滤掉石油醚后通风晾干；将脱脂后的柚子皮滤渣置于脱醛乙醇中浸泡 2～5h，之后在 200～300W 条件下超声处理 15～30min 之后进行过滤，所得滤液即为柚子皮提取物的脱醛乙醇溶液。

所述的芦荟萃取液的制备方法包括以下步骤：

(1) 将清洗干净的芦荟叶片去除外表皮层，然后切成的小块，得到芦荟叶块；将芦荟叶块加入壳聚糖水溶液中浸渍，取出、放置、沥干；壳聚糖水溶液的浓度为 1.0g/L。

(2) 将浸渍后的芦荟叶块投入榨汁机中，以转速为 1800r/min 榨汁 3min，得到芦荟汁液；

(3) 将芦荟汁液加入高压微射流均质机中，在压力为 120MPa 下，均质 10～30min；

(4) 将芦荟汁液用 300 目滤布过滤，再以转速为 4000～6000r/min 离心 20～30min，取上清液进行真空冷冻干燥，即得到芦荟萃取液。真空冷冻干燥的条件是：控制汁液高度 6mm，设定预冻温度为－25℃，当样品温度降到设定温度后保持 1～3h，设定升华温度为 8～12℃，解析温度为 25～35℃，真空度 20Pa，干燥时间为 16～24h。

产品特性

(1) 本品利用植物活性成分脱脂萃取技术制备出柚子皮提取物的脱醛乙醇溶液，该柚子皮提取物的脱醛乙醇溶液具有驱除异味、防蚊虫的功效；

(2) 本品中的吐温 80 能加速配方中各组分的溶解，使其形成醇油共存的稳定溶液；其中的芦荟萃取液中含有的多糖和多种维生素对儿童肌肤具有良好的营养和滋润作用、能保持肌肤湿润、娇嫩，还可以治疗肌肤炎症，且对蚊虫叮咬具有很好的疗效；从而解决了目前的儿童花露水，只具备祛痱止痒驱蚊功效，而无法实现滋润儿童肌肤功效的技术问题。

配方 8 玫瑰香草本祛痱花露水

原料配比

原料	配比(质量份)
PEG-40 氢化蓖麻油	20
金银花提取物	3
茶皂素	5
苦参根提取物	2
薄荷提取物	2
甘油	10
冰片	2
薄荷醇	10
乙二醇	10
玫瑰提取物	8
库拉索芦荟叶提取物	0.5
库拉索芦荟叶提取物	0.5
去离子水	加至 100

制备方法 将各组分加入均质混合装置中，混合均质得到产品。

产品特性 本品具有绿色健康、温和不刺激肌肤等优点，具有淡淡的玫瑰香，容易被孕妇和儿童接受。

配方 9 牡丹花香草本花露水

原料配比

原料	配比(质量份)
PEG-40 氢化蓖麻油	20
金银花提取物	3
野菊提取物	5
柠檬酸钠	2
薄荷提取物	2
甘油	10
冰片	2
薄荷醇	10
乙二醇	10
牡丹花提取物	8
库拉索芦荟叶提取物	0.5
海泥	0.5
去离子水	加至 100

制备方法 将各组分加入均质混合装置中，混合均质得到产品。

产品特性 本品具有绿色健康、温和不刺激肌肤等优点，具有淡淡的牡丹花香，容易被孕妇和儿童接受。

配方 10 清凉驱蚊止痒花露水

原料配比

原料	配比(质量份)	
	1#	2#
八角茴香提取液	1(体积)	2(体积)
艾叶提取液	8(体积)	10(体积)
75%酒精	30(体积)	25(体积)
助溶剂 PEG-400	1(体积)	1.5(体积)
薄荷脑	0.4	0.6
冰片	0.05	0.15
氯化钠	1.3	1.7
维生素 B_1	0.15	0.08
去离子水	60(体积)	70(体积)
0.25g/mL 柠檬酸钠溶液	0.1(体积)	0.08(体积)
活性炭	适量	适量
香精	0.02	0.02

制备方法

(1) 将八角茴香提取液、艾叶提取液加入 75%酒精中，再加入助溶剂 PEG-400，得溶液 A；

(2) 称取薄荷脑、冰片、氯化钠、维生素 B_1，溶于去离子水中，得溶液 B；

(3) 将溶液 A、B 混合，用 0.25g/mL 柠檬酸钠溶液将溶液 pH 调至近中性；

(4) 在溶液中加活性炭静置脱色，待脱色完全后，抽滤、取滤液，然后加入香精，搅拌均匀，即得清凉驱蚊止痒花露水。

原料介绍

所述的香精可以为桂花香精、茉莉香精、玫瑰香精、菠萝香精、柠檬香精、青瓜香精、水蜜桃香精中的一种或者几种。

所述的八角茴香提取液的制备方法为：将八角茴香用 60%～90%乙醇回流提取，提取 3 次，第 1 次用 8～12 倍量溶剂，提取 0.5～2h，第 2 次用 6～10 倍量溶剂，提取 0.5～2h，第 3 次用 6～10 倍量溶剂，提取 0.5～2h，每次过滤，合并三次滤液，用旋转蒸发仪浓缩到八角茴香质量的 3～6 倍。

所述的艾叶提取液的制备方法为：将艾叶用 60%～90%乙醇回流提取，提取 3 次，第 1 次用 10～18 倍量溶剂，提取 0.5～2h，第 2 次用 8～14 倍量溶剂，提取 0.5～2h，第 3 次用 6～12 倍量溶剂，提取 0.5～2h，每次过滤，合并三次滤液，用旋转蒸发仪浓缩到艾叶质量的 3～6 倍。

产品特性　本品克服了采用避蚊剂对人体的伤害，以及对婴幼儿娇嫩肌肤和呼吸道的不利影响，并且不会导致皮肤过敏，加重皮炎症状。同时还具有温和修复受损皮肤、清热解毒、去角质，使皮肤快速恢复白嫩干净的作用。

配方 11　石榴花香草本清凉止痒花露水

原料配比

原料	配比(质量份)		
	1#	2#	3#
PEG-40 氢化蓖麻油	20	18	10
金银花提取物	3	3.5	3.5
野菊提取物	4	4	4
苦参根提取物	3	2	2
薄荷提取物	2	2	2
甘油	10	10	10
冰片	2	2	2
避蚊胺	10	10	10
乙二醇	10	10	10
石榴花提取物	8	8	8
去离子水	加至 100	加至 100	加至 100
洋甘菊油	0.5	0.5	0.5
柠檬酸	0.5	0.5	0.5

制备方法　将各组分加入均质混合装置中，混合均质得到产品。

产品特性　本品具有绿色健康、温和不刺激肌肤等优点，具有淡淡的石榴花香，容易被孕妇和儿童接受。

配方 12　天然儿童花露水

原料配比

原料	配比(质量份)		
	1#	2#	3#
金银花	8	12	18
芦荟	30	20	10
桉叶	12	18	30
薰衣草	7	11	15
绿箔香	15	12	5
侧柏叶	11	22	30
香薷	10	16	20
青蒿	40	30	15
羌活	15	10	7
乳香	10	15	18
薄荷	18	13	5
甘草	25	20	10
冰片	12	25	30
去离子水	90	180	200

制备方法

(1) 按质量份称取薰衣草、绿箔香、香薷、乳香和薄荷，混匀粉碎，然后采用超临界二氧化碳萃取，即得植物提取精油；

（2）按质量份称取金银花、芦荟、桉叶、侧柏叶、青蒿、羌活和甘草，混匀粉碎，然后加入去离子水浸泡 0.5～1.5h，于 70～100℃下加热 20～60min，过滤，再加入所述冰片，搅拌至溶解，静置 2～4h 后，取上清液，备用；

（3）将步骤（1）制得的植物提取精油和步骤（2）制得的上清液，在 1.1～1.8MPa 的条件下均质，即制得成品。

产品特性　本品特别适于儿童使用，不含化学成分，不仅成本低廉，还有祛痱止痒、清凉的作用。

配方 13　儿童护理用花露水

原料配比

原料		配比（质量份）		
		1#	2#	3#
驱蚊精油		8	5	11
野菊花		16	12	20
忍冬花		14	10	18
金黄洋甘菊		14	10	18
欧蒲公英叶		12	8	16
苦参		12	6	18
光果甘草根		9	6	12
黄芩苷根		8	6	10
抑菌剂	苯氧乙醇、山梨（糖）醇、苯甲醇和苯甲酸中的组合物	2	1	3
冰片		12	9	15
去离子水		100	80	120
驱蚊精油	孟二醇	1	1	1
	异胡薄荷醇	1	1	1
	香茅醇	1	1	1
	桉叶油素	2	2	2
	薄荷油	1	1	1

制备方法

（1）称取对应质量份数的野菊花、忍冬花、金黄洋甘菊、欧蒲公英叶、苦参、光果甘草根和黄芩苷根，混匀粉碎，得到植物混合粉末；

（2）将植物混合粉末与去离子水混合，分为若干等份置入锥形瓶中，将锥形瓶放置于恒温振荡水浴锅中，在 40～50℃条件下充分浸泡 30～50min；

（3）采用超临界二氧化碳对步骤（2）的植物混合粉末 A 与去离子的混合液进行萃取，取上清液，即得到植物混合萃取液；

（4）将植物混合萃取液离心过滤，加入冰片，搅拌至完全溶解，取上清液；

（5）将驱蚊精油、抑菌剂与步骤（4）得到的上清液均质，杀菌即可得到婴幼儿花露水。

产品特性　本品采用多种天然植物作为花露水原料，使得制备的花露水天然无刺激；同时采用植物驱蚊精油替代驱蚊胺，提高了婴幼儿使用花露水的安全性能；并通过抑菌剂的添加在保证花露水驱蚊止痒效果的同时，对婴幼儿肌肤进行有效防护。

配方 14 郁金香草本清爽花露水

原料配比

原料	配比(质量份)		
	1#	2#	3#
PEG-40 氢化蓖麻油	20	18	10
金银花提取物	3	3.5	3.5
野菊提取物	4	4	4
苦参根提取物	3	2	2
薄荷提取物	2	2	2
甘油	10	10	10
冰片	2	2	2
薄荷醇	10	10	10
乙二醇	10	10	10
郁金香提取物	8	8	8
去离子水	加至 100	加至 100	加至 100
库拉索芦荟叶提取物	0.5	0.5	0.5
海泥	0.5	0.5	0.5

制备方法　将各组分加入均质混合装置中，混合均质得到产品。

产品特性　本品具有绿色健康、温和不刺激肌肤等优点，具有淡淡的郁金香，容易被孕妇和儿童接受。

配方 15 月季花香草本止痒花露水

原料配比

原料	配比(质量份)	原料	配比(质量份)
PEG-40 氢化蓖麻油	20	水杨酸	10
金银花提取物	3	乙二醇	10
野菊提取物	5	月季花提取物	8
苦参根提取物	2	去离子水	加至 100
薄荷提取物	2	库拉索芦荟叶提取物	0.5
甘油	10	海泥	0.5
冰片	2		

制备方法　将各组分加入均质混合装置中，混合均质得到产品。

产品应用　本品主要是容易被孕妇和儿童接受的月季花香草本止痒花露水。

产品特性　本品具有绿色健康、温和不刺激肌肤等优点，具有淡淡的月季花香，容易被孕妇和儿童接受。

配方 16　栀子花香草本花露水

原料配比

原料	配比(质量份)	原料	配比(质量份)
PEG-40 氢化蓖麻油	20	薄荷醇	10
刺柏油	3	乙二醇	10
野菊提取物	5	栀子花提取物	8
苦参根提取物	2	去离子水	加至 100
薄荷提取物	2	库拉索芦荟叶提取物	0.5
甘油	10	海泥	0.5
冰片	2		

制备方法　将各组分加入均质混合装置中，混合均质得到产品。

产品特性　本品具有绿色健康、温和不刺激肌肤等优点，具有淡淡的栀子花香，容易被孕妇和儿童接受。

第七章　儿童防晒用品

配方 1　包含水分散型防晒剂

原料配比

原料		配比(质量份)			
		1#	2#	3#	4#
水相原料	去离子水	68.65	70.35	67.15	68.8
	增稠剂丙烯酸(酯)类/异癸酸乙烯酯交联聚合物	0.2	0.2	0.2	0.1
油相原料	乳化剂硬脂醇聚醚-21	2.5	0.8	4	2.5
	碳酸二辛酯	3.5	3.5	3.5	3.5
	己二酸二丁酯	15	15	15	15
	乳化剂 $C_{14\sim22}$ 醇/$C_{12\sim20}$ 烷基葡糖苷	2	2	2	2
pH 调节剂	氨丁三醇	0.15	0.15	0.15	0.1
防晒剂	Tinosorb S lite Aqua	8	8	8	8

制备方法

（1）称取水相原料：去离子水，增稠剂丙烯酸（酯）类/异癸酸乙烯酯交联聚合物。

（2）称取油相原料：乳化剂硬脂醇聚醚-21、碳酸二辛酯、己二酸二丁酯，$C_{14\sim22}$ 醇/$C_{12\sim20}$ 烷基葡糖苷。

（3）水相和油相分别在水浴锅中 80～85℃溶解分散。

（4）80～85℃均质情况下，油相缓慢加入水相中，全部加完后均质 5min。

（5）降温至 60℃，加入 pH 调节剂氨丁三醇，全部加完后均质 5min。

（6）降温至 45～50℃，加入防晒剂 Tinosorb S lite Aqu，加完后均质 2～3min，搅拌降温至室温，备用。

产品特性　本品采用分散乳化技术制备 Tinosorb S lite Aqua 的水分散体不仅稳定性好，而且防晒效率高。此外，Tinosorb S lite Aqua 也可应用于纯油剂型，同样能够实现理想的稳定性（包括室温、4℃、−15℃、40℃以及 48℃的稳定性）。能够缓解防晒产品常见的油腻肤感的问题。

配方 2　儿童防晒玫瑰护肤品

原料配比

原料	配比(质量份)		
	1#	2#	3#
N-反式阿魏酰基去甲辛弗林的分散液	50	170	300
聚硅氧烷-15	20	60	100
丙烯酸酯/$C_{10\sim30}$ 烷醇丙烯酸酯交联聚合物	2	5	8
PEG-11 甲醚聚二甲基硅氧烷	4	7	10

续表

原料	配比(质量份)		
	1#	2#	3#
玫瑰精油	40	120	200
精氨酸	5	7	10
鲜奶	30	40	60
聚甘油	10	30	50
丙烯酰胺二甲基牛磺酸铵/VP 共聚物	1	5	10
去离子水			

制备方法

(1) 制备水相：丙烯酸酯/$C_{10\sim30}$ 烷醇丙烯酸酯交联聚合物加入水中，再加入 PEG-11 甲醚聚二甲基硅氧烷搅拌溶解；

(2) 制备油相：玫瑰精油和聚硅氧烷-15 搅拌溶解；

(3) 乳化：将步骤 (2) 的油相加入步骤 (1) 的水相中，均质化；

(4) 加入丙烯酰胺二甲基牛磺酸铵/VP 共聚物增稠；

(5) 加入 *N*-反式阿魏酰基去甲辛弗林分散液，使得分散均匀；

(6) 加入聚甘油、精氨酸和鲜奶，搅拌溶解。

原料介绍　所述的 *N*-反式阿魏酰基去甲辛弗林分散液用 2 质量份无水乙醇溶解 8 质量份的 *N*-反式阿魏酰基去甲辛弗林后，加 20 质量份的去离子水混匀即得。

产品特性　*N*-反式阿魏酰基去甲辛弗林在 UV-B 区有很强的紫外吸收，吸收强度大，能有效地吸收阳光中的紫外线，防止人体皮肤晒红、晒伤、晒黑，也是光感皮炎的治疗药物，可作为防晒化妆品的防晒成分，与防晒剂玫瑰精油配伍，配制防晒护肤化妆品，制得的化妆品防晒指数高，且与纯化学防晒剂相比，安全性更好，不容易引起过敏反应。

配方 3　儿童防晒乳

原料配比

原料		配比(质量份)			
		1#	2#	3#	4#
油脂	鲸蜡醇乙基己酸酯	3	3	10	4
	碳酸二辛酯	5	5	10	4
防晒剂	甲氧基肉桂酸乙基己酯	6	8	6	6
	4-甲基苄亚基樟脑	2	2	2	2
	乙氨羟苯甲酰基苯甲酸己酯	2	2	2	2
	亚甲基双-苯并三唑基四甲基丁基酚	3	3	3	3
	二氧化钛	3	4	5	3
皮肤调理剂	积雪草提取物	0.4	0.3	0.1	2
	虎杖根提取物	0.4	0.3	0.1	2
	黄芩根提取物	0.3	0.5	2	0.1
	茶叶提取物	0.3	0.4	2	0.1
	光果甘草根提取物	0.3	0.5	0.1	2
	母菊花提取物	0.3	0.3	0.1	2
	迷迭香叶提取物	0.3	0.4	2	0.1
	糖脂	0.3	0.1	1	0.1
	糖鞘脂类	0.3	0.2	0.1	1
	尿囊素	0.1	0.1	0.1	0.5

续表

原料			配比(质量份)			
			1#	2#	3#	4#
助剂	乳化剂	鲸蜡醇磷酸酯钾	1.3	1.3	2	1
		椰油基葡糖苷	1.0	1.0	2	0.5
		甘油硬脂酸酯/甘油/PEG-100 硬脂酸酯	0.5	0.5	2	0.5
	保湿剂	甘油	3	3	1	5
		丙二醇	5	5	1	5
		丁二醇	3	3	1	5
	抗氧化剂	生育酚乙酸酯	0.3	0.3	0.1	0.5
	抗菌剂	对羟基苯乙酮	0.5	0.5	0.3	1
		1,2-己二醇	0.5	0.5	0.3	1
	稳定剂	EDTA 二钠	0.1	0.1	0.05	0.15
		精氨酸	0.25	0.25	1	0.2
		丙烯酸(酯)类共聚物	1	1	2.5	0.5
		丙烯酰二甲基牛磺酸铵/VP 共聚物	0.2	0.2	0.1	0.5
溶剂	小麦胚芽提取物		加至 100	加至 100	加至 100	加至 100

制备方法

（1）将尿囊素、保湿剂、稳定剂和小麦胚芽提取物混合，加热至 80～90℃，搅拌，得到水相；将油脂、乳化剂、防晒剂、抗氧化剂和混合，加热至 80～85℃，搅拌，得到油相；

（2）将步骤（1）得到的油相加入水相中，在 80～82℃下，以 3000～5000r/min 的转速均质 5～15min，得到乳液；

（3）向步骤（2）得到的乳液中加入抗菌剂和剩余的皮肤调理剂，在 20～40℃下混合搅拌，真空脱泡，得到所述儿童防晒乳。

产品特性

（1）本品根据儿童皮肤特点及紫外线光谱特性，从紫外线吸收、紫外线屏蔽、儿童皮肤水油平衡、降低皮肤过敏率四个角度增强儿童皮肤对紫外线的防护能力及改善恶劣环境对皮肤的危害；通过合理高效的防晒剂搭配，彻底解决儿童皮肤易晒伤的问题，同时具有良好的稳定性和低刺激性。

（2）本品兼顾防护和修复，可以在皮肤上形成一层屏障从而有效保护皮肤的表皮层免受外界侵害，并通过多种植物萃取物复合，免疫调节和舒缓加强皮肤屏障，可有效降低儿童防晒乳的刺激性，做到调节皮肤水油平衡。

配方 4 儿童防晒霜（1）

原料配比

原料	配比(质量份)		
	1#	2#	3#
木瓜提取液	5	10	15
芦荟提取液	3	6	9
五味子提取液	2	4	6
柠檬酸	2	4	6
南瓜籽油	2	4	6
橄榄油	0.5	1	1.5
核桃油	1	2	3
羊毛脂	1	2	3
凡士林	0.5	1	1.5
去离子水	10	20	30

制备方法

(1) 称取配方中的去离子水，加入配比份数的柠檬酸、南瓜籽油、橄榄油、核桃油、羊毛脂、凡士林一起放入乳化机中搅拌均匀，温度保持在45～50℃，得到乳状物；

(2) 按配比称取木瓜提取液、芦荟提取液、五味子提取液加入步骤(1)中的乳状物中，然后混合均匀，即可。

产品特性　本品根据儿童皮肤特性，采用天然原料制备而成，不添加任何化学物质，安全无毒，可以放心使用。

配方 5　儿童防晒霜（2）

原料配比

原料	配比(质量份)			
	1#	2#	3#	4#
氧化锌	3	3	3	3
柠檬酸	0.8	0.8	0.8	0.8
羟甲基甘氨酸钠	0.8	0.8	0.8	0.8
氰双苯丙烯酸辛酯	0.6	0.6	0.6	0.6
丁基甲氧基二苯甲酰基甲烷	1.2	1.2	1.2	1.2
牛奶	2	5	5	6
聚甘油	1	5	5	5
精氨酸	2	2	1	3
去离子水	适量	适量	适量	适量

制备方法

(1) 将原料放入搅拌机中充分搅拌均匀；

(2) 将搅拌后的混合物研磨过筛，使混合物中的颗粒直径小于0.005mm；

(3) 将研磨后的混合物加去离子水调节其稠度，得到所需稠度的防晒霜；

(4) 将防晒霜真空灌装。

产品特性　本品安全无刺激，对细嫩或敏感性皮肤具有良好的防晒伤、防晒黑效果，其制备方法简单，所需设备成本低。

配方 6　儿童防晒霜（3）

原料配比

原料		配比(质量份)				
		1#	2#	3#	4#	5#
A组分	橄榄油	15	23	30	20	28
	氧化锌	6	10	8	7.5	9
	纳米钛白粉	6	8	10	7.5	9.2
	鲸蜡醇磷酸酯钾	2	2.5	3	2.8	2.2
	维生素E	0.3	0.1	0.5	0.4	0.2
	红没药醇	0.2	0.4	0.6	0.3	0.5

续表

原料			配比(质量份)				
			1#	2#	3#	4#	5#
B组分	防腐剂	戊二醇	2	—	3	—	3.5
		己二醇	—	2	—	2.5	—
		辛甘醇	—	2	—	—	—
	丙烯酸(酯)类/$C_{10\sim30}$烷醇丙烯酸酯交联聚合物		0.1	0.2	0.3	0.2	0.3
	马齿苋提取物		0.5	1.2	2	1	1.6
	复合抗敏剂		0.2	0.4	0.6	0.3	0.5
	去离子水		加至100	加至100	加至100	加至100	加至100

制备方法

（1）称取A组分相应的物质，用胶体磨研磨细腻并充分收集，用载玻片检测无颗粒粉点后，加入洁净的油相锅，搅拌加热至80℃，直至完全溶解，备用；

（2）称取B组分相应的物质到洁净的水相锅中，搅拌加热至80～85℃，直至完全溶解，备用；

（3）将经过步骤（2）后备用的B组分抽入主锅中，然后再将经过步骤（1）后备用的A组分抽入主锅中，进行搅拌混合均匀，然后开启高速均质5min，真空恒温消泡后降温至室温，得到成品。在将备用的A组分抽入主锅中时缓慢加入，并且一边进行搅拌，一边喷洒雾化去离子水，直至加入完毕。

原料介绍

所用复合抗敏剂为市售商品，其成分为丁二醇、水、积雪草提取物、虎杖根提取物、黄芩根提取物、茶叶提取物、光果甘草根提取物、母菊花提取物和迷迭香叶提取物。

所述丙烯酸（酯）类/$C_{10\sim30}$烷醇丙烯酸酯交联聚合物为卡波U20、U21、U30、2020、U10中的一种或几种的混合物。

产品特性　本品成分精简，搭配合理，能够有效阻隔紫外线UVB和UVA，从而避免儿童娇嫩的皮肤受到紫外线UVA和UVB的损伤，有效预防黑色素的产生，使皮肤不会被晒黑或者晒伤，且防晒指数SPF在保证通透性的情况下高达18～31，防晒效果优异、安全无刺激。

配方7　儿童防晒组合物

原料配比

原料	配比(质量份)			
	1#	2#	3#	4#
辛基甲氧基肉桂酸酯的分散液	5	30	20	—
氰双苯丙烯酸辛酯和丁基甲氧基二苯甲酰基甲烷的分散液	35	5	25	35
聚硅氧烷-15	10	1	5	10
二甲基硅油	10	10	10	10
丙烯酸酯类/$C_{10\sim30}$烷醇丙烯酸酯交联聚合物	0.3	0.3	0.3	0.3
丙烯酰胺二甲基牛磺酸铵/VP共聚物	0.5	0.5	0.5	0.5
PEG-11甲醚聚二甲基硅氧烷	8	8	8	8
苯氧基乙醇	0.3	0.3	0.3	0.3
己二醇和辛基缩水甘油醚	0.3	0.3	0.3	0.3
精氨酸	0.5	0.5	0.5	0.5
水	加至100	加至100	加至100	加至100

制备方法

（1）制备水相：将丙烯酸酯类/$C_{10\sim30}$烷醇丙烯酸酯交联聚合物加入水中，搅拌使分散均匀，加入PEG-11甲醚聚二甲基硅氧烷，搅拌使溶解；

（2）制备油相：将二甲基硅油、聚硅氧烷-15置于容器中，搅拌使溶解；

（3）乳化：将步骤（2）中的油相加入步骤（1）中的水相中，均质化，加入精氨酸中和；

（4）加入丙烯酰胺二甲基牛磺酸铵/VP共聚物，搅拌使增稠；

（5）加入辛基甲氧基肉桂酸酯的分散液，以及氰双苯丙烯酸辛酯和丁基甲氧基二苯甲酰基甲烷的分散液，均质化使分散均匀；

（6）加入苯氧基乙醇、己二醇和辛基甘油，搅拌使溶解混合均匀，得到产品。

产品特性　本品解决了防晒剂在皮肤上的渗透问题，使化学防晒剂在皮肤上的渗透接近于零，同时摆脱了纳米原料的安全隐患，因而特别温和。由于使用低黏度的二甲基硅油，其会对聚硅氧烷-15进行溶解，从而改善了在皮肤上干、涩等不良肤感，使得肤感清爽，容易涂抹。同时，该组合物配方获得协同增效的防晒效果，防晒SPF可以达到30或以上。

配方8　儿童用天然防晒油

原料配比

原料	配比(质量份)		
	1#	2#	3#
人发水解液	15	18	20
对甲氧基肉桂酸二乙醇胺	2	3	5
甘油	6	8	10
乙醇	8	10	12
丙二醇	4	4	8
卡松	0.05	0.06	0.1
香精	0.03	0.04	0.05
去离子水	35	40	55

制备方法　将各组分加入均质混合装置中，混合均质得到产品。

产品特性　本品根据儿童皮肤特性配制，能有效吸收和隔滤太阳紫外线，防止皮肤被晒黑、晒伤。

配方9　二元囊袋包装不可燃防晒喷雾气雾剂组合物

原料配比

原料	配比(质量份)		
	1#	2#	3#
防晒剂	51	34	44
皮肤调理剂	22	15	18
透皮吸收剂	15	9	13
润肤剂	30	24	27
乳化剂	11	8	10
十二烷基磺酸钠	5	2	4
白藜芦醇	3	1	2
明串球菌/萝卜根发酵产物滤液	7	4	6

续表

原料		配比(质量份)		
		1#	2#	3#
黄瓜汁		10	6	9
香精		3	1	2
水		70	55	61
防晒剂	甲氧基肉桂酸乙基己酯	3	—	—
	纳米氧化锌粒径为 60nm	5	—	—
	二苯甲酰基甲烷	—	3	3
	纳米二氧化钛粒径为 30nm	—	5	—
	纳米氧化锌粒径为 40nm	—	—	5
	纳米二氧化钛的粒径为 40nm	—	—	1
皮肤调理剂	尿囊素	10	6	8
	红没药醇	13	9	11
	新戊二醇二庚酸酯	5	2	4
透皮吸收剂	大豆卵磷脂	19	15	17
	羊毛脂	25	23	24
	杏仁油	7	3	5
润肤剂	甘油三(乙基己酸)酯	4	4	—
	葡萄籽油	1	—	1
	牛油树脂	—	1	4
	茶树油	—	6	6
	维生素 E	6	—	—
乳化剂	鲸蜡醇磷酸酯钾	6	2	2
	甘油硬脂酸酯	5	1	5

制备方法

（1）将水、黄瓜汁、十二烷基硫酸钠、防晒剂在水相锅中混合，搅拌加热至 80～85℃溶解完全，制得料液Ⅰ；

（2）将皮肤调理剂、透皮吸收剂、润肤剂、乳化剂在乳化锅中混合，搅拌加热至 80～85℃溶解完全，制得料液Ⅱ；

（3）将步骤（1）中制得的料液Ⅰ缓慢加入步骤（2）制得的料液Ⅱ中，保温 80～85℃，搅拌均质 15～25min 后降温至 40℃以下，继续加入白藜芦醇、明串球菌/萝卜根发酵产物滤液和香精，继续搅拌 8～12min 后过 100 目筛，制得料液；

（4）将步骤（3）制得的料液通过气雾剂灌装设备灌注进囊袋中，然后冲入氮气封口，水浴检测，罐底射码，安装喷嘴，安装外盖，即得。

产品特性　本品不仅具有良好的防晒效果，还具有优异的补水功效，温和无刺激，肤感清爽不油腻，适用于婴幼儿，同时，本品采用二元囊袋包装，保证了轻柔细密的雾化喷出状态，且推进剂为空气，不易燃，安全性高，使用便捷。

配方 10　儿童防晒泥

原料配比

原料		配比(质量份)			
		1#	2#	3#	4#
氧化锌	粒径为 340nm	35	—	—	—
	粒径为 360nm	—	40	—	40
	粒径为 380nm	—	—	45	—

续表

原料		配比(质量份)			
		1#	2#	3#	4#
二氧化钛	粒径为250nm	8	—	—	—
	粒径为300nm	—	10	—	10
	粒径为350nm	—	—	12	—
椰子油		25	30	35	30
黄蜂蜡		3	5	7	5
珍珠粉	粒径为150nm	3	—	—	—
	粒径为175nm	—	5	—	5
	粒径为200nm	—	—	7	—
油彩		3	5	7	5
可可脂		2	3	4	3
乳木果油		1.5	1.7	2	1.7
洋甘菊精油		0.05	0.1	0.15	0.1
杏仁精油		0.05	0.1	0.15	0.1
胡萝卜籽精油		0.05	0.1	0.15	0.1

制备方法

（1）将称取的黄蜂蜡、椰子油、可可脂和乳木果油放入容器中，隔水加热直至完全融化；水加热到90～100℃。

（2）依次加入氧化锌、二氧化钛和珍珠粉，搅拌直至完全溶解；搅拌速率为120～140r/min，搅拌时间为30～40min。

（3）然后加入油彩、洋甘菊精油、杏仁精油和胡萝卜籽精油，搅拌均匀，灌装，冷却凝固，得到所述的防晒泥。含搅拌均匀后进行均质处理。均质时间为4～6min，均质压力为6～8MPa。

产品特性　本品采用物理防晒原理，均匀涂抹在皮肤表面，形成一层均匀的保护层，通过该保护层对紫外线的反射、折射和散射作用，屏蔽掉部分紫外线对皮肤的伤害，具有安全性高、稳定性强的特点。本品只停留在皮肤表面，防晒、防水、不刺激皮肤，儿童应用安全。

配方 11　仿生婴幼儿防晒组合物

原料配比

原料		配比(质量份)
仿生河马汗液组合物	非洲豆蔻籽提取物	5
	欧洲水青冈芽提取物	1
	淡黑巨藻提取物	1
	药蜀葵根提取物	1
	去离子水	加至100
A相	羊毛脂	4.5
	可可脂	2
	甘油硬脂酸酯	3
	硬脂酸	2
	二甲基PABA乙基己酯	7
	二苯酮-3	3
B相	去离子水	61.6
	山梨醇	5
	三乙醇胺	1
	羟苯甲酯	0.3
	羟苯丙酯	0.1
C相	苯甲醇	0.5
	仿生河马汗液组合物	10

制备方法

（1）将A相中的羊毛脂、可可脂、甘油硬脂酸脂、硬脂酸加入油相锅（不分先后顺序），搅拌加热升温至79～82℃，再加入二甲基PABA乙基己酯、二苯酮-3搅拌溶解，保温79～82℃备用；

（2）将B相中的水加入水相锅，搅拌升温至79～82℃，依次加入B相中的山梨醇、三乙醇胺、羟苯甲酯、羟苯丙酯，搅拌溶解；

（3）将油相锅中的料体抽入水相锅中，开启均质，2800～3200r/min均质8～12min，搅拌降温至45～48℃，加入C相苯甲醇与植物防晒组分，搅拌5～15min后出料。

产品应用　本品主要用于婴幼儿、孕产妇防晒产品。

产品特性　本品具有很强的防晒功效，且来源天然，无皮肤刺激性，相比普遍具有一定生理毒性的化学防晒剂，应用优势显著。将该仿生河马汗液组合物与化学防晒剂协同使用，产生协同增效，可降低化学防晒剂用量，降低防晒产品生理毒性，提高防晒产品安全性。与普通的化学防晒剂产品相比，添加仿生河马汗液组合物的防晒产品更适合婴童、孕产妇使用。

配方 12　含有山茶籽油的婴童专用防晒乳

原料配比

原料		配比(质量份)			
		1#	2#	3#	4#
A相组分	水	57	50	46	50
	甘油	8	9	10	10
	二氧化钛(平均粒径为0.15μm)	3	—	—	—
	二氧化钛(平均粒径为0.1μm)	—	4	—	—
	二氧化钛(平均粒径为0.3μm)	—	—	6.5	—
	二氧化钛(平均粒径为0.25μm)	—	—	—	6
	羧甲基羟乙基纤维素	2	3	4	3.5
	黄原胶	0.5	0.6	0.8	0.8
	EDTA二钠	0.02	0.02	0.05	0.05
	尿囊素	0.4	0.5	0.5	0.5
B相组分	鲸蜡硬脂醇	7	8	9	8
	山茶籽油	6	7	8	8
	甘油硬脂酸酯	5	6	7	6
	$C_{12\sim20}$烷基葡糖苷	4	5	6	4.5
	异十六烷	2	1.5	4	3.5
	山梨醇酐单油酸酯	1	1.5	3	2
C相组分	红没药醇	1	1	2	2
	仙人掌提取物	0.1	0.8	1	0.8
	泛醇	0.1	0.8	0.7	1
	辛酰羟肟酸	0.5	0.6	0.8	0.5
	乙基己基甘油	0.2	0.2	0.3	0.2
	1,2-己二醇	0.3	0.4	0.5	0.5

制备方法

（1）先将乳化锅加热，乳化锅内温度达到40～60℃时，再向乳化锅内依次加入A相组分，采用正反转交替搅拌法，搅拌升温至70～75℃，保湿搅拌25～35min，搅拌速度为20～30r/min；

(2) 将B相组分各物料依次加入油相制料锅中，加热升温至70～75℃，搅拌混合溶解均匀，保温25～35min，确保固体充分溶解；

(3) 将步骤(2)中得到的B相组分抽入乳化锅中，搅拌均匀预乳化8～12min，然后进行5～10min均质，保温搅拌4～6min，搅拌速度为25～35r/min；

(4) 真空消泡降温，降温至40～45℃时，向乳化锅中加入C相组分，搅拌均匀，搅拌10～20min，搅拌速度为20r/min；真空消泡降温，真空度为0.3～0.5MPa，降温速度为0.4～0.6℃/min；

(5) 调节pH值在5.5～7.0之间，用200目过滤网出料，封口，称重，送入半成品静置间，待检；检验合格后，在室温为26℃的静置间陈化48h以上，得到产品。

原料介绍

所述山茶籽油为采取低温物理冷榨工艺的第一道山茶籽油，其含有的活性成分有利于产品对紫外线中长波长的吸收功效。

产品特性

(1) 本品中的防晒乳采用双重阳光防护机制，利用物理防晒及天然活性山茶籽油对紫外线的吸收效果，防晒效果显著；同时安全性高，尤其适合婴幼儿、敏感性肌肤日常外出、户外运动等阳光防护。

(2) 本品产品既能达到相应的防晒效果，而且质地清爽不油腻，配方温和，不添加矿油矿脂、香精色素、防腐剂等成分，安全性高。

配方 13 含有透明氧化锌的儿童防晒乳

原料配比

原料		配比(质量份)
溶剂	水	26.03
防晒剂	氧化锌	24.05
	三乙氧基辛基硅烷	0.95
润肤剂	聚二甲基硅氧烷	10
	癸二酸二异丙酯	6
	异十二烷	5
	甘油三(乙基乙酸)酯	4
保湿剂	丁二醇	8
	甘油	3
	1,2-戊二醇	1
	硬脂醇甘草亭酸酯	0.55
	积雪草提取物	0.11
增稠剂	异十二烷	4.1
	二硬脂二甲铵锂蒙脱石	0.625
	碳酸丙二醇脂	0.275
乳化剂	聚甘油-4异硬脂酸酯	3
	聚甘油-6五油酸酯	1.5
肤感调节剂	乙烯基聚二甲基硅氧烷或聚甲基硅氧烷倍半硅氧烷交联聚合物	1
填充剂	硫酸镁	0.8
抗氧化剂	羟基苯乙酮	0.3
	生育酚	0.11

制备方法

（1）按照各个占比称量各种原料，并使用干净且消毒后的器皿盛放各原料；

（2）将丁二醇和对羟基苯乙酮预先混合，搅拌并加热至完全溶解，溶解后置于一旁备用；温度加热至 60～70℃；

（3）将总量 95%的水、甘油和硫酸镁加入水相锅，加热并搅拌至溶解，溶解后加入（2）中的备用的溶解物，混合搅拌均匀，保温待用；温度加热至 80～85℃；

（4）将透明氧化锌、三乙氧基辛基硅烷、聚二甲基硅氧烷、癸二酸二异丙酯、异十二烷、二硬脂二甲铵锂蒙脱石、甘油三（乙基乙酸）脂、聚甘油-4 异硬脂酸酯、聚甘油-6 五油酸酯、乙烯基聚二甲基硅氧烷或聚甲基硅氧烷倍半硅氧烷交联聚合物、硬脂醇甘草亭酸酯和生育酚加入乳化锅，依次进行搅拌、均质，分散均匀后加热至指定温度，最后保温备用；

（5）乳化锅开启真空，将水相锅内原料抽入乳化锅中并搅拌均质，最后搅拌降温至指定温度；指定温度为 45℃；乳化锅开启真空至－0.06MPa，均质时间为 5～10min，均质后恒温放置 10～15min，释放真空，最后搅拌降温至 45℃。

（6）向乳化锅中加入总量 5%的水和积雪草提取物，搅拌均质且均匀，并通过搅拌降温至指定温度；指定温度为 35～38℃。搅拌过程中加入所述 C 相原料，均质 3～5min，最后搅拌降温至 25～38℃。

（7）依次进行取样、检测、静置、灌装、包装，最后成品入库，完成制备。

产品特性　本品使用透明氧化锌作为防晒剂，其具有非纳米，粒径分布均匀的特点，所制备的产品可以达到防晒要求，用于儿童防晒，防晒功效测试数据中 SPF 和 PFA 值达到儿童防晒最高值要求。

配方 14　皮克林儿童防晒乳

原料配比

原料		配比(质量份)		
		1#	2#	3#
皮克林稳定剂	辛烯基琥珀酸铝改性淀粉	3	3	1
	硅石	2	2	2
	β-环糊精	—	—	3
水溶性防晒剂	苯基二苯并咪唑四磺酸酯二钠	3	—	—
	50%的亚甲基双-苯并三唑基四甲基丁基酚分散液	—	5	5
	亚甲基双-苯并三唑基四甲基丁基酚	—	5	5
保湿剂	甘油	10	8	6
	丁二醇	2.0	—	2
	戊二醇	2.5	3	2
精氨酸		0.8	—	
增稠剂	黄原胶	0.1	0.1	0.1
	羟丙基淀粉磷酸酯	2.0	—	—
	丙烯酰二甲基牛磺酸胺/山嵛醇聚醚-25/甲基丙烯酸酯交联聚合物	0.1	0.1	0.1
尿囊素		0.2	0.2	0.2
油溶性防晒剂	双-乙基己氧苯酚甲氧苯基三嗪	5.0	5	5
	乙基己基三嗪酮	3.0	2	2
己二酸二丁酯		8.0	8	12
聚二甲基硅氧烷		2.0	2	2

续表

原料	配比(质量份)		
	1#	2#	3#
扁核木油	0.5	0.5	0.2
对羟基苯乙酮	0.15	0.15	0.3
马齿苋提取液	3.0	3	3
去离子水	加至100	加至100	加至100

制备方法

(1) 将去离子水投入乳化罐中，再依次投入水溶性防晒剂、精氨酸、保湿剂、皮克林稳定剂和增稠剂，搅拌加热至80℃，再保温搅拌20min，得到组分A；

(2) 将己二酸二丁酯、油溶性防晒剂和聚二甲基硅氧烷依次投入油相预配罐中，搅拌热至80℃，保温搅拌至溶解完全，得到组分B；

(3) 将组分B和扁核木油依次投入组分A中，75～85℃均质乳化5～10min，然后搅拌降温；

(4) 当温度降至70℃时，投入对羟基苯乙酮，继续搅拌降温；

(5) 当温度降至45℃时，投入马齿苋提取液，继续搅拌降温；

(6) 当温度降至38℃及以下时，过滤出料，检验合格后灌装，即得皮克林儿童防晒乳。

产品特性

(1) 使用皮克林稳定剂，替代传统的乳化剂，消除了表面活性剂对儿童皮肤的刺激性，使产品对儿童的皮肤有更高的安全性；

(2) 使用皮克林稳定剂对分子量较大的化学防晒剂进行乳化，未出现析油、结晶、破乳分层等问题，与传统乳化剂相比具有更好的稳定性。

配方 15 舒缓修护型儿童防晒霜

原料配比

原料	配比(质量份)		
	1#	2#	3#
氧化锌	12	8	16
卡波姆	8	5	11
维生素E	2	1	3
红没药醇	0.4	0.3	0.5
甘油	3	2	4
苯氧乙醇	0.85	0.5	1.2
丁二醇	0.75	0.5	1
1,2-戊二醇	1.1	0.7	1.5
羟苯基丙酰胺苯甲酸	0.4	0.3	0.5
孟二醇	0.9	0.6	1.2
姜根提取物	6	3	9
去离子水	12	8	16

制备方法

(1) 将氧化锌、卡波姆、维生素E和红没药醇加入油相锅中，85～95℃条件下搅拌溶解，混合均匀，得到组合物A；

(2) 将甘油、苯氧乙醇、丁二醇、1,2-戊二醇、羟苯基丙酰胺苯甲酸、孟二醇、姜根提取物加入水相锅中，85～95℃条件下搅拌溶解，混合均匀，得到组合物B；

（3）将组合物A、组合物B和去离子水分别均分为三等份，将一等份的组合物A、组合物B和去离子水共同加入混合反应罐中，混合搅拌10～15min，加入一等份的组合物A、组合物B和去离子水，混合搅拌10～15min，最后加入一等份的组合物A、组合物B和去离子水，混合搅拌20～30min，即可得到舒缓修护型儿童防晒霜。混合搅拌温度为45～50℃。

产品特性　本品通过物理防晒剂氧化锌作为防晒成分，刺激性小，适宜于儿童使用，同时，通过卡波姆配合，增强了人体对紫外线的抵抗能力，以此有效缓解紫外线对儿童皮肤的损伤；另外，通过采用高安全性防腐剂苯氧乙醇、具有抗炎调理作用的姜根提取物与具有舒缓抗敏作用的红没药醇和羟苯基丙酰胺苯甲酸，使得本方案提供的防晒霜具有舒缓修护功能，且更加适合儿童使用；另外，少量孟二醇的添加使得防晒霜具备驱蚊性能，尤其适合夏季使用。

配方16　天然防腐儿童植物防晒乳

原料配比

原料		配比(质量份)		
		1#	2#	3#
A相	鲸蜡基葡萄糖苷	1.5	1.5	1.5
	单甘酯	1	1	1
	$C_{16\sim18}$ 醇	2	2	2
	26#白油	8	8	8
	甲基硅油	2.5	2.5	2.5
B_1 相	乙二胺四乙酸钠盐	0.02	0.02	0.02
	甘油	7	7	7
	丙二醇	2	2	2
	卡波姆	10	10	10
	尿囊素	0.1	0.1	0.1
	汉生胶	0.1	0.1	0.1
	去离子水	30	30	30
C_1 相	芦荟提取液	15	25	40
	竹叶提取液	2.5	3	3
	荷叶提取液	2.5	2	2
B_2 相	三乙醇胺	0.2	0.2	0.2
	D-泛醇	2	2	2
C_2 相	龙舌兰提取物	0.2	0.2	0.2
去离子水		加至100	加至100	加至100

制备方法

（1）将鲸蜡基葡萄糖苷、单甘酯、$C_{16\sim18}$ 醇、26#白油和甲基硅油混合后加热搅拌溶解，为A相；所述的加热搅拌溶解是指加热到80～95℃搅拌溶解。

（2）将乙二胺四乙酸钠盐、甘油、丙二醇、卡波姆、尿囊素、汉生胶和去离子水混合后加热搅拌溶解，为 B_1 相；所述的加热搅拌溶解是指加热到85～95℃搅拌溶解。

（3）将芦荟提取液、竹叶提取液和荷叶提取液常温混合，为 C_1 相。

（4）将 B_1 相加入A相中，均质混合均匀得到混合液；所述的均质是指在5000～10000r/min的均质机上均质2～3min。

（5）将 C_1 相加入步骤（4）的混合液中，均质后消泡，搅拌冷却至40～55℃时，将三乙醇胺和D-泛醇作为 B_2 相，龙舌兰提取物作为 C_2 相加入，继续搅拌至室温后出料，得到天然防腐儿童植物防晒乳。所述的均质后消泡是指均质 2～5min 后在 70～80℃下消泡 3～5min。所述的搅拌冷却是指在 3000～5000r/min 的搅拌机上搅拌冷却。

原料介绍　所述的芦荟提取液通过以下方法制备：取干燥的芦荟外皮粉末，加入 10～40 倍质量的提取溶剂，溶剂的选择为质量分数为 20%～60%的乙醇溶液，于 25～55℃温度下进行超声提取 20～40min，用 0.22nm 规格的有机滤纸充分过滤后取滤液，将滤液在旋转蒸发仪中浓缩到 0.2～0.3 倍，然后在 45～55℃温度下真空干燥得到蓬松的固体，研磨成粉后加入 5～10 倍质量的去离子水溶解，得到芦荟提取液。

产品特性

（1）本品从芦荟皮中提取的芦荟提取液含有的芦荟苷、芦荟大黄素等蒽醌类化合物能够有效地吸收紫外线辐射，减缓紫外线对皮肤的损伤。芦荟提取液中的有效防晒成分具有防晒区间大，安全性高以及致敏性低等优点，其中的一些成分还具有消毒杀菌的作用。荷叶、竹叶是常见的植物叶片，其提取液拥有显著地抑菌杀菌的作用，对化妆品检测中常见的致病菌如大肠杆菌、金黄色葡萄球菌和真菌等具有强烈的抑制作用。龙舌兰提取液是一种天然、温和的抗敏提取物，将以上几种安全性极高的纯天然物质作为天然防腐剂按比例混合添加进入儿童化妆品配方中，不仅保证了儿童化妆品配方中的防腐效果，并且减少了配方添加物对儿童皮肤的刺激。

（2）本品中使用的荷叶和竹叶提取物具有抗炎、抑菌的等药理功效，其中荷叶提取液中含有的荷叶黄酮成分对致病性大肠杆菌和金黄色葡萄球菌等有很强的抑制效果，竹叶提取液中含有的竹叶黄酮和生物碱等成分对细菌、酵母菌和霉菌等有显著抑制效果，将二者按照相应的配比混合调制成多效抑菌的天然防腐剂取代传统的化学合成防腐剂，制备而成的儿童植物防晒乳具有更高的安全性。

（3）龙舌兰提取液中因其含有皂苷类物质，所以具有抗炎、抗敏等良好的生物活性，在产品中添加了该提取物对使用者形成了双层保护屏障，不仅大大降低了儿童使用者使用时可能产生的皮肤过敏的风险，还会与荷叶和竹叶提取物发生协同作用，进一步完善产品的抗菌抑菌系统。

配方 17　婴儿物理防晒乳

原料配比

原料		配比(质量份)		
		1#	2#	3#
A 相组分	水	7.0	27.2	14.9
	甘油	20.0	11	20
	卡波姆	1.0	0.6	0.5
	精氨酸	1.0	0.5	0.5
	二氧化钛	10.0	6.5	7
	氧化锌	10.0	5.2	10
B 相组分	$C_{12\sim20}$ 烷基葡糖苷	50.0	20	1
	鲸蜡硬脂醇	20.0	55	50
	山茶油	1.0	25.5	15
	霍霍巴籽油	90.0	45.5	5
	辛酸/癸酸甘油三酯	20.0	12.5	5
C 相组分	辛酰羟肟酸	0.5	0.7	1
	乙基己基甘油	0.2	0.15	0.1
	1,2-己二醇	1.0	1.5	1

制备方法

(1) 将二氧化钛、氧化锌分别研磨细腻，然后将A相组分各物料依次加入乳化锅中，加热升温至80～85℃，搅拌混合溶解均匀；研磨后的二氧化钛、氧化锌的粒度为800～1000目。加热的具体操作步骤为：先将乳化锅加热，乳化锅内温度达到40～60℃时，再向乳化锅内加入A相组分，搅拌时，采用正反转交替搅拌法，搅拌速度为20～30r/min。

(2) 将B相组分各物料加入油相制料锅中，加热升温至80～85℃，搅拌混合溶解均匀。

(3) 将步骤(2)中得到的B相组分抽入乳化锅中，搅拌均匀预乳化8～12min，然后进行5～10min均质，保温搅拌4～6min，真空消泡降温；真空消泡降温的真空度为0.2～0.4MPa。

(4) 降温至43～47℃时，向乳化锅中加入C相组分，搅拌均匀，冷却至常温；降温速度为0.4～0.8℃/min。

(5) 检测合格，出料，得到成品。

产品特性

(1) 本品对婴儿、儿童皮肤的防晒保护作用，也具有一定的滋润保湿功效。

(2) 本品无添加防腐剂，也能起到防腐作用，对皮肤的具有温和、滋润的保护作用，适合婴童使用。

第八章　儿童驱蚊用品

配方 1　采用天然植物制剂的驱蚊产品

原料配比

原料	配比(质量份)		
	1#	2#	3#
辣蓼	25	40	33
高良姜	25	20	22
香附	25	20	23
紫花杜鹃	25	20	22
40%～85%乙醇	适量	适量	适量
石油醚	适量	适量	适量

制备方法

（1）将辣蓼、高良姜、香附、紫花杜鹃干燥后进行破碎，过 40～80 目筛，将得到的过筛物投入渗漉容器中，以乙醇溶液作为溶剂进行渗漉，处理 24～36h，渗漉结束后，通过纳滤膜对渗漉液进行过滤，分离得到滤出液Ⅰ和滤渣，将分离得到的滤渣投入乙醇溶液中浸泡 12～24h，通过纳滤膜，得到滤出液Ⅱ；

（2）合并滤出液Ⅰ和滤出液Ⅱ作为料液，使用石油醚作为萃取液，对料液进行多级逆流萃取处理，收集萃取液，将萃取液在 65～70℃的温度条件下进行旋转蒸发，得到固态颗粒，将固态颗粒进行研磨、过筛后，收集得到天然植物固体提取物备用；旋转蒸发的时间为：1～3h。天然植物固体提取物的粒度为：0.2～1.5μm。

（3）将步骤（2）收集的天然植物固体提取物作为原料，制成可被接受的产品形式，即得所述采用天然植物制剂制得的驱蚊产品。可被接受的产品形式包括：驱蚊液、驱蚊膏、驱蚊贴、驱蚊片、驱蚊手环中的任一种。

产品特性

（1）本品驱蚊效果稳定性高、无刺激性体感、不采用农药类驱蚊成分，适用于大部分人群尤其是少年儿童；

（2）本品采用天然植物辣蓼、高良姜、香附、紫花杜鹃的提取物作为驱蚊产品的有效成分，不含化学驱蚊成分，对人体安全度高，并且具有清香的气味，有利于提高使用者的感官享受。

配方 2　纯植物提取的驱蚊液（1）

原料配比

原料	配比(体积份)			
	1#	2#	3#	4#
青蒿	3	4	3	4
苦参	1	1	1	1

续表

原料	配比(体积份)			
	1#	2#	3#	4#
蛇床子	1	1	1	1
红豆杉	2	2	4	4
去离子水	87	87	87	87
75%~95%乙醇	适量	适量	适量	适量

制备方法

(1) 初步提取：

① 称取红豆杉枝条，除去泥土和杂质，洗净，切成小段，放入烘箱中干燥2~10h后取出，剥取树皮，然后称取干燥后的树皮放入另一能密封的玻璃容器中，加入75%~95%的乙醇，密封，放置到阴凉通风避光处浸提1~7天，得红豆杉初步浸提液；

② 称取苦参根，除去泥土和杂质，洗净，切成小段，放入烘箱中干燥2~10h后取出，然后称取干燥后的苦参放入另一能密封的玻璃容器中，加入75%~95%的乙醇，密封，放置到阴凉通风避光处浸提1~7天，得苦参初步浸提液；

③ 称取青蒿地上植株，除去泥土和杂质，洗净，切成小段，放入烘箱中干燥2~10h后取出，然后称取干燥后的青蒿放入另一能密封的玻璃容器中，加入75%~95%的乙醇，密封，放置到阴凉通风避光处浸提1~7天；得青蒿初步浸提液；

④ 称取蛇床子成熟果实，洗净，放入烘箱中干燥2~10h后取出，然后称取干燥后的蛇床子放入另一能密封的玻璃容器中，加入75%~95%的乙醇，密封，放置到阴凉通风避光处浸提1~7天，得蛇床子初步浸提液。乙醇的用量以刚好没过药材为宜。

(2) 纯化：

① 将步骤(1)中所得红豆杉初步浸提液过滤，然后向其中加入等体积的去离子水，放置到4℃的冰箱中冷藏12~24h。取出轻轻搅拌，过滤，千万不可抽滤，过滤速度不可过快，及时更换滤纸，将得到的初滤液恒温至30~80℃，加入相当于初滤液质量0.1%~0.5%的活性炭，置于磁力搅拌器上在30~80℃温度下搅拌5~10min使之脱色。再次过滤，将所得到的精滤液置于旋转蒸发仪旋蒸，直至乙醇浓度低于25%，得到红豆杉浸提液；

② 将步骤(1)中所得青蒿初步浸提液过滤，然后向其中加入等体积的去离子水，放置到4℃的冰箱中冷藏12~24h。取出轻轻搅拌，过滤，千万不可抽滤，过滤速度不可过快，及时更换滤纸，将得到的初滤液恒温至30~80℃，加入相当于初滤液质量0.1%~0.5%的活性炭，置于磁力搅拌器上在30~80℃温度下搅拌5~10min。再次过滤，将所得到的精滤液置于旋转蒸发仪旋蒸，直至乙醇浓度低于25%，得到青蒿浸提液；

③ 将步骤(1)中所得苦参初步浸提液过滤，然后向其中加入等体积的去离子水，放置到4℃的冰箱中冷藏12~24h。取出轻轻搅拌，过滤，千万不可抽滤，过滤速度不可过快，及时更换滤纸，将得到的初滤液恒温至30~80℃，加入相当于初滤液质量0.1%~0.5%的活性炭，置于磁力搅拌器上在30~80℃温度下搅拌5~10min。再次过滤，将所得到的精滤液置于旋转蒸发仪旋蒸，直至乙醇浓度低于25%，得到苦参浸提液；

④ 将步骤(1)中所得蛇床子初步浸提液过滤，然后向其中加入等体积的去离子水，放置到4℃的冰箱中冷藏12~24h。取出轻轻搅拌，过滤，千万不可抽滤，过滤速度不可过快，及时更换滤纸，将得到的初滤液恒温至30~80℃，加入相当于初滤液质量0.1%~0.5%的活性炭，置于磁力搅拌器上在30~80℃温度下搅拌5~10min。再次过滤，将所得到的精滤液置于旋转蒸发仪旋蒸，直至乙醇浓度低于25%，得到蛇床子浸提液。

（3）混合：

将步骤（2）制备的青蒿、苦参、蛇床子、红豆杉四种浸提液和去离子水进行混合、搅匀、密封，然后放置到4℃的冰箱中冷藏12～24h，取出搅拌、静置、过滤，制成成品。

产品特性

（1）本品由纯植物提取液混合加工制成，不含各种驱蚊酯和冰片等化学成分，适用于婴幼儿、孕妇和易过敏人群。

（2）配方合理，产品在驱蚊的同时还具备杀菌止痒的作用：驱蚊效果好，持续时间长。

配方3 纯植物提取的驱蚊液（2）

原料配比

原料	配比(质量份)		原料	配比(质量份)	
	1#	2#		1#	2#
驱蚊香草提取液	7	6	罗勒提取液	3	4
薄荷提取液	3	4	去离子水	80	80
蛇床子提取液	7	6	75%乙醇溶液	适量	适量

制备方法

（1）取适量驱蚊香草叶片洗净，静置干燥1～2h，放入提取罐中，并加入75%的乙醇溶液，在恒温条件下进行粉碎，将混合溶液过滤后得到驱蚊香草提取液；恒温粉碎的温度为5～10℃；

（2）取适量薄荷叶片洗净，静置干燥1～2h，放进提取罐中，加入75%的乙醇溶液，在15～20℃条件下进行粉碎，将混合溶液过滤后得到薄荷提取液；

（3）取适量蛇床子，放进三辊研磨机内，经过研磨后得到蛇床子粉末，将蛇床子粉末放进反应釜内，放入去离子水，加热搅拌后得到混合溶液，过滤后得到蛇床子提取液；

（4）取适量罗勒叶片洗净，静置干燥1～2h，放入提取罐中，并加入75%的乙醇溶液，在15～20℃条件下进行粉碎，将混合溶液过滤后得到罗勒提取液；

（5）将驱蚊香草提取液、薄荷提取液、蛇床子提取液、罗勒提取液和去离子水按比例混合后，搅拌得到驱蚊液。搅拌装置为磁力搅拌器，且搅拌时间为30～50min，搅拌温度为5～10℃。

产品特性　本品所有成分均为植物提取，具有天然的无毒，无副作用，不会对人体造成损害和过敏，同时驱蚊香草提取液能够起到趋避蚊虫的作用，能够较好的代替驱蚊酯和避蚊胺，且对人体无毒，蛇床子提取液和罗勒提取液能够较好地对蚊虫叮咬处进行止痒，消炎祛肿，且对人体无损害，孕妇和儿童均可使用，提高了安全性。

配方4 儿童驱蚊液

原料配比

原料	配比(质量份)		原料	配比(质量份)	
	1#	2#		1#	2#
水	50	70	薰衣草精油	4	6
香茅精油	7	8	芦荟精油	7	9
柠檬草精油	6	8	香橙精油	3	4
薄荷精油	5	7			

制备方法　将各组分原料混合均匀即可。

产品特性　本品均采用纯天然提取的精油所制，温和不刺激。其中，香茅精油、薄荷精油及薰衣草精油都能起到驱赶蚊虫的效果，且气味芳香，可令人心情愉悦。

配方 5　儿童用安全无毒驱蚊剂

原料配比

原料	配比(质量份)	原料	配比(质量份)
芦荟叶汁粉	20～40	马郁兰精油	1～2
椿皮	10～20	苦艾	3～5
除虫菊	3～6	香精	1～1.5
石菖蒲	2～6	去离子水	10～20

制备方法

(1) 在主搅拌锅里加入去离子水，再加入芦荟叶汁粉，搅拌使其溶解均匀；

(2) 将马郁兰精油和香精加入主搅拌锅中，搅拌均匀；

(3) 将椿皮、除虫菊加入主搅拌锅中，搅拌均匀；

(4) 将苦艾加入主搅拌锅中，搅拌均匀；

(5) 在加热锅中将余量的水升温至 75℃，加入石菖蒲，搅拌使其溶解均匀；

(6) 待步骤 (3) 中溶解均匀的溶液降温至 45℃以下；

(7) 将做好的产品冷冻过滤后即为成品。

原料介绍

所述的马郁兰精油中马郁兰提取物的含量为 30%。

所述的香精为薰衣草提取物。

产品特性　本品具有延缓释放清凉剂的效果，能在长时间内保持清凉感，通过降低渗透速率，以达到消炎而又不刺激皮肤的效果，避免了对皮肤产生刺激性的影响，提高了使用的舒适感，而且通过将人工合成驱蚊剂与天然驱蚊剂的复配使用，既提高了驱蚊效果和驱蚊时间，又降低了合成驱蚊剂的毒性，安全性更高。

配方 6　儿童用驱蚊水

原料配比

原料	配比(质量份)			原料	配比(质量份)		
	1#	2#	3#		1#	2#	3#
艾叶	3	7	5	生姜	1	4	3
柠檬	6	9	7	B族维生素	1	1	1
洋甘菊	4	6	5	乙醇	20	40	30
人工麝香	2	4	3	去离子水	适量	适量	适量

制备方法　称取艾叶、柠檬、洋甘菊、人工麝香和生姜，加入上述艾叶、柠檬、洋甘菊、人工麝香和生姜的总质量 3 倍的水，用大火熬煮 10min 后，用小火熬煮 20min，过滤，取滤液，将上述滤液和 B 族维生素加入乙醇，混合均匀即得。

产品特性　本品驱蚊效果好，配方合理，对儿童无毒副作用，生产成本低，易于批量化生产。

配方 7 儿童专用驱蚊水

原料配比

原料	配比(质量份)			原料	配比(质量份)		
	1#	2#	3#		1#	2#	3#
香叶天竺葵	21	22	23	沙棘	11	12	13
打碗花	17	18	19	橄榄油	5	6	7
虎尾草	17	18	19	海藻多糖	0.6	0.7	0.8
碰碰香	14	15	16	2.3%～2.5%的醋酸溶液	适量	适量	适量
蜂香脂	14	15	16	去离子水	适量	适量	适量
绿豆	11	12	13	复合酶	适量	适量	适量
芦荟	11	12	13	安琪葡萄酒酵母	适量	适量	适量

制备方法

(1) 将香叶天竺葵、打碗花、虎尾草、碰碰香和蜂香脂洗净，冷冻干燥至含水量为3%～5%，粉碎，加入香叶天竺葵质量8～10倍量的体积分数为2.3%～2.5%的醋酸溶液，于4～6℃浸泡6～7h，去除原料中溶于酸的物质成分，过滤，弃滤液，将滤渣洗净，得一次滤渣；冷冻干燥，冷冻温度为−43～−41℃，隔板加热温度为37～39℃；

(2) 将绿豆洗净，加入绿豆质量2000～2500倍量的水，加热熬煮至体积为原来的1/10，冷却至40～45℃，得绿豆汤；

(3) 将芦荟和沙棘洗净，粉碎，得芦荟沙棘浆；

(4) 将一次滤渣和芦荟沙棘浆加入绿豆汤，混合均匀，加入复合酶，使复合酶的质量浓度为0.03%～0.05%，于42～44℃搅拌酶解200～220min，破坏原料的组织结构，提高原料利用率，节约大量生产成本，得酶解浆；

(5) 向酶解浆中加入安琪葡萄酒酵母，加入量为酶解浆体积的4%～5%，混合均匀，置于32～34℃恒温发酵2～3天，将温度降为17～19℃，静置3～4天，得发酵浆；

(6) 将发酵浆过滤，得二次滤液和二次滤渣，向二次滤渣中加入二次滤渣质量600～700倍量的水，加热煮沸至体积为原来的1/10，过滤，得三次滤液和三次滤渣，再次加入发酵渣质量400～500倍量的水，加热煮沸至体积为原来的1/10，过滤，得四次滤液和四次滤渣，合并二次、三次和四次滤液，真空旋转蒸发至无酒精，得提取浓缩液；真空旋转蒸发，温度为43～45℃、转速为57～59r/min；

(7) 将提取浓缩液经0.22μm的超微滤膜过滤，加入橄榄油和海藻多糖，进行二段均质，使原料充分混合，状态稳定，不分层，无沉淀，使用方便，经121℃灭菌20～25min，冷却至室温，得儿童专用驱蚊水；二段均质，温度为67～69℃，第一段均质压力为32～34MPa，第二段均质压力为11～13MPa；

(8) 包装，得成品。

原料介绍 所述的复合酶，由以下质量份的原料组成：纤维素酶14～16、淀粉酶12～14、半纤维素酶7～9、果胶酶6～8。

产品应用 本品主要是一种儿童专用驱蚊水。

所述儿童专用驱蚊水的使用方法，不经稀释可直接涂抹于儿童皮肤和衣物，可加入儿童的洗头水和洗澡水，进行洗头和洗澡。

产品特性　本品芳香浓郁，安全无毒，不含有毒化学成分及酒精，不会引起儿童的皮肤过敏和皮炎，具有明显驱蚊效果；驱蚊水原料丰富，为纯中药提取，安全无毒，不刺激，香味来自中药成分本身，不含任何香精及防腐剂，绿色健康。

配方 8　复方驱蚊剂

原料配比

原料	配比(质量份)			
	1#	2#	3#	4#
艾草	40	30	50	40
苍术	20	10	30	20
川芎	20	10	30	20
厚朴	20	10	30	20
菖蒲	40	30	50	40
樟脑	10	5	15	10

制备方法

（1）取中药原料艾草、苍术、川芎、厚朴、菖蒲和樟脑，分别烘干后，混合在一起，然后进行粉碎处理，得到混合原料；

（2）对混合原料进行萃取处理，得到的萃取物或萃取物和萃取溶剂的混合物即为所述复方驱蚊剂。萃取处理采用超临界 CO_2 萃取。超临界 CO_2 萃取的 CO_2 流量为 20kg/h，萃取温度为 45℃，萃取压力为 30MPa，萃取时间为 120min。

产品应用　本品主要用于不同人群，尤其是儿童、孕妇等特殊人群。

产品特性　本品由纯天然中草药组成，未使用任何环境不友好试剂，产品绿色、天然、安全、经济，符合可持续发展要求，适用于不同人群，尤其是儿童、孕妇等特殊人群，有效解决了以化学合成药物为主的市售驱蚊产品久闻对人体有害的弊端。

配方 9　复方紫草驱蚊止痒膏

原料配比

原料	配比(质量份)			原料	配比(质量份)		
	1#	2#	3#		1#	2#	3#
金银花	10	15	10	蒲公英	3	3	5
丁香花	15	15	10	乳香	3	3	5
艾叶	12	8	10	没药	3	3	5
藿香	8	10	10	食用蜂蜡	40	50	45
紫苏叶	8	8	10	冰片	2	4	3
当归	4	8	5	小苏打	2	3	3
防风	3	8	5	薄荷精油	0.3	0.4	0.25
地黄	3	3	5	夜来香精油	0.4	0.5	0.25
白芷	4	4	5	植物油	适量	适量	适量

制备方法

（1）将紫草、金银花、丁香花、艾叶、藿香、紫苏叶粉碎后混合均匀，置于植物油中浸泡，过滤，取浸油备用；浸泡条件为 75～85℃下浸泡 36～48h，过滤使用的筛网为 100～200 目。

（2）将当归、防风、地黄、白芷、蒲公英、乳香、没药粉碎，置于步骤（1）所得浸油中浸泡，过滤，取浸油备用；当归、防风、地黄、白芷、蒲公英、乳香、没药粉碎的粉碎粒径为40～60目，浸泡条件为75～85℃浸泡36～48h，过滤使用的筛网为100～200目。

（3）将食用蜂蜡置于步骤（2）所得浸油中，加热至蜂蜡完全融化后，加入冰片、小苏打搅拌至完全融化；加热至80～85℃。

（4）将步骤（3）所得产物冷却后，加入薄荷精油和夜来香精油，搅拌均匀。冷却至25～35℃。

原料介绍　所述的植物油为橄榄油和麻油。

产品特性　本品采用多种中药复配而成可用于婴幼儿驱蚊、蚊虫叮咬、湿疹、尿布疹、痱子，效果极佳。

配方 10　含九叶青花椒精油的驱蚊花露水

原料配比

原料	配比(质量份)	原料	配比(质量份)
酒精	70(体积)	吐温	2(体积)
九叶青花椒精油	4(体积)	薄荷醇	0.1
香茅油	2(体积)	冰片	0.1

制备方法　按配方分别取九叶青花椒精油，香茅油，酒精，吐温，薄荷醇和冰片，向酒精中加入薄荷脑、冰片制得混合物Ⅰ，再将花椒精油、香茅油、吐温混合均匀后倒入混合物Ⅰ中充分搅拌，最后定容，静置，过滤得驱蚊花露水。

原料介绍　所述九叶青花椒精油由九叶青花椒粉碎成粉末，加水回流提取，得九叶青花椒精油。所述加水回流提取是加入相当于药材质量6倍的水，130℃油浴条件下加热回流提取6h。

产品特性　本品以来自天然植物九叶青花椒和香茅草为驱蚊成分，无刺激性，不损伤人体，安全性好，尤其适合儿童使用，并且驱蚊效果佳。

配方 11　含紫菜提取物的天然婴幼儿驱蚊液

原料配比

原料	配比(质量份)			
	1#	2#	3#	4#
紫菜提取物	1	4	1	4
乙酸乙酯	3	4	4	3
维生素C	0.1	0.4	0.1	0.4
水	20	30	30	20

制备方法　将各组分原料混合均匀即可。

原料介绍　所述紫菜提取物的制备方法为：将新鲜紫菜洗净沥干，放置于紫外光照射下干燥至恒重，破碎过筛后添加甘油及乙醇溶液，恒温水浴条件下搅拌加热2～3h，过滤除去不溶物，将上清液减压浓缩后得到紫菜提取物。紫外光照的强度为$1.24\times10^{-5}W/cm^2$。过筛选用的筛子为70目或者80目筛。甘油的添加量为过筛后紫菜粉末质量的10～15倍。乙醇溶液为50%质量浓度的乙醇水溶液，乙醇溶液的添加量为过筛后紫菜粉末质量的5～7倍。恒温水浴的水浴温度为45～60℃。将上清液减压浓缩除去混合质量10%～20%的水分，得到紫菜提取物。

产品特性

（1）本品采用来源广泛的紫菜作为原料，将紫菜提取物应用于婴幼儿驱蚊液中，可以达到良好的驱除蚊虫的作用，驱蚊时间长，驱蚊效果好，安全高效。

（2）本品提取过程简便，既可以保证紫菜中对于蚊虫趋避作用的活性物质稳定性，又可以将婴幼儿难于接受的风味物质去除，制备得到的产品对于婴幼儿接受度较好。

配方 12　金叶莸驱蚊液

原料配比

原料		配比(质量份)		
		1#	2#	3#
金叶莸原材料	新鲜采摘的金叶莸花	80	80	80
	新鲜采摘的金叶莸叶片	20	20	20
金叶莸提取液	金叶莸原材料	100	100	100
	去离子水	100	100	100
金叶莸提取液		95	95	95
玫瑰花露		5	—	—
洋甘菊提取液		—	5	—
芦荟提取液		—	—	5

制备方法

（1）金叶莸提取液的制备；将原料投入蒸馏罐内的锅中；往蒸馏罐内的锅中加入去离子水；加热蒸馏罐，压力调到0.3～0.5MPa之间，将原料与水的混合物加热至100℃；降压至0.1MPa，在此压力下对原料与水的混合物进行反复蒸馏4h；利用水蒸气将挥发较强的植物芳香精油携带出来，使之形成含有精油的水蒸气状态；

打开冷凝器，使含精油的水蒸气进入装有多组冷凝管的冷凝器，含精油的水蒸气被冷凝成液体；被冷凝的液体进入装有多组冷却水管的冷却器中，进行冷却；经过冷却后，利用温差变化冷凝成液体状态，分离出金叶莸提取液；

（2）制备天然玫瑰花露或洋甘菊提取液或芦荟提取液；

（3）制备金叶莸驱蚊液：将制备好的金叶莸提取液与天然玫瑰花露混合均匀即为金叶莸驱蚊液。

原料介绍

所述天然玫瑰花露的制备方法：

（1）以天然玫瑰花为原材料，将质量为100份的原材料投入蒸馏罐内的锅中；

（2）往蒸馏罐内的锅中加入去离子水；以质量计，水与原材料的质量比为1∶1比例，即加入去离子水100份；

（3）加热蒸馏罐，压力调到0.3～0.5MPa之间，将原材料与水的混合物加热至100℃；

（4）降压至0.1MPa，在此压力下对原材料与水的混合物进行反复蒸馏4h；利用水蒸气将挥发较强的植物芳香精油携带出来，使之形成含有精油的水蒸气状态；

（5）打开冷凝器，使含精油的水蒸气进入装有多组冷凝管的冷凝器，含精油的水蒸气被冷凝成液体；

（6）被冷凝的液体进入装有多组冷却水管的冷却器中，进行冷却；

（7）经过冷却后，利用温差变化冷凝成液体状态，分离出天然玫瑰花露；至天然玫瑰花露的质量为100份止。

所述的洋甘菊提取液的制备方法：

（1）以天然洋甘菊花为原材料，将质量为100份的原材料投入蒸馏罐内的锅中；

（2）往蒸馏罐内的锅中加入去离子水；以质量计，水与原材料的质量比为1∶1比例，即加入去离子水100份；

（3）加热蒸馏罐，压力调到0.3～0.5MPa之间，将原材料与水的混合物加热至100℃；

（4）降压至0.1MPa，在此压力下对原材料与水的混合物进行反复蒸馏4h；利用水蒸气将挥发较强的植物芳香精油携带出来，使之形成含有精油的水蒸气状态；

（5）打开冷凝器，使含精油的水蒸气进入装有多组冷凝管的冷凝器，含精油的水蒸气被冷凝成液体；

（6）被冷凝的液体进入装有多组冷却水管的冷却器中，进行冷却；

（7）经过冷却后，利用温差变化冷凝成液体状态，分离出洋甘菊提取液；至洋甘菊提取液的质量为100份止。

所述的芦荟提取液的制备方法：将新鲜采摘的芦荟叶片洗净去皮，在研钵里磨碎成浆，倒入试管，用50%乙醇在常温20℃条件下萃取，芦荟浆料与乙醇液比1∶15，静止时间60min，在转速为6000r/min的条件下离心10min，滤纸过滤，过滤液在相同条件下再离心再过滤，得到提取液即为芦荟提取液；

产品特性　本品为天然花香驱蚊液，不仅对人体无损害、不会造成环境污染，且具有良好的驱蚊虫效果，并能止痒消炎抑菌，使用安全、环保。

配方13　可驱蚊消肿的健肤水

原料配比

原料	配比(质量份)			
	1#	2#	3#	4#
大蓟	0.5	1	0.7	0.8
黄开口	2	1	1.5	1.5
艾叶	1	3	2	1.5
广藿香	1.5	0.5	1	1
金银花	0.5	1.5	1	0.8
茉莉花	1.5	0.5	1	1.2
七叶一枝花	0.5	1.5	1	1
萑草	1.5	0.5	1	1.5
地锦草	0.5	1.5	1	0.5
酢浆草	2	1	1.5	1.6
天南星	0.1	0.5	0.3	0.2
半边莲	1	0.5	0.8	0.7
薄荷素油	0.5	2	1.2	1.5
冰片	2	0.5	1.5	1
95%食用酒精	60	70	65	62
去离子水	30	20	25	28

制备方法

（1）取95%食用酒精加去离子水配制成浓度为60%～70%的乙醇溶液；

(2) 取大蓟、黄开口，分别捣汁；

(3) 将上述大蓟汁、黄开口汁以及艾叶、广藿香、金银花、茉莉花、七叶一枝花、葎草、地锦草、酢浆草、天南星、半边莲加入至步骤 (1) 的乙醇溶液中浸提，过滤，得滤液；

(4) 将薄荷素油、冰片溶解于95%食用酒精中，混合均匀；此处使用的95%食用酒精与步骤 (1) 中使用的95%食用酒精总量为60～70质量份；

(5) 将步骤 (3) 中的滤液以及步骤 (4) 中的混合溶液相混合，然后加入去离子水进行稀释；稀释用去离子水和步骤 (1) 中使用去离子水的总量为20～30质量份。

产品特性　本品通过纯植物配方制作健肤水，不仅绿色环保、温和无刺激，并且具有驱蚊消肿的效果，功能性更强，适用范围更广，尤其适合婴幼儿以及患有皮肤病的人们使用。

配方 14　龙脑驱蚊液

原料配比

原料	配比(质量份)
龙脑提取液	20～25
薰衣草提取液	10～15
柠檬草提取液	10～15
艾叶提取液	10～15
三叶青提取液	5～10
紫苏叶提取液	15～20
天竺葵提取液	10～15
樱花提取液	8～12
土茯苓提取液	5～10
千根草提取液	12～14
龙须草提取液	7～9
广藿香油	3～7
薄荷脑	2～3
乙二胺四乙酸二钠	1～1.5
丙三醇	0.8～1.0
2,6-二叔丁基对甲酚	0.6～0.8
去离子水	120～150

制备方法

(1) 将龙脑、薰衣草、柠檬草、艾叶、三叶青、紫苏叶、天竺葵、樱花、土茯苓、千根草、龙须草洗净烘干后研磨至粉末状，每种药材粉末单独放置待用；

(2) 将步骤 (1) 中的药材粉末先后分别置于蒸馏反应釜中，向所述蒸馏反应釜内通入高温水蒸气，使所述蒸馏反应釜内的温度上升，进行蒸馏，收集蒸馏产物，分别制成龙脑提取液、薰衣草提取液、柠檬草提取液、艾叶提取液、三叶青提取液、紫苏叶提取液、天竺葵提取液、樱花提取液、土茯苓提取液、千根草提取液、龙须草提取液；

(3) 将步骤 (2) 中的所有提取液同时加入混合罐中，搅拌0.5～1h，温度控制在30～40℃，而后过滤备用；

(4) 将水加热至50～55℃，加入乙二胺四乙酸二钠、丙三醇、2,6-二叔丁基对甲酚，加热至70～75℃，边加热边搅拌；

(5) 在步骤 (4) 得到的液体中加入广藿香油和薄荷脑，温度控制在50～55℃；

(6) 将步骤 (3) 混合过滤后得到的液体加入步骤 (5) 混合后得到的液体中，混合搅拌

0.3～0.5h；

（7）静置冷却至室温，制成龙脑驱蚊液。

产品特性 本品的龙脑驱蚊液其成分为纯植物药物，组方科学合理，避免了化学添加剂对人体的毒副作用，特别适用于婴幼儿、老人及身体虚弱的人群，本品的原料易获取，气味清新，驱蚊效果好，且能够杀菌止痒。

配方 15 驱蚊花露水

原料配比

原料	配比(质量份)			
	1#	2#	3#	4#
香茅草提取液	15	16	18	24
甘油	7	8	8	8.5
氯化钠	0.5	0.6	0.65	0.7
乙醇	10	11	13	14
去离子水	加至 100	加至 100	加至 100	加至 100

制备方法

（1）将水、乙醇和氯化钠加入反应釜，搅拌，得混合物 A；搅拌时间为 5～8min。

（2）在混合物 A 中加入甘油，搅拌，得混合物 B；搅拌速度为 12000～15000r/ min。

（3）在混合物 B 中加入香茅草提取物，搅拌，静置，消泡得驱蚊花露水。消泡采用超声波振动消泡。

原料介绍

所述香茅草提取液的提取方法包括以下步骤：

（1）选取新鲜的香茅草叶片，洗净并剪段为 1～3cm，用组织粉碎机粉碎，转速为 1500～1800r/min，粉碎时间为 20～25s，得香茅草浆液；

（2）向香茅草浆液中加去离子水至 1000mL，在 50～60℃，1～1.2kPa 压力下水解 1～3h，水蒸气减压蒸馏，收集蒸馏液后，再次减压蒸馏，收集蒸馏液，备用。水蒸气减压蒸馏 15～10min，压力为 0.7～0.8kPa。

产品特性 本品利用香茅草的提取液为原料制备驱蚊花露水，不但延长了驱蚊的时间，还保证原料绿色天然，不会对人体有任何刺激性作用，由于香茅草具有柠檬的香味，减少香精的添加，尤其适合儿童使用，另外，香茅草具有淡瘢痕的效果，避免蚊虫叮咬在身体上留下瘢痕，尤其适合皮肤恢复能力较弱的人群。本品制备的驱蚊花露水不仅驱蚊时效长，还具有淡化瘢痕的效果，香味也受宝宝喜欢。

配方 16 儿童用驱蚊剂

原料配比

原料	配比(质量份)			
	1#	2#	3#	4#
柠檬醛	3	6	9	11
柠檬桉油	4	8	8	11

续表

原料		配比(质量份)			
		1#	2#	3#	4#
乳化剂	AEO-9	11	—	—	—
	OP-10	—	18	—	—
	TX-10	—	—	14	—
	NP-10	—	—	—	11
乙醇		12	15	18	20
羧甲基纤维素钠		2	6	2	1
去离子水		68	48	49	46

制备方法　将柠檬醛、柠檬桉油、乙醇混合；加入羧甲基纤维素钠、水、乳化剂，搅拌混合均匀即可。

产品特性

（1）本品以天然植物提取的柠檬醛作为主要有效成分，其配方简单成本低，驱蚊效果显著，稳定性好，涂抹于人体后清爽不黏腻，还有柠檬香味，孕妇及婴幼儿等特殊群体均可安全使用。

（2）本品采用纯天然植物精油与无毒副作用化学产品科学配制，无任何添加剂，能够有效驱虫长达10h左右，产品为无色透明液体，有柠檬香味，对皮肤无刺激，同时不会危害人体健康，适合外出携带使用，制作方法简单，原材料易取等优点。

配方 17　儿童用驱蚊精油

原料配比

原料	配比(质量份)		
	1#	2#	3#
柠檬草油	10	15	12
柠檬桉叶	10	15	12
香茅油	5	10	8
薰衣草油	5	10	8
香兰素	5	10	8
天竺葵油	5	10	8
二邻氨基苯甲酸	5	10	8
异壬酯	5	10	8
二氢茉莉酮酸甲酯	5	7	6
橘子油	5	10	8
己基肉桂醛	5	7	6
广藿香油	5	7	6
严兰草油	5	7	6
柠檬油	5	7	6
薄荷	5	7	6
二聚丙二醇	10	20	15

制备方法

（1）分别称取柠檬草油、柠檬桉叶油、香茅油、薰衣草油、香兰素和天竺葵油，将各组分混合到一起，得到混合物Ⅰ；将各组分混合到一起后，在50～55℃条件下加热使各组分充分溶解。

（2）分别称取二邻氨基苯甲酸、异壬酯、二氢茉莉酮酸甲酯、橘子油、己基肉桂醛、广藿香油、严兰草油、柠檬油、薄荷油和二聚丙二醇，将各组分混合到一起，得到混合物Ⅱ；

（3）将步骤（1）得到的混合物Ⅰ和步骤（2）得到的混合物Ⅱ混合到一起，之后过滤，得到驱蚊精油。混合时，在50～55℃条件下搅拌，使各组分混匀。

产品特性

（1）本品采用纯植物精油作为驱蚊精油的配方，无毒无害，使用方法简便，效果更持久。气味芬芳，为大众可接受的天然植物香气，符合自然生态环境。适用于老年人、年轻人、特殊者如孕妇及婴幼儿。

（2）配方中不含有酒精，对皮肤无刺激，适用人群范围广，尤其适用儿童、孕妇、免疫力低下以及酒精敏感人群。

（3）本品所述的驱蚊精油，气味怡人，除了驱虫的功能外，还具有提神醒脑、净化空气等功能，是一种多功能的驱蚊精油。

配方18 儿童用驱蚊液（1）

原料配比

原料	配比(质量份)	
	1#	2#
乙醇	40	50
冬青油	18	15
柠檬桉油	18	20
艾叶油	15	12
大蒜汁	8	10
臭茶藓	10	5
闹洋花	8	10
狼毒	12	6

制备方法　将冬青油、柠檬桉油、艾叶油、大蒜汁、臭茶藓、闹洋花、狼毒粉碎后加入乙醇中搅拌均匀，静置一天后过滤装罐即得。

产品特性　本品以植物提取物为原料经科学精制而成，对人体没有毒副作用及刺激作用，户外驱避蚊虫叮咬有效时间长，效果特别明显，自然芳香，安全、卫生，尤其是对儿童、老年人使用安全性好。

配方19 儿童用驱蚊液（2）

原料配比

原料	配比(质量份)		
	1#	2#	3#
夜来香	22	20	25
薄荷叶	13	15	10
野菊花	6	5	8

续表

原料	配比(质量份)		
	1#	2#	3#
金银花	12	15	10
艾叶	13	10	15
夏枯草	13	15	10
石蒜	17	15	20
薄荷脑	4	5	2

制备方法　将各组分原料混合均匀即可。

产品特性　本品组方科学合理，采用纯天然植物制成，避免了化学添加剂对人体的毒副作用，特别适用于婴幼儿、老人及身体虚弱的人群，本品的原料均为常见植物，价格便宜，驱蚊效果好，易为广大群众接受。

配方 20　儿童用驱蚊霜

原料配比

原料		配比(质量份)		
		1#	2#	3#
水相	EDTA 二钠	1	1	1
	卡波 U-20	7	8	9
	去离子水	934.6	934.6	934.6
油相	PMD	38	40	42
	P0918C	1	1	1
	薄荷油	0.5	0.8	1
	P0918B	18	20	22
	尼泊金甲酯	2	2.2	2.5
	尼泊金丙酯	0.4	0.4	0.4
	丙二醇	28	30	33
SEP305		4	5	6
三乙醇胺		5	7	7

制备方法

(1) 水相物质混合：采用搅拌机对 EDTA 二钠、卡波 U-20、去离子水混合均匀形成混合物 A，备用。

(2) 油相物质溶解混合：将 PMD、P0918C、薄荷油、P0918B、尼泊金甲酯、尼泊金丙酯、丙二醇放置在反应釜内混合溶解、并搅拌均匀形成混合物 B。

(3) SEP305 添加：将 SEP305 添加在存放混合物 B 的油相内，在加入的过程中进行搅拌处理形成混合物 C。

(4) 混合均质：将制备的混合物 A 缓慢加入混合物 C 中，并在加入的过程中进行搅拌、均质处理形成混合物 D；均质时间为 20min。

(5) 搅拌增稠：将三乙醇胺添加在混合物 D 中，搅拌均匀增稠处理形成混合物 E；形成的混合物 E 的黏度为 8000Pa•s。形成的混合物 E 的 pH 值为 7。

(6) 过滤：对增稠后的混合物 E 过滤，完成驱蚊霜的制备，并包装存放。

产品特性　本品驱蚊效果显著，驱蚊霜配方中添加了卡波 U-20 可以减少刺激性物质对人类皮肤和皮肤黏膜的刺激及伤害，具有抗紫外线功效，使驱蚊霜能够适合过敏性皮肤人员及婴幼儿的使用，夏季驱蚊的同时伴随较强的紫外线照射，涂抹在人体皮肤表层后，能够增强人类皮肤对紫外线的抵抗能力，并具有消炎杀菌的作用，有利于人体皮肤保护，有效保护时间增长，各成分相协同作用，使得本驱蚊霜具有显著驱蚊和护肤效果，本配方驱蚊霜有效保护时间高达 11h，驱蚊效果最为显著。

配方 21　杀菌消毒驱蚊液

原料配比

原料		配比(质量份)			
		1#	2#	3#	4#
护肤剂	甘油	5	—	8	2
	甲基硅油	—	5	—	—
	霍霍巴酯	5	—	—	—
	可可油	—	—	—	3
	角鲨烷	—	—	2	—
	橄榄油	—	5	—	—
驱蚊剂	薄荷油	—	8	5	—
	樟脑油	—	2	—	—
	驱蚊胺	5	—	—	—
	伊默宁	—	—	—	10
	桉叶油	—	—	10	—
有机抗菌剂	尼泊金酯	—	0.1	—	—
	PHMB	0.25	—	—	—
	PHMG	—	—	0.1	—
	杰马 BP	—	—	—	0.05
	苯扎溴铵	—	—	0.4	—
	甲基异噻唑啉酮	—	—	—	0.05
无机抗菌剂	纳米氧化钛	—	0.9	0.2	—
	纳米银	0.25	—	—	1
柔软稳定剂	斯盘 20	—	—	2	
	吐温 20	2	—	—	—
	吐温 40	—	—	3	—
	十二烷基三甲基氯化铵	—	1	—	—
	十二烷基硫酸钠	—	—	—	2
芳香剂	茶树精油	0.05	—	—	—
	玫瑰精油	—	0.01	—	—
	薰衣草精油	—	—	0.1	—
	迷迭香油	—	—	—	0.2
	天竺葵油	—	—	—	0.8
溶剂 A	无水乙醇	20	—	—	25
	1,3-丁二醇	—	20	—	—
	丙二醇	—	—	30	—
	去离子水	—	—	—	25
溶剂 B	去离子水	30	20	20	30
	无水乙醇	—	20	—	—
	己二醇	—	—	10	—

制备方法

（1）配制 A 液：在反应釜中加入溶剂 A，再依次加入护肤剂和驱蚊剂，搅拌使护肤剂和驱蚊剂溶解于溶剂 A 中；

（2）配制 B 液：在反应釜中加入溶剂 B，再加入无机抗菌剂和有机抗菌剂，搅拌使有机抗菌剂溶解于溶剂 B 中以及无机抗菌剂分散于溶剂 B 中，所述溶剂 A 与溶剂 B 互溶；

（3）杀菌消毒驱蚊液配制：继续搅拌 B 液，并缓慢添加柔软稳定剂，继续搅拌 10～40min 后提升转速，缓慢滴加 A 液，控制温度 60℃以下，滴加完成之后，添加芳香剂，并继续搅拌直至反应完全。

原料介绍　所述无机抗菌剂为双乳包芯纳米抗菌粒子，即在纳米级无机抗菌剂外包裹有双乳层的纳米粒子，所述无机抗菌剂在步骤（2）之前进行预处理，具体处理工艺为：将 PLGA 溶于低沸点有机溶剂中并超声振荡制得浓度为 10～50mg/mL 的 PLGA 溶液，取研磨至纳米级的无机抗菌剂加入 PLGA 溶液中，搅拌以使 PLGA 溶液充分包裹无机抗菌剂形成初乳液；往初乳液中再加入 10～50mg/mL 的失水山梨醇脂肪酸酯溶液，先超声振荡再用磁力搅拌器在溶剂沸点以上温度下轻柔搅拌，获得无机抗菌乳液；最后对无机抗菌乳液进行喷雾干燥，制成纳米粒子。

产品特性　本品兼具驱蚊、抑菌、芳香、护肤特点，产品安全性高，婴幼儿适用，可有效满足日常需求，可适用于直接涂抹在人体皮肤上驱蚊，也可添加在插电式电热驱蚊器内驱蚊，也可用于浸泡木质炭用于制备成蚊香驱蚊等。

配方 22　驱蚊止痒抑菌的植物精油喷雾

原料配比

原料	配比（质量份）		
	1#	2#	3#
水	98	96	97.014
丁二醇	1.5	3	2
柠檬香茅叶油	0.03	0.1	0.062
薰衣草油	0.3	0.1	0.244
香叶天竺葵花油	0.05	0.25	0.174
柠檬桉油	0.2	0.8	0.506

制备方法

（1）将增溶剂丁二醇和复合植物抑菌精油混合均匀，得到 A 相；

（2）将水加热后降温，得到 B 相，加热至 80℃以上，然后降温至 40～45℃。

（3）向 B 相中加入 A 相，搅拌使溶解均匀，即得。所述搅拌的速度为 20～30r/min。

原料介绍　所述复合植物抑菌精油包括柠檬香茅叶油、薰衣草油、香叶天竺葵花油以及柠檬桉油。

产品应用　本品主要用于婴幼儿及孕产妇的驱蚊止痒抑菌的植物精油喷雾。

产品特性　本品为纯天然植物成分，无致敏致炎风险，适合包括婴幼儿和孕妇在内的所有人群使用，具有极高的皮肤使用安全性，本品有效驱蚊的同时，还可显著改善蚊虫叮咬后的皮肤瘙痒，同时抑菌抗炎，有效预防伤口感染。

配方 23　山茶油精华驱蚊喷雾

原料配比

原料	配比（质量份）		
	1#	2#	3#
有机山茶油	50	40	55

续表

原料	配比(质量份)		
	1#	2#	3#
薰衣草精油	5	10	5
雪松精油	5	5	5
香茅精油	5	5	5
丁香精油	5	5	5
蓝桉叶油	5	5	5
欧薄荷精油	5	10	5
伊兰精油	5	10	5
天竺葵精油	5	5	5
藿香精油	10	5	5
去离子水	适量	适量	适量
PEG-400	适量	适量	适量
防腐剂	适量	适量	适量

制备方法

（1）将有机山茶油、薰衣草精油、雪松精油、香茅精油、丁香精油、蓝桉叶油、欧薄荷精油、伊兰精油、天竺葵精油、藿香精油按比例调和成复合精油备用；

（2）将调制好的复合精油、PEG-400、去离子水按照 1∶1∶5 的比例混合调配好，加入适合儿童、孕妇使用的防腐剂，装入喷雾瓶中即可使用。

产品特性　该驱蚊喷雾所用材料的气味自然清新，会挥发产生持久气味，驱赶蚊子，特别是山茶油，其特殊的气味和其中含有的有效成分能长时间驱赶蚊虫，同时用纯露和精油相互调和，易于挥发，容易均匀涂抹在皮肤上，超细油分子快速吸收不油腻，这些天然提取物除了能驱赶蚊虫，还可以缓解皮肤不适，保水保湿，滋润皮肤，其中几种原料挥发的气味会对身体有着一定的制静作用，有助睡眠，特别适合孕妇及婴幼儿，一次喷涂，有效驱蚊时间可长达 4～5h。

配方 24　适于儿童的驱蚊组合物

原料配比

原料		配比(质量份)		
		1#	2#	3#
流体特性调节剂	水	86.05	88.47	92.19
	卡波姆	0.08	0.1	0.12
	甲基丙二醇	3.05	5	6
驱蚊剂	乳化剂	0.41	0.5	0.79
	苦油树籽油	0.1	0.15	0.2
	孟二醇	1.6	2	2.3
	对羟基苯乙酮	0.3	0.6	0.7
	1,2-己二醇	0.3	0.5	0.9
抗菌消炎舒缓剂		0.4	0.5	0.9
生物糖胶-1		1.5	2	2.5
生育酚		0.07	0.1	0.115
pH 调节剂	氨丁三醇	0.06	0.07	0.08
乳化剂	山梨坦橄榄油酸酯	1	1	1
	鲸蜡硬脂基葡糖苷	1	1	1
抗菌消炎舒缓剂	水	35	35	35
	丙二醇	60	60	60
	甘草根提取物	1	1	1

续表

原料		配比(质量份)		
		1#	2#	3#
抗菌消炎舒缓剂	龙胆根提取物	1	1	1
	苦参根提取物	1	1	1
	蛇床果提取物	1	1	1
	青蒿提取物	1	1	1

制备方法

(1) 将流体特性调节剂、第一驱蚊剂物料分别搅拌均匀并加热至80～85℃后，将流体特性调节剂物料与第一驱蚊剂物料混合，均质乳化5min，搅拌保湿20min，进行冷却降温；

(2) 待降温至60℃，加入抗菌消炎舒缓剂物料，搅拌均匀；

(3) 继续降温至40℃以下，加入pH调节剂物料，缓慢搅拌至均匀，得驱蚊喷雾组合物；

(4) 取料检验，合格后过滤出料；

(5) 静置：出料后将料体静置12h；

(6) 化验：出料12h后，取样化验；

(7) 灌装、喷码：经检验合格后，灌装、喷码；

(8) 成品：经检验合格的产品放置合格证后，封箱，入库。

产品特性　本品利用多种具有驱蚊效果的植物萃取物以协同达到驱蚊效果，具有安全、无毒的特点，对人体皮肤友好，适用于儿童。本品在多个层面上实现蚊虫防治，包括驱蚊、蚊虫叮咬舒缓等。同时，本品结合多种化合物的配合，即能延缓有效成分的水解，又能促进不同驱蚊成分之间的协同作用，提高整体驱蚊组合物的稳定性、时效持久性。使得驱蚊组合物得以有效防治蚊虫，并长期使用。

配方 25　微乳化驱蚊剂

原料配比

原料	配比(质量份)				
	1#	2#	3#	4#	5#
胺菊酯	1	2	4	4	5
丙烯菊酯	2	3	3	5	6
胡椒基丁醚	3	5	6	6	7
水杨酸	1	4	3	2	6
乙酸乙酯	2	3	5	4	7
过氧乙酸	3	4	7	7	8
邻苯二甲酸二甲酯	2	3	3	3	5
香茅醛	1	2	2	2	6
香茅油	2	3	4	5	7
肉桂油	3	5	5	4	8
山苍子油	1	2	2	3	6
松油	3	4	4	5	6
松针油	2	6	7	6	8
香根油	1	3	3	2	6
乙醇	5	7	9	7	12
乳化剂	6	8	8	8	10
助乳化剂	1	2	2	2	4

续表

原料		配比(质量份)				
		1#	2#	3#	4#	5#
防冻剂	乙二醇	1	—	—	3	—
	丙二醇	—	4	—	—	—
	丙三醇	—	—	3	—	5
消泡剂	癸酸	2	—	—	4	—
	C_8 脂肪醇	—	3	—	—	—
	硅油	—	—	4	—	6
水		6	8	10	13	15
乳化剂	磷脂	1	1	1	1	4
	吐温-80	1	1	1	1	4
	普朗尼克 F-68	2	2	2	2	2
助乳化剂	甘油	1	1	1	1	1
	山梨醇	1	1	1	1	1

制备方法

(1) 将胺菊酯、丙烯菊酯、胡椒基丁醚、水杨酸、乙酸乙酯、过氧乙酸、邻苯二甲酸二甲酯、防冻剂和消泡剂加至水中，搅拌均匀，得到混合液Ⅰ；

(2) 将香茅醛、香茅油、肉桂油、山苍子油、松油、松针油、香根油、乳化剂和助乳化剂加至乙醇中，搅拌均匀，得到混合液Ⅱ；

(3) 将步骤 (1) 所得混合液Ⅰ加至步骤 (2) 所得混合液Ⅱ中，边加边搅拌，即得。搅拌过程在 40～50℃条件下进行，搅拌时间为 30～40min。

产品特性　本品驱蚊效果好、持续时间长，毒性低，适合于家庭使用，特别是适合孕妇和儿童使用。

配方 26　无醇型驱蚊止痒喷雾

原料配比

原料	配比(质量份)		
	1#	2#	3#
柠檬草精油	1	0.5	2
艾叶精油	1	0.5	1.5
菖蒲油	0.8	0.5	0.8
冬青油	1	0.5	2
冰片	0.5	1	1
薄荷脑	0.3	0.5	0.5
二丙二醇	4	4	4
β-环糊精	3	5	5
甘草提取物	0.5	2	0.5
丁二醇	3	3	3
防腐剂苯氧乙醇	0.5	0.5	0.5
去离子水	84.4	82	79.2

制备方法

(1) 称取二丙二醇，加入冰片、薄荷脑加热溶解，再称取环糊精或环糊精衍生物，加入柠檬草精油、艾叶精油、菖蒲油、冬青油搅拌均匀得溶液 A；

(2) 称取去离子水、丁二醇、甘草提取物加热至 80℃保温 0.5h 灭菌，冷却至 45℃左右搅拌下加入溶液 A；

（3）称取并加入防腐剂，混合均匀，即得。

产品特性

（1）本品具有驱蚊止痒作用，不含避蚊胺，降低其对人体的毒性，不含对人体具有刺激性的乙醇。

（2）本品在满足驱蚊要求下，作用温和，无毒副作用，使用更安全无刺激，无副作用，避免了乙醇对皮肤的伤害，尤其适合儿童、妇女、对乙醇过敏者。

配方 27 无刺激性驱蚊保湿香氛喷雾剂

原料配比

原料	配比(质量份)	
	1#	2#
驱蚊酯	6	4
透明质酸	1	0.5
海藻糖	3	2
茉莉纯露	10	5
洋甘菊纯露	10	10
薄荷纯露	20	20
薰衣草纯露	5	10
金银花纯露	5	5
檀香纯露	3	3
去离子水	加至 100	加至 100

制备方法　将透明酸质、海藻糖、植物纯露加入去离子水中，搅拌下溶解，然后再加入驱蚊酯，搅拌 2～6h 后，得到成品；将得到的成品装入喷雾瓶中。

原料介绍　所述的植物纯露为薄荷纯露、洋甘菊纯露、茉莉纯露、金银花纯露、薰衣草纯露和檀香纯露中的一种或多种。

产品特性

（1）本品安全性高、可燃性低，更适用于婴儿童、孕妇等人群，同时所用的植物纯露可具有香味、安神、降温、抑菌等多重功效。

（2）本品使用时因不含刺激性成分，可直接喷洒在人体皮肤和衣物上，天然植物喷雾散发出自然清香味道，除具有驱蚊效果外，还具有保湿、安神、降温等功效。

（3）所述的植物纯露中的薄荷纯露的气味令人振奋与清新、具有清凉解毒、提神醒脑的特性，且具有一定的降温功效；金银花纯露具有清热、消暑、解毒等功效；薰衣草和檀香纯露均具有安神的特效，采用多种植物纯露复配的方式可使该驱蚊剂具有安神、降温、调节气味等多种功效。

配方 28 消炎抗菌的纯植物驱蚊液

原料配比

原料	配比(质量份)			
	1#	2#	3#	4#
梧桐树皮	5	8	6	6
万寿菊	6	7	8	8
紫叶红花驱蚊草	6	7	9	9

续表

原料	配比(质量份)			
	1#	2#	3#	4#
苦瓜汁	1	2	3	3
石蒜	2	4	3	3
陈皮	6	9	7	7
青蒿油	4	6	8	8
冰片	6	7	8	8
薄荷	15	18	20	20
佩兰	—	—	—	2

制备方法　把梧桐树皮研磨成100目以上的粉末，将万寿菊、紫叶红花驱蚊草、石蒜、陈皮、薄荷加水熬煮2～3h，滤渣，然后与苦瓜汁、青蒿油、冰片、梧桐树皮粉末充分混合在一起，即得消炎抗菌的纯植物驱蚊液。

产品特性　本品是纯植物制作，不添加任何化学成分，婴幼儿和老人都适用。不仅能驱蚊，还能消炎抗菌。

配方29　岩兰草洋甘菊儿童用驱蚊精油香水

原料配比

原料	配比(质量份)	
	1#	2#
岩兰草精油	10.0	12
洋甘菊精油	5.0	3
薄荷精油	3.0	5
西洋草精油	5.0	3
95%优级糯米食用酒精	65.0	67
去离子水	12.0	10

制备方法

（1）酒精陈化：取配方比例总量94.0%的糯米酒精，放入岩兰草、洋甘菊、薄荷、西洋草精油各1.0%，用不锈钢搅拌机搅拌15～30min，倒入不锈钢或深茶色玻璃容器中，在15℃下密封放置1个月；

（2）香料混合及陈化：将余下岩兰草、洋甘菊、薄荷、西洋草精油混合后，加入配方比例总量6.0%的糯米酒精，用不锈钢搅拌机搅拌15～30min，倒入不锈钢或深茶色玻璃容器中，在15℃下密封陈化1个月；

（3）混合：将陈化后的酒精、陈化后的混合香料和去离子水按比例混合，用不锈钢搅拌机搅拌15～30min，倒入不锈钢或深茶色玻璃容器中，在15℃下密封陈化，在陈化期中混合香味渐渐由粗糙转为细腻柔和，陈化时间1个月；

（4）冷却：把混合液置于－5℃冷冻，把香料中不溶的蜡质沉淀出来；

（5）调色：根据市场需要用油性液体食用级色素调制出香水颜色；

（6）装瓶：将成品香水装入定制的玻璃香水瓶中，留出瓶容积的10%～15%空隙，防止受膨胀而破瓶。

产品特性　本品中岩兰草挥发度低，具有浓郁的柠檬味和独特的辛香气味，岩兰草含有安息香酸、岩兰草醇、糖醛、岩兰草酮、岩兰草烟等，具有较强的驱蚊蝇效果，洋甘菊挥发度中，类似苹果的水果气，具有良好的抗过敏和消炎效果；本品采用岩兰草为主体的复合香，低挥发度的岩兰草本身组成本香水的定香剂，驱蚊和缓解皮肤叮咬瘙痒的同时防止儿童娇嫩皮肤过敏，无毒不刺激皮肤，可多次喷涂连续防蚊，经 18～24h 后，香水在闻香纸上的留香时间随气温变化为 5～7 天。

配方 30 婴儿驱蚊液

原料配比

原料	配比(质量份)			
	1#	2#	3#	4#
桉树精油	0.5	1.5	0.8	1
樟树精油	1.5	0.5	0.8	0.5
野菊花提取物	1	1.5	1	1.5
促溶剂 PEG-40 氢化蓖麻油	5	2	5	4
甘油	3	7	6	7
水	加至 100	加至 100	加至 100	加至 100

制备方法　按配方量称取各成分，搅拌状态下溶于水中，分散均匀即可。

原料介绍　所述野菊花提取物的制备方法为：将野菊花按 1∶(10～15) 的料液比置于 60～70℃水中提取 2～3 次后，合并滤液，浓缩干燥即得。

产品特性　本品采用天然植物提取成分作为驱蚊活性成分，安全有效，同时不含酒精等刺激性成分，非常适合婴幼儿使用。

配方 31 婴儿用植物驱蚊喷雾

原料配比

<table>
<tr><td colspan="3" rowspan="2">原料</td><td colspan="3">配比(质量份)</td></tr>
<tr><td>1#</td><td>2#</td><td>3#</td></tr>
<tr><td rowspan="8">第一混合组分</td><td colspan="2">花生醇葡糖苷</td><td>0.01</td><td>0.3</td><td>0.5</td></tr>
<tr><td colspan="2">山嵛醇</td><td>0.01</td><td>0.3</td><td>0.5</td></tr>
<tr><td colspan="2">花生醇</td><td>0.01</td><td>0.3</td><td>0.5</td></tr>
<tr><td colspan="2">亚香茅油</td><td>0.1</td><td>0.5</td><td>1.0</td></tr>
<tr><td colspan="2">蔺花香茅油</td><td>2.0</td><td>6.0</td><td>10.0</td></tr>
<tr><td colspan="2">雪松木油</td><td>0.1</td><td>0.1</td><td>1.0</td></tr>
<tr><td colspan="2">蓝桉叶油</td><td>0.1</td><td>0.1</td><td>1.0</td></tr>
<tr><td colspan="2">水</td><td>96.25</td><td>87.30</td><td>76.70</td></tr>
<tr><td rowspan="5">第二混合组分</td><td colspan="2">EDT A 二钠</td><td>0.01</td><td>0.05</td><td>0.1</td></tr>
<tr><td rowspan="4">保湿剂</td><td>黄原胶</td><td>0.01</td><td>0.05</td><td>0.1</td></tr>
<tr><td>羟基异亮氨酸</td><td>0.1</td><td>0.5</td><td>0.8</td></tr>
<tr><td>1,2-己二醇</td><td>0.1</td><td>0.5</td><td>0.8</td></tr>
<tr><td>卵磷脂</td><td>0.1</td><td>0.5</td><td>1.0</td></tr>
<tr><td colspan="3">丙烯酸(酯)类共聚物</td><td>1.0</td><td>3.0</td><td>5.0</td></tr>
<tr><td colspan="3">精氨酸</td><td>0.1</td><td>0.5</td><td>1.0</td></tr>
</table>

制备方法

(1) 第一混合组分的制备：分别称取第一混合组分的各原料，混合，加热至 70～75℃，混匀；

(2) 第二混合组分的制备：分别称取第二混合组分的各原料，混合，加热至 75～80℃，混匀；

（3）婴儿用植物驱蚊喷雾的制备：将步骤（1）制备得到的第一混合组分抽入步骤（2）制备得到的第二混合组分内，混匀、均质、冷却；冷却至38～45℃，然后加入丙烯酸（酯）类共聚物和水的分散溶液，均质；再加入水和精氨酸的分散溶液，再均质；冷却至30～35℃，出料即可。

产品特性

（1）本品通过亚香茅油、蔺花香茅油、雪松木油和蓝桉叶油特定比例的复配，驱蚊效果得到增强，同时产品性质温和，天然环保，对婴儿安全无刺激；

（2）在驱蚊的同时通过保湿剂和其他添加剂的复配，保持婴儿皮肤的柔嫩，无刺激，还能消除夏天常见汗水侵蚀人体时不适感，提高舒适感。

配方 32 婴幼儿适用的驱蚊止痒组合物

原料配比

原料		配比(质量份)		
		1#	2#	3#
驱蚊止痒组合物	薄荷醇	1.0	2.0	1.5
	佛手瓜多酚	3.5	5.0	2.5
	莲子草提取物	5.0	3.2	3.0
	春榆根提取物	2.5	4.0	3.0
	尾穗苋籽提取物	5.0	3.5	2.0
	朱槿花提取物	1.5	2.0	3.0
	库拉索芦荟叶提取物	5.0	6.0	8.0
增溶剂	吐温-80	3.0	1.5	2.0
助溶剂	聚乙二醇600双油酸酯	1.0	1.2	2.0
	甘油	0.5	0.8	1.0
防腐剂	苯氧乙醇	0.02	0.02	0.02
去离子水		加至100	加至100	加至100

制备方法　将各原料混合，搅拌均匀，脱气、冷却、过滤即得。

原料介绍　所述的朱槿花提取物制备方法为：取新鲜朱槿花，洗净，加入朱槿花质量3倍量的65%的正丁醇溶液，60℃提取三次，每次30min，合并提取液，往合并后的提取液中加入2倍量的35%的正丁醇溶液60℃提取三次，每次30min，合并提取液，抽滤，浓缩，即得。

产品特性　本品具有显著的止痒、消疱和驱蚊的功效，且不含酒精、薄荷醇含量少，对皮肤刺激性小，且体系稳定，特别适合婴幼儿使用。

配方 33 婴幼儿用草本驱蚊粉

原料配比

原料	配比(质量份)
薄荷叶	2～8
草木犀	3～10
洋甘菊	1～7
紫茉莉	3～9
香樟木	4～9
香茅草	2～11
薰衣草	3～9

续表

原料	配比(质量份)
天竺葵	2～8
夜来香	4～12
番茄枝叶	5～8
冬青	2～7

制备方法

（1）按配比分别取薄荷叶、草木犀、洋甘菊、紫茉莉、香樟木、香茅草、薰衣草、天竺葵、夜来香、番茄枝叶和冬青，取出后洗净；

（2）将上述各个原料处于40℃的温度条件下进行超微粉碎处理50min，得到上述各原料的固液混合物；采用的超微粉碎工艺为干法研磨或气流式粉碎；

（3）将上述各个原料的固液混合物进行混合，在温度为60～65℃条件下搅拌30min，充分混合后形成混合物；

（4）将步骤（3）得到的混合物通过蒸馏脱水后，制得驱蚊粉。

产品特性　本品采用多种天然植物相结合方式，其使用后具有长效驱蚊的效果，保证使用后长时间对蚊子的驱赶；另外采用天然草本植物，对婴幼儿的健康无任何影响。

配方 34　婴幼儿用驱蚊露

原料配比

原料	配比(质量份)				
	1#	2#	3#	4#	5#
孟二醇	5	5	5	6	7
双丙甘醇	30	35	35	35	40
1,3-丙二醇	30	30	35	35	40
PEG-40氢化蓖麻油	3	3	3	3	3
去离子水	30	27	22	21	10

制备方法　先将孟二醇、双丙甘醇、1,3-丙二醇、PEG-40氢化蓖麻油混合加热至60～70℃后搅拌均匀，再加入去离子水，降至常温并搅拌均匀即可。

产品特性　本品选用孟二醇（对薄荷基-3,8-二醇）作为主要功效成分，孟二醇是由植物提取、提纯而得，具有较好驱蚊效果，并且可作为清凉剂使用，具有清凉止痒的功能。本品生产简单方便，具有不刺激婴儿肌肤、安全性高、驱蚊效果好的特点。

配方 35　用于婴幼儿喷涂的天然驱蚊水

原料配比

原料	配比(质量份)			
	1#	2#	3#	4#
山鸡椒精油	15	32	25	15
薰衣草精油	8	10	9	10
香蜂草精油	10	15	12	10
番茄叶提取物	12	18	15	18
定香剂	5	13	8	5

续表

原料	配比(质量份)			
	1#	2#	3#	4#
羟乙基纤维素	2	4	3	4
75%的医用乙醇	15	25	20	15
去离子水	36	50	45	50

制备方法　将各组分原料混合均匀即可。

原料介绍

所述山鸡椒精油为采用蒸汽蒸馏法萃取自山鸡椒的果实所得。

所述定香剂为柠檬草油在 80℃条件下，经无水氯化锌催化，回流反应 4h 后，过滤去除固体物制得。

所述番茄叶提取物为使用索氏提取法提取制备的。

产品特性　该驱蚊水采用天然植物提取物为有效成分，在驱蚊的同时安全不刺激，很适合婴幼儿使用。同时，该驱蚊水使用新制备的定香剂可以有效地延长驱蚊效果，在喷涂使用后可以在较长的时间内仍维持较强的驱蚊效果。本品中使用的定香剂也是使用天然精油制得，同样安全温和无刺激，不会伤害婴幼儿的皮肤。

参考文献

CN 201810159048.5
CN 201610927902.9
CN 201810617460.7
CN 202210985201.6
CN 201510890441.8
CN 201811235579.4
CN 201610445552.2
CN 201610089219.2
CN 202010099566.X
CN 201610861625.6
CN 201310151000.7
CN 202011306012.9
CN 202311198431.9
CN 201811324968.4
CN 202211106137.6
CN 201610680803.5
CN 202011151008.X
CN 201410802186.2
CN 201810592783.5
CN 201410237025.3
CN 201911309312.X
CN 201910134589.7
CN 202210906031.8
CN 201210420161.7
CN 201110371223.5
CN 201210200111.8
CN 201710266285.7
CN 20191064534.1
CN 202310387664.7
CN 201510537428.4
CN 201911423391.7
CN 201611215453.1
CN 201811180444.2
CN 201710311890.1
CN 201410808185.9
CN 201510266590.7
CN 202211562040.6
CN 201610771476.4
CN 201710767012.0
CN 201810566057.6
CN 201811369506.4
CN 201710933325.9
CN 201711120132.8
CN 202111349021.0
CN 201710421269.0
CN 201610292664.9
CN 202011386233.1
CN 201710241852.3
CN 201810017148.4
CN 201811532867.6
CN 201811254047.5
CN 201810126020.1
CN 201811560483.5
CN 202211047115.7
CN 202010405347.X
CN 202310066278.8
CN 202111331176.1
CN 201910214458.X
CN 201610818683.0
CN 202111410889.7
CN 202211011651.1
CN 201910018554.7
CN 201710421268.6
CN 201810698846.5
CN 201810992032.2
CN 201811639940.X
CN 201610467266.6
CN 201711432803.4
CN 201510714236.6
CN 201810497542.2
CN 202110648909.8
CN 201610451374.4
CN 201510677542.7
CN 201610875315.X
CN 202211051884.4
CN 202210794614.6
CN 201811324968.4
CN 202211106137.6
CN 201811197638.3
CN 201911202888.6
CN 201811197636.4
CN 201911309312.X
CN 201810901014.9
CN 201910134589.7
CN 201611065795.X
CN 201710805614.0
CN 201810911242.4
CN 201911132919.5
CN 201810948612.1
CN 202210906031.8
CN 201811335139.6
CN 201810309147.7
CN 201710642250.9
CN 201910793269.2
CN 202310792368.5
CN 201711273369.X
CN 201910552507.0
CN 201510079081.3
CN 201811236464.7
CN 202111298016.1
CN 201811434202.1
CN 201610024238.7
CN 202011237404.4
CN 202010027422.3
CN 202111410889.7
CN 201810291303.1
CN 201811325446.6
CN 201810698846.5
CN 201510224199.0
CN 201710050652.X
CN 201710990003.8
CN 201710001433.2
CN 202111364399.8
CN 201810992032.2
CN 201510215091.5
CN 201610768986.6
CN 201610411283.8
CN 201911199875.8
CN 201910166069.4
CN 201911179489.2
CN 201510215055.9
CN 201710289790.3
CN 202011237387.4
CN 201610156331.3
CN 201611053139.8
CN 201711050071.2
CN 201711498724.3
CN 202011270571.9
CN 202010814527.3
CN 201810509924.2
CN 201910754013.0
CN 201811331451.8
CN 201710320795.8
CN 201610422496.0
CN 201811544936.5
CN 201710015460.5
CN 201710582143.1
CN 201910708375.6
CN 201510917410.7
CN 202311314890.9
CN 201810497542.2
CN 201510401597.5
CN 201711043581.7
CN 201710924646.2
CN 201911309312.X
CN 202110686441.1
CN 202110335695.9
CN 202111349094.X
CN 201410038490.4
CN 201610219669.9
CN 201610596561.1
CN 201910539518.5
CN 202011068204.0
CN 202110621073.2
CN 202211047115.7
CN 202011212855.2
CN 202110734891.3
CN 201810984817.5
CN 201710289790.3
CN 201811422443.4
CN 201711436913.8
CN 202010190017.3
CN 202011187511.0
CN 201710515370.2
CN 201610693854.1
CN 201811297600.3
CN 202310949608.8
CN 201510651570.1
CN 201710189609.1
CN 202011212855.2
CN 201910165360.X
CN 202011237427.5
CN 201911205550.6
CN 201510788021.9
CN 201511017676.2
CN 201910254111.8
CN 201710369155.6
CN 202180011987.5
CN 202210862890.1
CN 202311139156.3
CN 201711466836.0
CN 202211195899.8
CN 202211203046.4
CN 202210862946.3
CN 202210864229.4
CN 202111622336.8
CN 201910472637.3
CN 201910043239.X
CN 202310051524.2
CN 201910842626.X
CN 202110767780.2
CN 201610024238.7
CN 201910969889.7
CN 201910584078.5
CN 202210872953.1
CN 201910820461.6
CN 202111511193.3
CN 202011022144.9
CN 202311119883.3
CN 202210234771.1
CN 201210348418.2
CN 201410370842.6
CN 201910041969.6
CN 201310171014.5
CN 201810585267.X
CN 201610612281.5
CN 201811092303.5
CN 201310080732.1
CN 201610816355.7
CN 201911239849.3
CN 201610063478.8
CN 201910046822.6

CN 201810585251.9
CN 202111466199.3
CN 201710631689.1
CN 201410236814.5
CN 201811196925.2
CN 201710870007.2
CN 201710267580.4
CN 201811197587.4
CN 201911239848.9
CN 201610976431.0
CN 201710629886.X
CN 201910124593.5
CN 201110371210.8
CN 201410080549.6
CN 201810001302.9
CN 202010735932.6
CN 201610647915.0
CN 201810811146.2
CN 201910769574.8
CN 201811648000.7
CN 201811235173.6
CN 201911239849.3
CN 201610063478.8
CN 201811444961.6
CN 201710546439.8
CN 201811116554.2
CN 201910460851.7
CN 201710546107.X
CN 201710379868.0
CN 202211623352.3
CN 201510845082.4
CN 201811434953.3
CN 201510860147.2
CN 201711470182.9
CN 201610778309.2
CN 201710545895.0
CN 201711442049.2
CN 201610502570.X
CN 201610592281.3
CN 201710545906.5
CN 201110371186.8
CN 201610976431.0
CN 201710629886.X
CN 201610408047.0
CN 202211476417.6
CN 201910460851.7
CN 201910829669.4
CN 202010707953.7
CN 201611066173.9
CN 201510845082.4
CN 201711333432.4
CN 201810243293.4
CN 201711121812.1
CN 202011237416.7
CN 201610716073.X
CN 202110080237.5
CN 201611030923.7
CN 202011500024.5
CN 201711043564.3
CN 202110107685.X
CN 202110107910.X
CN 202011500054.6
CN 201710590096.5
CN 202010877164.8
CN 202011075137.5
CN 201610536614.0
CN 202110648354.7
CN 201710746428.4
CN 201910460808.0
CN 201510232709.9
CN 202210366335.X
CN 201610550153.2
CN 202210863607.7
CN 201610766285.9
CN 201810880802.4
CN 201711153155.9
CN 202111083420.7
CN 200810232969.6
CN 201210203644.1
CN 201810768593.4
CN 201711234853.1
CN 201910432631.3
CN 201710864448.1
CN 201711028700.1
CN 201810566073.5
CN 202310195234.5
CN 201610890148.6
CN 202010255819.8
CN 201811093829.5
CN 201910755486.2
CN 201810679666.2
CN 201710171934.5
CN 202011017279.6
CN 201310249583.7
CN 201911262673.3
CN 202210992130.2
CN 201610680805.4
CN 201711484140.0
CN 201810512928.6
CN 201710098067.7
CN 202211576618.3
CN 201610717699.2
CN 201510081785.4
CN 201410579205.X
CN 201710705333.8
CN 202111578443.5
CN 201210426776.0
CN 201410376357.X
CN 201610679040.2
CN 201911062976.0
CN 201911401090.4
CN 201610473889.4
CN 201810899178.2
CN 201610639977.7
CN 201711437376.9
CN 201710421270.3
CN 201910708374.1
CN 202010714510.0
CN 201811315310.7
CN 201610961647.X
CN 201810992705.4
CN 201910078762.6
CN 201711416313.5
CN 201811210129.X
CN 201510723914.5
CN 202110028817.X
CN 201710714860.5
CN 201910679188.X
CN 201910460808.0
CN 201810231254.2
CN 201910124593.5
CN 201910484392.6
CN 202010841041.9
CN 201810383957.7
CN 202311682236.3
CN 202011245758.3
CN 201710335903.9
CN 201710015498.2
CN 201711037381.0
CN 201910962554.2
CN 201810849348.6
CN 201710919579.5
CN 201710365442.X
CN 202011128360.1
CN 201711164804.5
CN 201810082041.8
CN 202310520229.7
CN 201910793265.4
CN 201710805613.6
CN 201711437376.9
CN 201911088803.6
CN 201710421270.3
CN 201710821666.7
CN 201910708374.1
CN 201711047872.3
CN 201711047845.6
CN 201410016663.2
CN 201610765764.9
CN 201210489427.3
CN 201710918699.3
CN 201710940519.1
CN 201710939718.0
CN 201911409657.2
CN 201710944290.9
CN 201710917834.2
CN 201510005212.3
CN 201710944287.7
CN 201410180731.9
CN 202210340502.3
CN 201710919884.4
CN 201710919849.2
CN 201710919912.2
CN 202210258668.0
CN 201610176306.1
CN 202010169697.0
CN 201710760424.1
CN 201610463814.8
CN 202010554785.2
CN 201210308114.3
CN 201110064329.0
CN 202210826209.8
CN 201810728942.X
CN 202310965721.5
CN 201910496377.3
CN 202310081354.2
CN 202110797954.X
CN 202210861957.X
CN 201510541439.X
CN 201711164790.7
CN 201710227951.6
CN 201810678004.3
CN 202110751089.5
CN 201610776153.4
CN 201810575332.0
CN 201510811035.8
CN 201710336307.2
CN 201611077619.8
CN 201610647915.0
CN 202110705962.7
CN 201610679468.7
CN 201510169102.0
CN 201811175290.8
CN 202111104118.5
CN 201410514506.4
CN 201910476336.8
CN 201710786827.3
CN 201310600225.6
CN 201610376044.3
CN 201911331603.9
CN 202210262500.7
CN 202011372042.X
CN 201910788389.3
CN 202011627672.7
CN 201510125789.8
CN 202011486703.1
CN 201911000570.X
CN 201710634973.4
CN 201710401435.0
CN 201710759569.X
CN 201710328308.2
CN 201910789137.2
CN 201710450702.3
CN 201610263803.5
CN 201610842015.1
CN 201510891437.3
CN 201711089085.5
CN 201811098531.3
CN 202011044960.X
CN 201410549253.4
CN 201510984463.0
CN 202310763652.X
CN 201710379868.0
CN 201710759569.X
CN 201811094465.2
CN 201811098531.3